Die Fahreigenschaften

der

Kraftfahrzeuge

mit besonderer Berücksichtigung
ihrer versuchsmäßigen Ermittlung und
der rechnerischen Unfallbegutachtung

Von

Oberregierungsbaurat

Dr.-Ing. Erich Marquard

Mit 217 Abbildungen,
60 Übungsaufgaben
und 18 Beschreibungen
ausgeführter Versuche

München und Berlin 1939

Verlag von R. Oldenbourg

Zum Geleit.

Dieses Buch ist nach Entstehung und Inhalt mit der Panzertruppenschule aufs engste verbunden.

Ich freue mich, daß damit wiederum ein wertvolles Werk aus dem Kreis der Ingenieure dieser Schule hervorgegangen ist, das in glücklicher Verbindung wissenschaftlichen Ernst und technische Strenge mit den Forderungen der täglichen Praxis vereinigt und so den Geist der Panzertruppenschule widerspiegelt.

Meine besten Wünsche geleiten es auf seinem Weg in die Öffentlichkeit!

v. Radlmaier
Generalmajor und Kommandeur
der Panzertruppenschule Wünsdorf.

Vorwort.

Das kraftfahrtechnische Schrifttum umfaßt eine große Menge von Büchern für den Kraftfahrer mit technischem Verständnis, aber ohne technische Schulung; ferner eine Anzahl von sehr wertvollen Forschungsarbeiten und Sammelwerken, die aber zum Teil hohe Anforderungen an die Kenntnisse und Fähigkeiten des Lesers stellen; schließlich eine große Zahl von Einzelarbeiten, die in den Fachzeitschriften verstreut sind.

Das vorliegende Buch stellt sich die Aufgabe, dem berufstätigen Ingenieur als kurzgefaßtes, zeitsparendes Handbuch und vor allem dem Lernenden, der das Rüstzeug der Hilfswissenschaften noch nicht meisterlich beherrscht, als Lehrbuch zu dienen, welches die Grundlagen zur Behandlung der Bewegungsverhältnisse des Kraftfahrzeugs unter der Einwirkung von Kräften in einfachster Darstellung, aber gleichwohl mit einer der fachlichen Kritik standhaltenden Strenge geschlossen enthält.

Daraus ergibt sich Form und Aufbau des Buches. Es enthält die Grundlagen zur Ermittlung der Fahreigenschaften und ihrer Beeinflussung und die zu ihrer zahlenmäßigen Bestimmung erforderlichen Versuche und Berechnungen in ausführlicher Darstellung, aber unter Verzicht auf Differential- und Integralrechnung. Auch die von den nicht hochwissenschaftlichen Fachschriftstellern häufig gescheuten dynamischen Betrachtungen wurden in dieser Form darzustellen versucht. Die zur Durchführung der Gedankengänge erforderlichen mechanischen und physikalischen Erkenntnisse sind dabei von allem Anfang an aus den jeweils einfachsten Vorstellungen hergeleitet. Da alle in Büchern niedergelegten Erkenntnisse erst Leben gewinnen, wenn sie vom Leser erarbeitet werden, ist eine sehr große Zahl von vollständig durchgerechneten Aufgaben zusammengestellt, die das Buch zu einem wirklichen Arbeitsleitfaden machen sollen. Ein Teil der Beispiele ist aus der gutachtlichen Behandlung der Kraftfahrzeugunfälle entnommen, weil gerade hier eine objektive, von Gefühlswerten und Zeugen-Irrtümern unbeeinflußte Festlegung der Bewegungsverhältnisse des Kraftfahrzeuges ebenso nötig wie schwierig ist. Die kritische Auswertung der Aufgaben soll die richtige Anwendung der sonst verschrieenen »Theorie« lehren anstelle der Über- und Falschbewertung von Gefühlseindrücken, aber zugleich vor der kritiklosen Überschätzung von Berechnungsverfahren warnen.

Diese Arbeit ist der Niederschlag langjähriger Lehr-, Versuchs-
und Gutachtertätigkeit des Verfassers am Laboratorium für Kraft-
fahrwesen der Technischen Hochschule Aachen (Vorsteher: Professor
P. Langer) und an der Panzertruppenschule Wünsdorf, der zentralen
kraftfahrtechnischen Lehranstalt des Heeres. Sie stützt sich ferner auf
die im Heere eingeführten elementaren Lehrbücher:

»Handbuch für Kraftfahrer« (7. Auflage, Berlin 1936, Verfasser:
Maschinenbaudirektor Dr. Brender und Maschinenbaudirektor Dr. Essers)
und »Grundlagen für kraftfahrtechnische Berechnungen« (Berlin, 1933,
Verfasser: Maschinenbaudirektor Dr. Brender).

Auf einen Schrifttumsnachweis im Einzelnen ist verzichtet, da
nur eine zusammengefaßte Darstellung der Grundlagen der Fahrdy-
namik beabsichtigt ist und erst bei Sonderuntersuchungen das Quellen-
studium unentbehrlich wird.

Berlin, Oktober 1938.

Erich Marquard.

Inhaltsverzeichnis.

Verzeichnis der häufig gebrauchten Formelzeichen.

A Arbeit
B stündlicher Kraftstoffverbrauch
B' Streckenkraftstoffverbrauch
b spezifischer Kraftstoffverbrauch
C Fliehkraft
c Konstante, bsd, Federkonstante
d Durchmesser (Bohrung)
E Energie
E Elastizitätsmodul
e Massenreduktionsfaktor
F Fläche
F Federkraft
f Durchbiegung einer Feder
G Gewicht
$g = 9,81$ Erdbeschleunigung
H Heizwert
h Höhe, Steigung in %
J Massenträgheitsmoment
i Trägheitsradius
K Kraft
k zulässige Beanspruchung
l Länge
$\mathfrak{M}$ Dreh- oder Biegemoment
m Masse
N Leistung
n Drehzahl
P Kraft
p mittlerer Kolbendruck
Q Wärmemenge

R, r Halbmesser
s Weg, bsd. Kolbenweg
t Temperatur
t Zeit
$ü$ Übersetzung
V Fahrgeschwindigkeit
v Geschwindigkeit
W Widerstand
x unabhängig veränderliche
y abhängig veränderliche Unbekannte
z Zylinderzahl

α Bogen, Winkel
α Rollreibungsbeiwert
β Kraftstoffüllung
β' Wärmefüllung
γ spezifisches Gewicht
$\varDelta$ Differenz, Unterschied
$\pi = 3,14$
η Wirkungsgrad
λ Eindrückung, Durchbiegung
μ Haftreibungsbeiwert
ω Winkelgeschwindigkeit
ε Winkelbeschleunigung
ε Verdichtungsverhältnis
ψ Formbeiwert des Luftwiderstandes
ϱ Krümmungsradius
σ Schlupf

I. Das Verhalten des Motors.

A. Entstehung und Messung der Motorleistung.

Arbeitsspiel. Das Arbeitsspiel des Viertaktmotors besteht aus je zwei Hin- und Hergängen des Kolbens während zusammen zwei Umdrehungen der Kurbelwelle. Zeichnet man den Druck im Zylinder während des Arbeitsspiels zur jeweiligen Kolbenstellung auf, so erhält man Abb. 1. Während des Ansaugens ergibt sich eine Drucklinie, welche

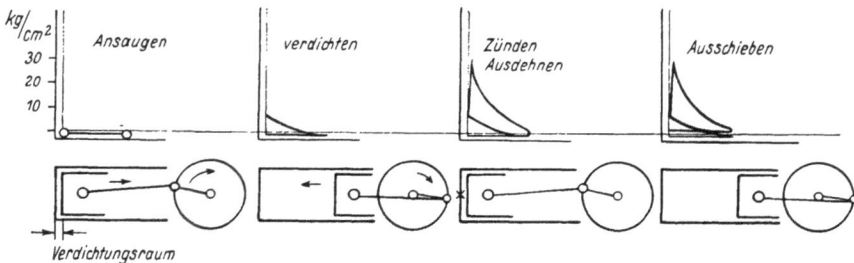

Abb. 1. Entstehung des Indikatordiagramms beim Viertakt-Ottomotor.

etwas niederer liegt als der äußere Luftdruck. Während der Verdichtung steigert sich der Druck; im Augenblick der Zündung nimmt er sprunghaft noch mehr zu, er vermindert sich während des Ausdehnungs-(Arbeits-)hubes entsprechend dem Rückgang des Kolbens. Zum Ausschieben des verbrannten Gemisches muß der Druck etwas größer sein als der äußere Luftdruck.

Berechnung der Motorleistung; indizierte Leistung. Die Schaubilder Abb. 1 zeigen in der Waagrechten den Kolbenweg s, in der Senkrechten den Kolbendruck p_i. Die Fläche des Diagramms F_d bedeutet also

$$s \qquad p_i \qquad = \qquad F_d$$

Kolbenweg · Kolbendruck = Diagrammfläche.

Da der Druck eine Kraft je Flächeneinheit bedeutet, und da Kraft mal Weg = Arbeit, so ist die Fläche F_d also ein Maß für

$$\frac{\text{Kraft}}{\text{Kolbenfläche}} \quad \text{Weg} = \frac{\text{Arbeit eines Arbeitshubes}}{\text{cm}^2 \text{ Kolbenfläche}}.$$

Leistung ist Arbeit je Zeiteinheit; es muß also zunächst festgestellt werden, wie oft in der Sekunde die Hubarbeit geleistet wird. Macht der Motor in der Minute n Umdrehungen, in der Sekunde $n/60$, so entfällt auf zwei Umdrehungen (Viertakt) ein Arbeitshub, auf eine Umdrehung ½ Arbeitshub; demnach auf die Sekunde $\dfrac{n}{2 \cdot 60}$ Arbeitshübe.

Die Hubarbeit ist
$$\underset{\text{Diagrammfläche}}{F_d} \cdot \underset{\text{Kolbenfläche}}{F} = s \cdot p_i \cdot F$$

die Leistung eines Zylinders also

$$N_i = \frac{s \cdot p_i \cdot F \cdot n}{2 \cdot 60}$$

gemessen in mkg/s, wenn s in m, p_i in kg/cm², F in cm²

oder
$$N_i = \frac{s \cdot p_i \cdot F \cdot n}{2 \cdot 60 \cdot 75} = \frac{p_i \cdot F \cdot s \cdot n}{9000}$$

gemessen in PS. Ist die Zylinderzahl z, so ist die Leistung des Viertaktmotors

$$N_i = \frac{p_i \cdot s \cdot F \cdot z \cdot n}{9000} \ [\text{PS}].$$

$z \cdot s \cdot F = $ Zylinderzahl · Kolbenweg · Kolbenfläche bedeutet aber den gesamten Hubraum des Motors, gemessen in m · cm² $= 10$ dm $\cdot \dfrac{\text{dm}^2}{100}$ $= \dfrac{\text{dm}^3}{10}$. Setzt man dafür V_h in Liter (dm³), so ist $z \cdot s \cdot F = \dfrac{V_h}{10}$ (dm³). Damit wird die obige Formel einfacher

$$N_i = \frac{V_h \cdot p_i \cdot n}{900} \ [\text{PS}].$$

Hierin ist p_i veränderlich und unbekannt. Man kann es mit Hilfe von Meßgeräten (Indikatoren) bestimmen. Um aber bequem mit den abgeleiteten Gleichungen rechnen zu können, wendet man einen Kunstgriff an. Verwandelt man nämlich die Diagrammfläche in ein flächengleiches Rechteck mit der gleichen Grundlinie s, so ist p_{mi} die Höhe des Rechtecks. p_{mi} ist also derjenige Druck, welcher — gleichmäßig wirkend — dieselbe Hubarbeit ergäbe wie der tatsächliche, veränderliche, Kolbendruck p_i.

Die Größe p_{mi} hat den Vorteil, daß man mit ihr die Güte verschieden großer Motoren verschiedener Zylinderzahl und Drehzahl vergleichen kann.

Die indizierte Leistung N_i kann also mit einem Indikator bei gleichzeitiger Messung der Drehzahl ermittelt werden. Sie ist in den Motorzylindern vorhanden. Leider geht in den Lagern des Motors, zum Antrieb der Steuerung und der Hilfsmaschinen etwas davon verloren. An der Kurbelwelle kann daher nur eine kleinere Leistung, die effektive

Leistung N_e, abgenommen werden. Es ist also $N_e = N_i - N_{\text{Verlust.}}$ Das Verhältnis $(N_i - N_v) : N_i$ oder $N_e : N_i$ bezeichnet man als **mechanischen Wirkungsgrad** η_{mech} des Motors.

Messung der effektiven Leistung: Man kann die effektive Leistung durch **Bremsen** messen, und zwar wieder entsprechend der Begriffsbestimmung Leistung $=$ Kraft $\cdot \dfrac{\text{Weg}}{\text{Zeit}}$.

Denkt man sich an der Kurbelwelle eine Bremsscheibe und darauf einen Bremsklotz angebracht, so tritt beim Belasten des Bremsklotzes eine entgegen dem Drehsinn wirkende bremsende Kraft P auf. Ist diese gerade so groß, daß der Motor mit gleichbleibender Drehzahl unter der Belastung durchzieht, so legt ein Umfangspunkt der Bremsscheibe unter der Kraft P folgenden Weg zurück:

in der Minute (bei n Umdrehungen je Minute) $2\,\pi\,rn$

in der Sekunde $\dfrac{2\,\pi\,r\,n}{60}$ [m].

Also ist die Leistung

$$N_e = \text{Kraft} \cdot \frac{\text{Weg}}{\text{Zeit}} = P \cdot \frac{2\,\pi\,r\,n}{60}$$

gemessen in mkg/s, oder

$$N_e = P \cdot r \cdot \frac{2\,\pi\,n}{60 \cdot 75} \ \text{[PS]}.$$

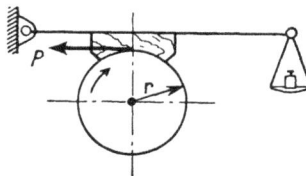

Abb. 2. Zur Erläuterung des Drehmoments.

Darin bedeutet:

$P \cdot r =$ Kraft mal Hebelarm. Dieser Ausdruck wird bezeichnet als **Drehmoment** $\mathfrak{M}$, gemessen in mkg.

$\dfrac{2\,\pi\,n}{60} =$ in der Sekunde zurückgelegter Weg (Bogen) am Halbmesser $r = 1$; dieser Ausdruck wird bezeichnet als **Winkelgeschwindigkeit.** Diese Größe hat den Vorteil, daß mit ihr die Geschwindigkeit jedes beliebigen Punktes auf einer rotierenden Scheibe angegeben wird. Es ist $v = \omega r = \dfrac{2\,\pi\,n}{60} \cdot r$.

Die Winkelgeschwindigkeit ist überschläglich $\omega = \dfrac{2\,\pi\,n}{60} = \dfrac{6{,}28\,n}{60} \approx \dfrac{n}{10}$. Mit diesen Bezeichnungen ist

$$N_e = Pr \cdot \frac{2\,\pi\,n}{60 \cdot 75} = \frac{\mathfrak{M}_e \cdot \omega}{75} = \frac{\mathfrak{M}_e \cdot n}{716{,}18} \ \text{[PS]}.$$

Die Messung der effektiven Leistung läuft also auf die Messung des **Drehmoments** bei gleichzeitiger Messung der **Drehzahl** hinaus. (Grundregel für alle Motoren- und Wagenprüfstände!)

Man kann nun, unter Wiederholung des oben geschilderten Kunstgriffs, schreiben $N_e = \dfrac{p_{me}\,V_h \cdot n}{900}$.

Darin ist p_{me} derjenige gedachte Kolbendruck, welcher — gleichmäßig wirkend — dieselbe effektive Leistung hervorbrächte, wie der tatsächliche veränderliche Kolbendruck p_i nach Abzug der mechanischen Verluste im Motor.

Die abgeleiteten Gleichungen, welche außer der Drehzahl n die Leistung N und das Drehmoment $\mathfrak{M}$ oder den Mitteldruck p enthalten, können sinngemäß für indizierte oder effektive Werte angewandt und zur Berechnung eines der beteiligten Werte beliebig ineinander übergeführt werden. Demnach ist

$$N = \frac{p\,V_h \cdot n}{900} = \frac{\mathfrak{M}\,\pi\,n}{2250} = \frac{\mathfrak{M}\,n}{716}$$

$$p = \frac{900\,N}{V_h \cdot n} = \frac{900}{716}\,\frac{\mathfrak{M}}{V_h} = 1{,}258\,\frac{\mathfrak{M}}{V_h} = \frac{2\,\pi}{5}\,\frac{\mathfrak{M}}{V_h}$$

$$\mathfrak{M} = 716\,\frac{N}{n} = 0{,}796\,p\,V_h.$$

Zahlenwerte und Beispiele. Bei handelsüblichen Motoren treten folgende Drücke auf:

	Vergasermotoren	Dieselmotoren	Gasmotoren
Mittl. eff. Druck p_{me}			
Viertakt	6,5—7,5	6—7,5	5—6 atü
mit Kompressor	bis 12 atü		
Zweitakt	4—5	5—6 atü	
Verdichtungsdruck p_c	5—8	25—40	10 atü
größter Zünddruck p_z	25—50	45—100	

Verdichtungsdruck und Zünddruck sind hauptsächlich vom Verdichtungsverhältnis abhängig. Dieses ist das Verhältnis

$$\frac{\text{Verbrennungsraum (im oberen Totpunkt)}}{\text{Hubraum} + \text{Verbrennungsraum}} = \frac{V_c}{V_h + V_c} = \frac{1}{\varepsilon}.$$

Das Verdichtungsverhältnis beträgt bei

Benzin . . . . 1 : 4,25 — 1 : 6
Benzol . . . . 1 : 5   — 1 : 9
Sprit . . . . 1 : 6,5
Petroleum . . . . 1 : 3,5 — 1 : 4
im Dieselmotor . . . . 1 : 12 — 1 : 20.

Es ist begrenzt durch die Klopffestigkeit und die Selbstzündungstemperatur des Kraftstoffes.

Da man nach der Gleichung

$$N_e = \frac{p_{me} \cdot V_h \cdot n}{900}$$

die Leistung bei gleichem Zylinderinhalt V_h entweder durch Vergrößerung des mittleren Nutzdruckes p_{me} oder durch Steigerung der Drehzahl n steigern kann, wird auch die Motordrehzahl möglichst hoch gewählt:

für normale PKW-Motoren. . . . bis 4000 U/min
   Rennmotoren . . . . bis 7000 U/min
   Dieselmotoren . . . . bis 2500 U/min.

Die Drehzahl ist begrenzt durch Schmier- und Lagerschwierigkeiten
und durch die verfügbaren Ventilöffnungsquerschnitte.

Aufgaben. 1. Aufgabe: Berechne die Motorleistung an der Kurbelwelle für folgende Bedingungen:

Kolbendurchmesser . . . . . $d =$ 90 mm
Hub . . . . $s =$ 140 mm
Zylinderzahl . . . . $z =$ 4
mittl. Nutzdruck . . . . $p_{me} =$ 6 kg/cm²
Drehzahl . . . . $n =$ 3000 U/min.

2. Aufgabe: Wie groß wäre die Leistung des gleichen Motors bei
Zweitakt?

$$N_e = \frac{p_{me} \cdot V_h \cdot n}{450} \qquad p_{me} = 3,5 \text{ kg/cm}^2.$$

3. Aufgabe: Welche Literleistungen $N_e : V_h$ kommen als normale
und als Grenzwerte in Frage? a) für PKW-Motoren, b) für Rennmotoren?

4. Aufgabe: Welche Literdrehmomente $\mathfrak{M} : V_h$ kommen als normale
und als Grenzwerte in Frage?

Kennlinien des Motors. Denkt man sich einen idealen Motor
und einen idealen Vergaser, so würde der Vergaser bei jeder beliebigen
Motordrehzahl stets das gleiche Mischungsverhältnis Kraftstoff : Luft
herstellen und jedem Arbeitshub stets die gleiche Gemischmenge zumessen. Wenn der Motor ebenfalls unabhängig von der Drehzahl diese
Menge stets gleich gut verarbeitete, so müßten der Mitteldruck p_m und
das Drehmoment bei jeder Drehzahl gleich sein. Die Leistung N müßte
entsprechend der Drehzahl geradlinig zunehmen, weil die Zahl der
Arbeitshübe mit der Drehzahl zunimmt.

Ebenso müßte die verbrauchte Kraftstoffmenge B geradlinig mit
der Drehzahl zunehmen, und die auf die Arbeit von 1 PS eine Stunde

lang entfallende Kraftstoffmenge (spezifischer Kraftstoffverbrauch b in g/PSh oder cm³/PSh) wäre bei jeder Drehzahl gleich. Der spezifische Kraftstoffverbrauch ist, ähnlich wie p_{me}, eine Vergleichszahl für die Güte der Kraftstoffausnutzung in verschiedenen Motoren.

Der wirkliche Verlauf dieser Kurven ist im unteren Drehzahlbereich dadurch verändert, daß der Motor erst bei etwa 300 U/min Leistung abgeben kann. Bei noch kleineren Drehzahlen ist die Luftgeschwindigkeit im Saugrohr so klein, daß nicht genug Kraftstoff angesaugt wird; auch bei Drehzahlen über 300 U/min ist die Gemischbildung zunächst noch mangelhaft. Sie verbessert sich mit zunehmender Drehzahl, und damit verbessert sich auch die Leistung und der spezifische Kraftstoffverbrauch. Bei großen Drehzahlen nimmt die Leistung wieder ab, weil nun infolge der hohen Luftgeschwindigkeiten große Drosselverluste im Saugrohr und an den Ventilen auftreten, und weil die immer kürzer werdende Verbrennungszeit die Verbrennung verschlechtert.

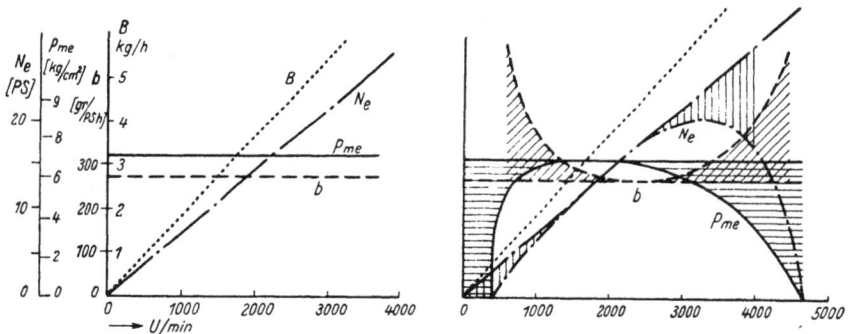

Abb. 3. Abweichungen im Verhalten des Motors (rechts) gegenüber den idealisierten Kennlinien (links).

B. Verhalten des Vergasers.

Eigenschaften des Eindüsen-Spritzvergasers. Die Wirkungsweise des Spritzvergasers beruht darauf, daß im Saugluftstrom aus einer feinen Bohrung (Düse) Kraftstoff abgesaugt wird. Der einfachste Vergaser hat daher mindestens folgende Bestandteile:

a) Eine Verengung im Saugrohr, welche die Luftgeschwindigkeit und damit den Unterdruck möglichst verlustlos erhöht (Lufttrichter).

b) Eine Kraftstoffzuleitung mit einer genauen Bohrung (Düse), welche an der engsten Stelle des Lufttrichters mündet.

c) Eine Vorrichtung, welche dafür sorgt, daß der Kraftstoff stets bis unmittelbar unter die Mündung nachfließt (Schwimmer und Schwimmergehäuse).

d) Eine Drosselklappe zur Veränderung der Leistung durch Veränderung der durchströmenden Gemischmenge.

e) Da im Leerlauf des Motors (bei geschlossener Drosselklappe) eine viel kleinere Kraftstoffmenge erforderlich ist und außerdem der Punkt des größten Unterdrucks nicht mehr an der engsten Stelle des Lufttrichters liegt, sondern am viel engeren Spalt zwischen Drosselklappe und Saugrohr, wird in der Regel ein besonderer kleiner Vergaser mit der Mündung an diesem Drosselklappenspalt als Leerlaufeinrichtung verwandt.

Ein solcher, mit einer einzigen Düse ausgerüsteter Vergaser läßt sich (bei offener Drossel) durch geeignete Wahl der Düsenbohrung und des Lufttrichters ohne weiteres für eine bestimmte Motordrehzahl einregeln. Leider zeigt sich, daß diese, z. B. für eine mittlere Drehzahl richtige Einstellung bei anderen Drehzahlen nicht mehr stimmt. Bei kleinen Drehzahlen gibt sie zu wenig Kraftstoff, bei größerer Drehzahl zuviel Kraftstoff im Verhältnis zur durchströmenden Luftmenge. Offen-

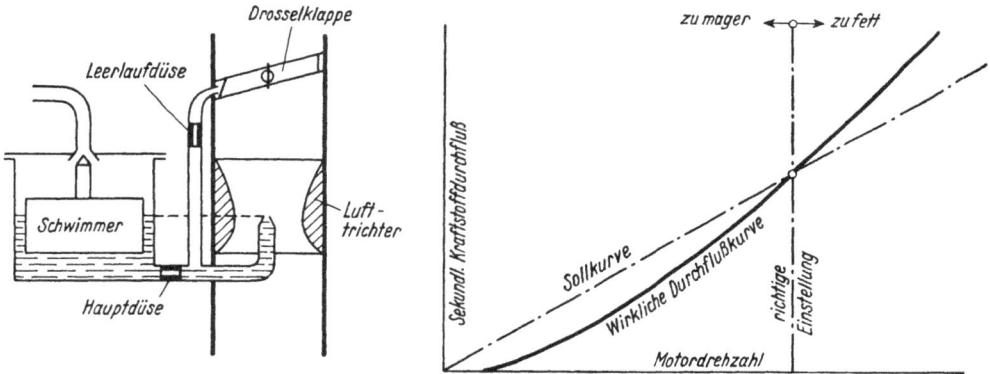

Abb. 4. Schema des Eindüsen-Vergasers und seines Verhaltens.

bar folgt also der Durchfluß des Kraftstoffs durch die Düse einem andern Gesetz als das Durchströmen der Luft durch den Lufttrichter.

Der Vergaser müßte aber bei jeder Drehzahl des Motors für jeden Arbeitshub gleich viel Kraftstoff zumessen, weil ja jedesmal der gleiche Hubraum mit Luft gefüllt wird. (Allerdings wird wegen der wachsenden Durchflußwiderstände bei wachsender Drehzahl auch die Luftfüllung des Zylinders etwas herabgesetzt. Dieser Einfluß soll aber bei den folgenden Überlegungen außer acht gelassen werden.) Wenn man demnach die gewünschte Kraftstoffmenge über der Drehzahl aufzeichnet, so müßte sie mit der Drehzahl geradlinig zunehmen.

Es ist daher eine der wichtigsten Aufgaben des Vergaserbaus, für eine Korrektur der geschilderten Eigenschaften des Vergasers zu sorgen, es muß durch besondere Maßnahmen die Erzeugung eines zu mageren Gemisches bei zu kleiner Drehzahl und eines zu fetten Gemisches bei großer Drehzahl verhindert werden.

Das genaue Verständnis der drei bekanntesten Korrektureinrichtungen (Zenith, Pallas, Solex) gibt den Schlüssel für die Wirkungsweise auch der kompliziertesten neueren Vergaserbauarten.

Wirkungsweise der Korrektureinrichtungen. a) **Zenith.** Aus dem Schwimmergehäuse zweigen zwei Kraftstoffleitungen ab, welche jede eine Düse enthalten und beide an der engsten Stelle des Lufttrichters im Saugrohr münden. Die eine Leitung mit der Hauptdüse entspricht in ihrer Anordnung genau dem oben geschilderten Eindüsenvergaser; die zweite mit der Kompensatordüse hingegen führt zunächst in ein Steigrohr (Brunnen), das mit der Außenluft in Verbindung steht, und von da ins Saugrohr. Die Kraftstofförderung durch die Kompensatordüse ist daher grundsätzlich verschieden von der-

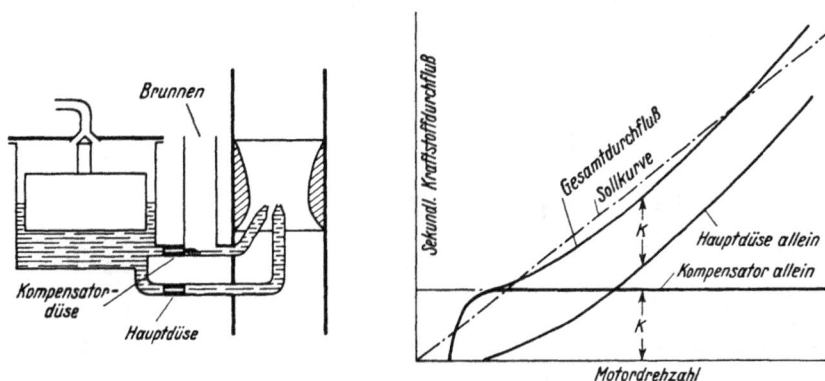

Abb. 5. Schema des Zenith-Vergasers und seines Verhaltens.

jenigen durch die Hauptdüse. Im Brunnen steht der Kraftstoff bei stillstehendem Motor und im Leerlauf ebenso hoch wie im Schwimmergefäß. Beim Gasgeben wird jedoch der Brunnen rasch leergesaugt (Übergang). Von nun an hat der äußere Luftdruck Zutritt zum Ausfluß aus der Kompensatordüse; d. h. Schwimmergefäß und Kompensatordüse arbeiten genau so, wie ein offenes Gefäß, das unten ein Loch hat. Aus diesem strömt Flüssigkeit aus und zwar um so mehr, je höher der Flüssigkeitsspiegel im Schwimmergefäß über der Ausflußöffnung steht. Die Ausflußmenge in den Brunnen ist also nur vom Kraftstoffspiegel im Schwimmergehäuse abhängig, welcher stets auf gleicher Höhe gehalten wird. Sie ist **nicht abhängig** von der Drehzahl des Motors. Durch den Brunnen kann bei größerer Drehzahl auch Luft angesaugt werden, so daß aus der Mündung der Kompensatordüse Schaum austritt.

Die Gesamt-Kraftstofförderung bei offener Drossel setzt sich demnach aus zwei Anteilen zusammen: Durch die Hauptdüse strömt mit wachsender Drehzahl mehr und mehr Kraftstoff, durch den Kompensator aber in gleichen Zeiten stets dieselbe Menge unabhängig von der Drehzahl. Beide Düsen werden so abgestimmt, daß die Gesamtmenge möglichst genau dem Sollwert entspricht. Bei kleiner Drehzahl besorgt hauptsächlich der Kompensator die Kraftstoffzumessung, bei großer hauptsächlich die Hauptdüse.

b) **Pallas.** Der Düsenstock besteht aus einem äußeren Rohr, das am unteren Ende die Hauptdüse enthält, und einem inneren Rohr mit der Korrekturluftdüse am oberen Ende. Bei offener Drossel wird von unten durch das äußere Rohr Kraftstoff angesaugt, von oben durch das innere Rohr Luft. Diese tritt unten gegenüber der Hauptdüse durch Bohrungen des inneren Rohrs in das äußere Rohr aus, im Gegenstrom zum angesaugten Kraftstoff, mit dem sie sich mischt. Es wäre jedoch

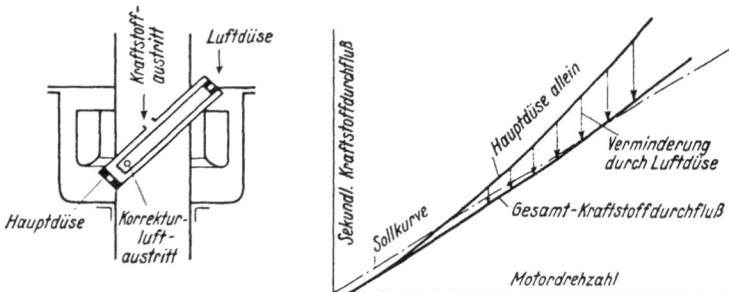

Abb. 6. Schema des Pallas-Vergasers und seines Verhaltens.

falsch, anzunehmen, die so angesaugte Luft würde ihrer Menge nach hinreichen, um das überfettete Gemisch hinreichend zu verdünnen. Das innere Rohr spielt vielmehr einfach die Rolle einer Undichtigkeit im Unterdruckraum, durch welche infolge Zutritts des Außendrucks der Unterdruck vermindert wird, ohne daß die angesaugte Gesamtluftmenge sich wesentlich ändert. Da die Kraftstofförderung ungefähr dem Quadrat des Unterdrucks entspricht, wird der Einfluß dieser Undichtigkeit sich mit zunehmender Drehzahl vergrößern. Die Hauptdüse allein muß daher gegenüber der gewünschten Gesamtdurchflußmenge etwas überbemessen werden. Die Luftdüse bewirkt die Verminderung des Durchflusses auf das gewünschte Maß. In der bisher geübten Darstellungsweise ergibt sich das Bild der Abb. 6.

c) **Solex.** Die langhalsige Hauptdüse hat im Grund die Hauptdüsenbohrung und im Hals mehrere Querbohrungen. Diese sind bei stehendem Motor und im Leerlauf bis zur Spiegelhöhe im Schwimmergefäß mit Kraftstoff gefüllt. Bei offener Drossel und steigender Drehzahl wird aber mehr und mehr von dem Kraftstoff im Innern der Düse und im Mantel um die Düse abgesaugt, so daß nacheinander eine, zwei und mehr Querbohrungen vom Kraftstoff entblößt werden. Durch die

Überwurfmutter und die Querbohrungen kann nunmehr der Druck der Außenluft zutreten und den Unterdruck vermindern. Dieselbe Düse gibt also in der bisher angewandten graphischen Darstellung verschiedene, immer flacher werdende Durchflußkurven, je mehr Querbohrungen für den Luftzutritt geöffnet sind. Auch hier spielt nicht die hinzutretende Luftmenge, sondern der durch den Luftzutritt verminderte Unterdruck die Hauptrolle bei der Korrektur.

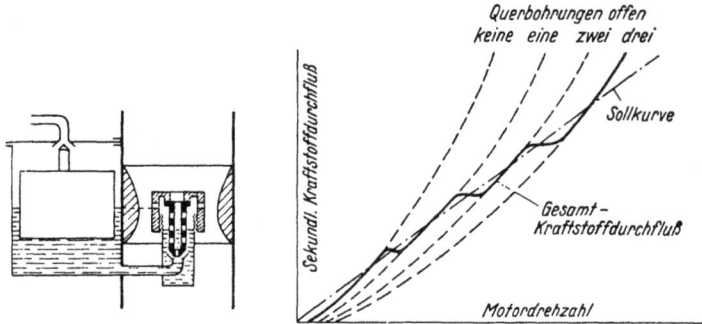

Abb. 7. Schema des Solex-Vergasers und seines Verhaltens.

Kraftstoffverbrauch im Leerlauf, Selbstregelung der Leerlaufdrehzahl. Der Unterdruck bei geschlossener Drossel wächst (bergab) bis zu etwa 0,7 at. Bei so großen Unterdrücken treffen die bisher über den Kraftstoffdurchfluß angestellten Betrachtungen nicht mehr in

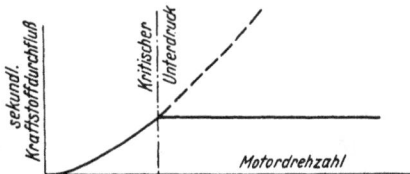

Abb. 8. Durchfluß durch eine Düse bei überkritischem Druckverhältnis.

allen Punkten zu. Von einer gewissen Grenze an (bei Luft etwa 0,5 at) wächst die Durchflußmenge nicht mehr mit dem Unterdruck, sondern ist trotz der Erhöhung des Unterdruckes einfach nicht mehr zu steigern. In der bisher geübten Darstellungsweise verläuft die Durchflußmenge dann über der Drehzahl nach Abb. 8.

Die Leerlaufdüse arbeitet im Gegensatz zu den andern Düsen tatsächlich fast stets im Bereich dieses kritischen Unterdrucks. Da diese Eigenschaft jedoch fast unbekannt ist, hat man sich vielfach Trugschlüssen über den Leerlauf-Kraftstoffverbrauch hingegeben. Z. B. wurde dem Freilauf eine wesentliche Kraftstoffersparnis beim Bergabfahren nachgesagt, weil dabei der Motor abkuppelt und mit der Leerlaufdrehzahl von etwa 300 U/min weiterläuft, während er sonst eingekuppelt mit beispielsweise der zehnfachen Drehzahl umläuft. In Wirklichkeit ist bei völlig geschlossener Drossel (ohne Gas bergab) der Kraftstoffverbrauch bei $n = 3000$ U/min annähernd ebenso groß wie bei $n = 300$ U/min.

Das Verhalten der Leerlaufdüse bei überkritischen Druckverhältnissen erklärt auch, weshalb der Vergasermotor bei geschlossener Drossel von allein seine Leerlaufdrehzahl beibehält, also selbstregelnd läuft. Der Dieselmotor kann bekanntlich nicht ohne einen besonderen Leerlaufregler auskommen. Er erhält seine Leerlauf-Kraftstoffmenge von der Einspritzpumpe zugewiesen. Wird er nun aus irgendeinem Grunde etwas schneller, so fördert die Einspritzpumpe entsprechend der größeren Drehzahl auch Kraftstoff für die vergrößerte Zahl der Arbeitshübe. Der Dieselmotor hat also keinen Grund, wieder auf die richtige Leerlaufdrehzahl zurückzufallen. Ist er etwas langsamer geworden, so gibt die Einspritzpumpe auch entsprechend der neuen Drehzahl weniger Kraftstoff, der Motor droht abzusterben. Wird dagegen der Vergasermotor im Leerlauf zufällig etwas langsamer als vordem, so erhält er immer noch in derselben Zeit gleichviel Kraftstoff; dieser verteilt sich jetzt infolge Nachlassens der Drehzahl auf weniger Arbeitshübe, das Gemisch wird fetter, der Motor wird wieder schneller. Ist er zufällig etwas zu schnell geworden, so muß er dieselbe Kraftstoffmenge auf mehr Hübe verteilen, das Gemisch wird ärmer, der Motor fällt wieder auf die richtige Leerlaufdrehzahl zurück.

C. Verhalten des Motors bei Vollast. Vergasereinstellung auf dem Motorenprüfstand.

Grundsätzliche Bemerkung zur Durchführung von Versuchen.

a) Die üblichen Motorenversuche müssen im Beharrungszustand durchgeführt werden. Vor Beginn der Messungen und nach Änderung der Belastung muß der Motor solange laufen, bis Kühlwasser- und Auspufftemperatur sich bei der eingestellten Last und Drehzahl nicht mehr merklich ändern.

b) Vor Beginn von Versuchen mit mehreren Meßgrößen ist mit Sorgfalt eine Zahlentafel zu entwerfen, in welche alle Meßwerte einzutragen sind. Auch anscheinend mißglückte Messungen sind einzutragen, da sie oft bei Störungen und sonstigen unerwarteten Erscheinungen wertvolle Aufschlüsse geben.

c) Da die vielen Zahlen einer Zahlentafel keinen Überblick gestatten, ist die Reihe der Zahlenwerte stets zeichnerisch auf Millimeteroder kariertem Papier aufzutragen, und zwar nicht erst nach Beendigung der Versuche, sondern sofort laufend während des Versuchs. Auf diese Weise ist ein sofortiges Erkennen von Meßfehlern und Störungen gesichert.

d) Sollen viele Meßwerte von wenigen Personen abgelesen werden, so empfiehlt sich ihre sofortige ununterbrochene Auftragung in ein Zeitdiagramm. Zur Auswertung werden hinterher die bestgeeigneten Zeitabschnitte mit gutem Beharrungszustand ausgewählt.

e) **Versuchsberichte** sind kurz und sachlich, aber vollständig und sorgfältig abzufassen. Sie müssen so angelegt sein, daß

1. ein Vergleich der Ergebnisse mehrerer Versuchsreihen am gleichen Motor und ähnlicher Versuchsreihen an verschiedenen Motoren stets möglich ist;
2. jeder mit den im Versuchsbericht enthaltenen Angaben den Versuch unter genau denselben Bedingungen wiederholen kann.

Versuchsvorbereitung. Beispiel einer Zahlentafel:

Versuch: Messung von Leistung und Kraftstoffverbrauch bei Vollast mit verschiedenen Düsen. (Vergasereinstellung.)

Datum:	Ausgeführt durch:
Motor: Firma	Hubraum:
Type	Zylinderzahl:
Nummer	Vergaser:
Kraftstoff:	Lieferung:
	Heizwert:
	Spez. Gewicht:

Düsen				Uhr-zeit	Leistung			Kraftstoff-verbrauch			Motor-temperatur			Bemerkungen
HD	KD	LT_r	LD		P	n	N_e	b'	t'	B	t_{Ke}	t_{Ka}	t_l	
					kg	U/min	PS	cm³	s	l/h	°C	°C	°C	
Hauptdüse	Korrekturdüse	Lufttrichter	Leerlaufdüse		Kraft an der Bremse	Motor-Drehzahl	Nutz-Leistung	gemessene Kraftstoffmenge	Zeit für Verbrauch von b'	Stündlich. Kraftstoffverbrauch	Kühlwass.-Eintritt-Temp.	Kühlwass.-Austritt	Auspuff	Außentemp. $t_a = $ °C Barometer $p_a = $ mmQS

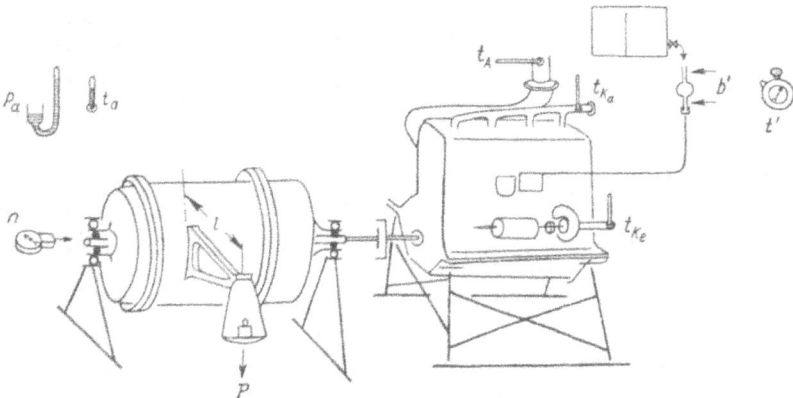

Abb. 9. Beispiel einer Skizze für Versuchsanordnung und Meßstellen. (Bremsung eines Motors durch Pendelmaschine.)

Vergasereinstellung. a) Lufttrichter: Man kann innerhalb gewisser Grenzen durch gleichzeitige Vergrößerung oder Verkleinerung von Düsen und Lufttrichter verschiedene Einstellungen bei gleichem Kraftstoffverbrauch erzielen. Beim Vergleich der Leistungs- oder Drehmomentkurven läßt sich dann ohne weiteres der Einfluß des Lufttrichters ersehen. Es ergibt sich, daß enge Lufttrichter zwar wegen der erzielten Erhöhung der Luftgeschwindigkeit bei kleinen Drehzahlen eine bessere Zerstäubung und damit eine Erhöhung der Leistung hervorrufen. Bei großen Drehzahlen hingegen ergeben sie einen großen Durchströmungswiderstand für das Gemisch und damit eine Leistungsverminderung.

Mit engem Lufttrichter wird also der Motor anfahrfreudiger, verliert aber an Höchstgeschwindigkeit, und umgekehrt; er eignet sich besser für Stadtfahrt und Hügelland, der weite Lufttrichter mehr für Ebene und Überlandfahrt.

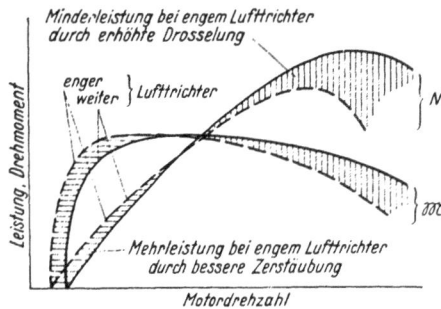

Abb. 10. Kennlinien bei gleichem Kraftstoffverbrauch und verschiedenen Lufttrichtern.

Vergasereinstellung. b) Hauptdüse: Die Vergrößerung der Hauptdüse (und, soweit erforderlich, der zugehörigen Korrekturdüse) ergibt bis zu einer gewissen Grenze eine Leistungserhöhung im gesamten Drehzahlbereich, allerdings unter gleichzeitiger Vergrößerung des Kraftstoffverbrauchs; die untere Grenze der Einstellung (kleinste Hauptdüse) ergibt sich dann, wenn das Gemisch so mager wird, daß es nicht mehr einwandfrei zündet. Die obere Grenze ergibt sich bei so fettem Gemisch, daß auch hier die Zündung mangelhaft wird. Es wäre jedoch verfehlt, mit der Einstellung des Motors nahe an eine der beiden Zündgrenzen heranzugehen, denn die Ausnutzung des Kraftstoffes im Motor verschlechtert sich schon sehr stark, ehe hörbare und fühlbare Laufstörungen eintreten.

Die sorgfältige Vergasereinstellung läßt sich also nur durch Versuche unter Messung von Leistung und Kraftstoffverbrauch durchführen. Diese Versuche können entweder auf dem Wagenprüfstand oder auf der Straße mit dem betriebsfertigen Kraftfahrzeug oder auf dem Motorenprüfstand mit dem Motor allein vorgenommen werden. Das vollständige Bild einer solchen Untersuchung auf dem Motorprüfstand zeigt Abb. 11 (links).

Im allgemeinen jedoch genügt es, den Kraftstoffverbrauch bei voll geöffneter Drossel und der normalen Reisegeschwindigkeit zu messen und den Versuch bei gleicher Fahrgeschwindigkeit oder Drehzahl mit verschiedenen Düsen zu wiederholen. Die kleinste noch brauchbare Düse zeigt verhältnismäßig geringe Leistung und oft Patschen im Vergaser; bei größeren Düsen steigt die Leistung zunächst an, bei weiterer Düsenvergrößerung ist schließlich kein Leistungsgewinn mehr zu erzielen, zuletzt fällt sogar die Leistung wieder ab. Der Kraftstoffverbrauch in Litern je Stunde nimmt bei der Vergrößerung der Düsen stetig zu. Diejenige Düse, welche die größte Leistung bei verhältnismäßig geringstem Kraftstoffverbrauch ergibt, entspricht der Einstellung auf Bestleistung. Sie ist jedoch nicht die sparsamste Einstellung. Um diese zu bestimmen, ermittelt man den spezifischen Kraftstoffver-

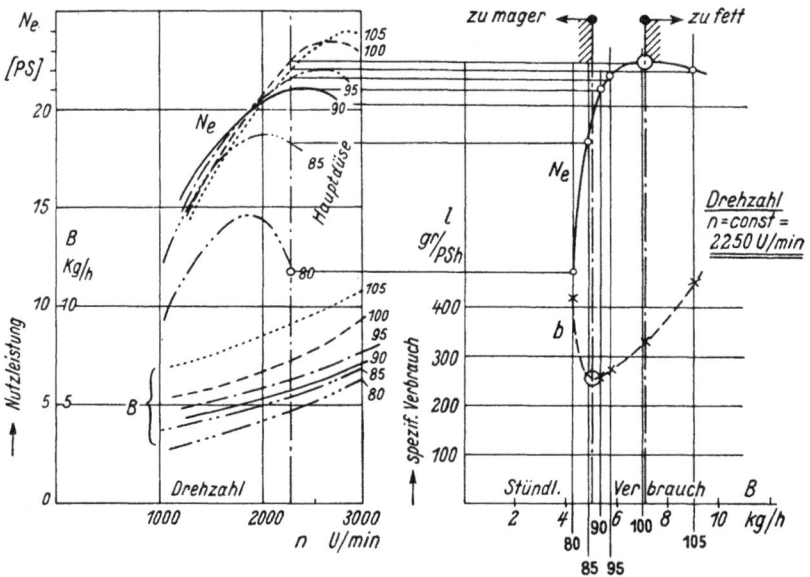

Abb. 11. Vollständige Kennlinien für Vollast bei verschiedenen Vergasereinstellungen (links), und abgeleitete Einstellungskennlinie für konstante Drehzahl (rechts).

brauch und dessen Mindestwert. Leistung und spezifischer Kraftstoffverbrauch, aufgetragen über dem stündlichen Kraftstoffverbrauch bei gleicher Drehzahl mit verschiedenen Düsen, ergeben das aufschlußreiche Bild Abb. 11 (rechts).

Zwischen den beiden Einstellungen des sparsamsten Verbrauchs und der besten Leistung bleibt die Auswahl dem Geschmack und dem Geldbeutel des Wagenbesitzers oder dem Verwendungszweck des Fahrzeugs anzupassen. Große Sparsamkeit bedingt einen gewissen Verzicht auf Höchstgeschwindigkeit und Anzugsvermögen, große Leistung verlangt einen etwas größeren Verbrauch. Zu magere Einstellung ergibt Start- und Fahrschwierigkeiten, zu fette Einstellung verschleudert Kraftstoff ohne Leistungsgewinn.

Änderung der Kraftstoffzusammensetzung verlangt meist auch eine neue Vergasereinstellung.. Bei den Versuchen ist darauf zu achten, daß die Kühlwassertemperatur stets dieselbe bleibt, und besonders auch, daß der Zündzeitpunkt durch Probieren bei jeder einzelnen Einstellung stets auf den günstigsten Wert eingestellt wird.

Man kann damit rechnen, daß die für Vollgas ermittelte beste Einstellung auch für Teilgas die richtige ist.

D. Einstellung der Zündung.

Versuch auf dem Motorprüfstand. Der Unterbrecher bzw. der Einspritzbeginn bei Dieselmotoren wird zunächst so eingestellt, daß er genau im oberen Totpunkt des entsprechenden Zylinders öffnet. Dann wird auf dem Prüfstand bei Vollast eine bestimmte Drehzahl, z. B. 1000 U/min, eingestellt und die Leistung gemessen. Dann wird die Zündung um ein bestimmtes Maß nach früh oder spät verstellt und bei mehreren solchen Einstellungen die Leistung gemessen. Dabei kann durch Änderung der Bremsbelastung wieder genau die Ausgangsdrehzahl eingestellt werden; zur Vereinfachung genügt es aber, mit gleichbleibender Bremsbelastung zu arbeiten und die etwas veränderliche Drehzahl zu messen.

Beispiel:

Drehzahl n	Zündung	Be-lastung P	Nutz-leistung $N = \frac{F_n}{1000}$	Kühl-wasser-Temp.
U/min	° an der Verteiler-welle	kg	PS	° C
990	0° o. T.	8,170	8,09	80°
960	5° v. o. T.	8,075	7,75	80°
870	10° v. o. T.	7,340	6,39	80°
730	15° v. o. T.	6,120	4,47	80°
980	0° o. T.	8,150	8,00	80°
940	5° n. o. T.	7,800	7,33	80°
780	10° n. o. T.	6,620	5,16	80°
2020	0° o. T.	7,870	15,72	82°
2100	5° v. o. T.	8,120	17,02	82°
2060	10° v. o. T.	8,020	16,50	82°
1940	15° v. o. T.	7,540	14,60	82°
2000	0° o. T.	7,750	15,50	82°
1790	5° n. o. T.	6,950	12,44	82°

Der Unterbrecher ist mit einer automatischen Zündverstellung versehen. Der Versuch zeigt:

a) Die Einstellung auf OT ist bei 1000 U/min noch richtig, bei höherer Drehzahl ist die durch den Automaten bewirkte Verstellung auf

Frühzündung etwas zu gering. Es ist zu erwägen, die Zündung von vornherein auf etwa 3—4⁰ v. OT einzustellen. (Probieren, ob der Motor beim Andrehen von Hand nicht zurückschlägt!)

b) Die Zündungseinstellung gilt für den beim Versuch verwendeten Kraftstoff. Bei Änderung des Kraftstoffes ist die Einstellung erneut zu prüfen.

c) Bei älteren Vergaser- und den meisten Dieselmotoren ist beim Verstellen auf zunehmende Frühzündung bzw. Früheinspritzung

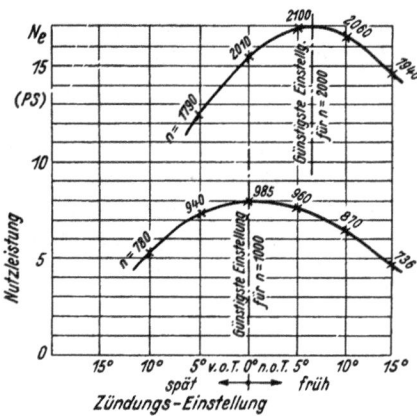

Abb. 12. Einfluß der Zündungseinstellung auf die Motorleistung bei verschiedenen Drehzahlen und automatischer Zündverstellung.

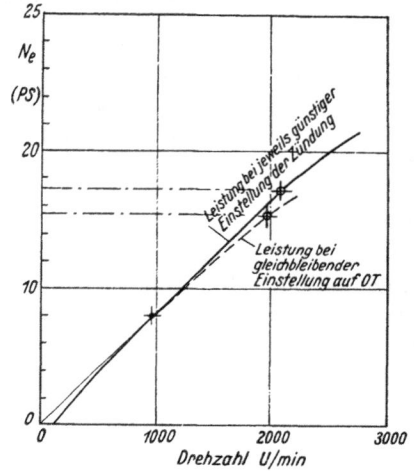

Abb. 13. Einfluß der Zündungseinstellung auf die Motorleistung bei verschiedenen Drehzahlen und automatischer Zündverstellung.

kurz nach Überschreiten der Besteinstellung deutliches zunehmendes Klingeln (Zündungsklopfen) hörbar, so daß als Regel gelten konnte:

»Die Zündung ist so früh zu stellen, daß er bei mittlerer Drehzahl und Vollgas (im Wagen: am Berg) gerade nicht klopft.«

Moderne hochklopffeste Motoren machen — besonders mit den heutigen, durch Sprit- oder Benzolzusatz klopffest gewordenen Kraftstoffen — dieses Zündungsklopfen nur wenig oder erst bei sehr früh gestellter Zündung bemerkbar. Das Überschreiten der Besteinstellung ist gewöhnlich nur durch leichte Zunahme der Ganghärte zu hören, so daß eine genaue Zündeinstellung nur nach oben beschriebenem Verfahren oder (siehe später) durch Beschleunigungsversuche auf der Straße möglich ist.

d) Obwohl, wie gezeigt, die automatischen Zündversteller im Unterbrecher nicht in allen Fällen genau richtig arbeiten, ist doch bei den heutigen klopfschwachen Vergasermotoren die Handzündungseinstellung nicht zu befürworten, da der Fahrer weder die Aufmerksamkeit und Feinfühligkeit, noch die Zeit aufbringt, um sie häufig und vor allem richtig zu bedienen.

E. Verhalten des Motors bei Teillasten.

Kraftstoffausnutzung bei Teillast. Vergaser- und Gasmotoren arbeiten bei Vollast mit einer Luftmenge im Kraftstoff-Luft-Gemisch, welche ungefähr dem theoretischen Luftbedarf entspricht. Überfettung des Gemisches würde keine Leistungssteigerung mehr ergeben.

Dieselmotoren brauchen infolge der gröberen Verteilung des Kraftstoffes im Kraftstoff-Luft-Gemisch mehr Luft zur vollständigen Verbrennung, weil die Berührung der Tröpfchen-Oberfläche mit der Verbrennungsluft nicht so innig ist. Die Vollastgrenze liegt deswegen beim Dieselmotor nicht beim Luftmangel gegenüber dem theoretischen Luftbedarf, sondern aus betriebstechnischen Gründen an der Rauchgrenze des Auspuffs, welche schon bei Luftüberschuß erreicht ist. Bei konstanter Fördermenge der Einspritzpumpe wird die Rauchgrenze bei hoher Drehzahl früher erreicht als bei niederer Drehzahl.

Bei Teillasten wird das Gemisch magerer; die Kraftstoffausnutzung wird daher beim Vergasermotor schlechter als bei Vollast, da bei Teillasten überschüssige Luft mit aufgeheizt werden muß, die nutzlos in den Auspuff geht.

Die günstigste Kraftstoffausnutzung erhält man bei Gas- und Vergasermotoren mit Vollast.

Ein auf die Rauchgrenze eingestellter Dieselmotor arbeitet bei Vollast schon mit unvollständiger Verbrennung. Die günstigste Verbrennung liegt bei etwas größerer Verbrennungsluftmenge. Die beste Kraftstoffausnutzung eines auf Rauchgrenze eingestellten Dieselmotors erhält man unterhalb der Vollast (Rauchgrenze), etwa bei $3/4$ bis $7/8$ Belastung.

Graphische Darstellung des Verhaltens bei Teillasten. Zur zeichnerischen Darstellung des Teillastverhaltens ist das bisher geübte Schaubild nicht geeignet, weil verschiedene Belastungen bei derselben Drehzahl nicht als Kurve ausgestreckt, sondern als Punkte (z. B. $3/4$, $1/2$, $1/4$) auf derselben Senkrechten erscheinen, ebenso der jeweils zugehörige Kraftstoffverbrauch. Es wird daher eine andere Darstellung gewählt, bei welcher der stündliche oder der spezifische Kraftstoffverbrauch über der Leistung aufgetragen wird. Dieses Schaubild wird zweckmäßig neben das Vollastschaubild gelegt, so daß der Leistungsmaßstab für beide gemeinsam ist. Man kann dann leicht von einem Bild ins andere übergehen. (Eine weitere Darstellungsart ergibt sich im Abschnitt G, Aufg. 5.) Im Teillastbild werden die aus Versuchen gewonnenen Meßpunkte gleicher Drehzahl durch Linien verbunden.

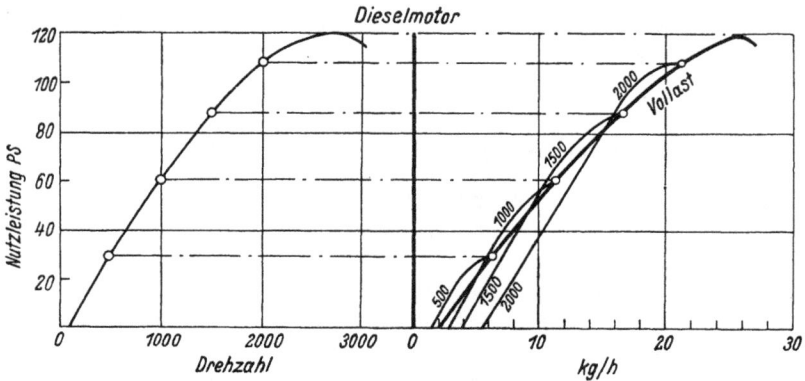

Abb. 14. Vollast- und Teillast-Kennlinien eines Dieselmotors.

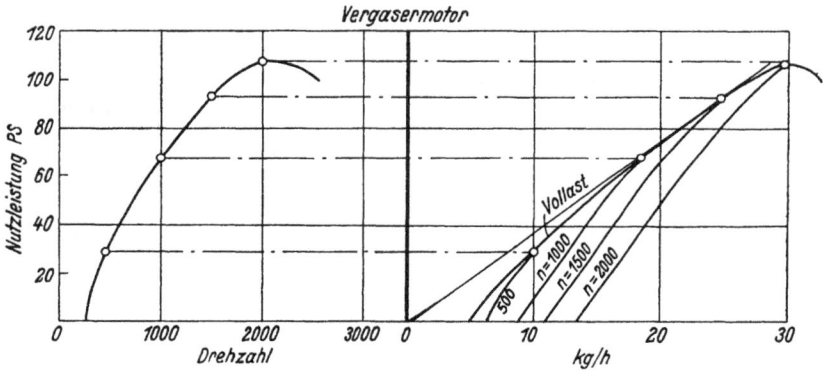

Abb. 15. Vollast- und Teillast-Kennlinien eines Ottomotors.

Die oben geschilderten Verschiedenheiten zwischen Vergaser- und Dieselmotor zeigen sich im Teillastschaubild deutlich: Die Kraftstoffverbrauchslinien des Dieselmotors unterschneiden bei Teillast die Vollastverbrauchslinie, die Teillastlinien des Vergasermotors liegen stets höher als die Vollastlinie.

Der Vergasermotor arbeitet im ganzen unwirtschaftlicher als der Dieselmotor, weil die Verbrennungsdrücke im Dieselmotor höher sind. Mindestverbrauch etwa 270 : 190 g/PSh.

Teillastversuch (Vergaser- und Dieselmotor). Die Versuchsanordnung ist dieselbe wie bei der Vollastmessung, Abb. 9. Gegebenenfalls kann am Vergaser ein Winkelmesser zur Bezeichnung der Drosselstellung bzw. an der Regelstange der Diesel-Einspritzpumpe ein Maßstab angebracht werden.

Im Einklang mit den Bildern wird die Belastung bei jeder Versuchsgruppe mit gleicher Drehzahl nacheinander auf etwa $1/1$, $3/4$, $1/2$, $1/4$, 0 eingeregelt.

Zahlentafel.

Versuch: Messung von Leistung und Kraftstoffverbrauch bei Vollast, Teillast und Leerlauf

Datum: Ausgeführt durch:

Motor: Firma   Hubraum
      Type   Zylinderzahl
      Nummer   Vergaser
            Düsen: HD
                  KD
                  LTr
                  LD

Kraftstoff: Lieferung
                              Heizwert
                              Spez. Gewicht

Leistung					Kraftstoffverbrauch						Motor-Temperatur			Bemerkungen
T	P	n	N_e	$^0/_0 N_e$	b'	t'	B	b_1	b		t_{Ke}	t_{Ka}	t_a	
	kg	U/min	PS	$^0/_0$	cm³	sek	l/h	cm³/PSh	gr/PSh		°C	°C	°C	
Uhrzeit	Kraft an der Bremse	Motor-Drehzahl	Nutz-leistung	Belastung	gemessene Kraftstoff-menge	Zeit für Verbrauch von b'	Stündlich. Kraftstoff-verbrauch	Spezi-fischer		Kraftstoff-verbrauch	Kühlwass.-Eintritt	Kühlwass.-Austritt	Auspuff	Außentemp. t_a = °C Barometer p_a = mmQS
	1000		$= ^1/_1$											
	»		$\sim ^3/_4$											
	»		$\sim ^1/_2$											
	»		$\sim ^1/_4$											
	»		$= 0$											
	2000		$= ^1/_1$											
	»		$\sim ^3/_4$											

Teillastversuch am Gasmotor mit veränderlichem Mischungsverhältnis. Beim Vergasermotor läst sich das Vollast-Mischungsverhältnis — abgesehen vom Kraftradmotor mit Luft- und Gasschieber im Vergaser — nur sprunghaft durch Wechseln der Düsen ändern. Beim Gasmotor kann bei Einbau von Hähnen in der Gas- und der Luftleitung das Mischungsverhältnis stetig von der unteren bis zur oberen Zündgrenze verstellt werden. Die Messung der angesaugten Luft- und Gasmenge ergibt gleichzeitig den Füllungsgrad des Zylinders.

Versuchsanordnung:

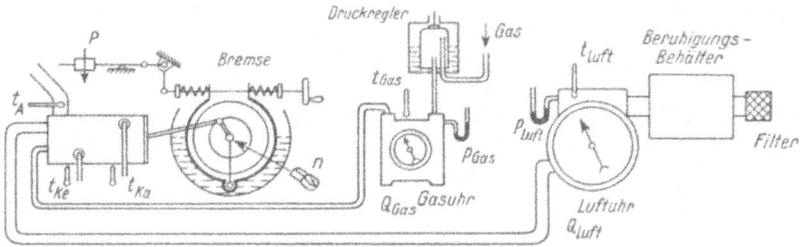

Abb. 16. Schema der Versuchsanordnung und Meßstellen für Teillastversuch mit veränderlichem Mischungsverhältnis an einer Gasmaschine.

Zahlentafel.

Kopf wie bisher.

Drehzahl $n = $ const $= $ U/min

Leistung			Motor-Temperatur			Gasmenge				Luftmenge				Bemerkungen
P	n	N_e	t_{Ke}	t_{Ka}	t_{λ}	V_g	p_g	t_g	G_g	V_l	p_l	t_l	G_l	
kg	U/min	PS	°C	°C	°C	m³/h	$\frac{mm}{WS}$	°C	kg/h	m³/h	$\frac{mm}{WS}$	°C	kg/h	
														Außentemp. $t_a = $°C Barometer $p_a = $ mmQS

Schaubild der Versuchsauswertung:

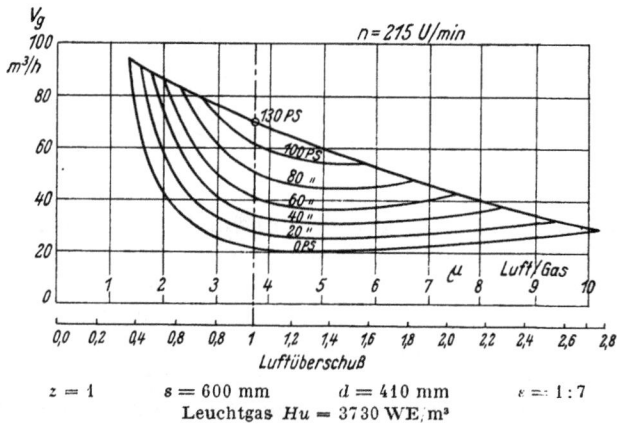

$z = 1$ $\quad s = 600$ mm $\quad d = 410$ mm $\quad \varepsilon = 1:7$
Leuchtgas $Hu = 3730$ WE/m³

Abb. 17. Teillast-Kennlinien einer Gasmaschine bei veränderlichem Mischungsverhältnis.

Kraftstoff-Füllung der Zylinder, Wärmefüllung. Ein besonders deutliches Bild der Einstellung des Motors und des Teillastverhaltens bekommt man, wenn man aus den Meßwerten berechnet, welche Menge Kraftstoff je Arbeitshub im Zylinder bzw. in 1 Liter Zylinderinhalt zur Verbrennung gelangt.

Ist z. B. bei Vollast und $n = 2700$ U/min ein Kraftstoffverbrauch von $B = 9,2$ kg/h und eine Leistung $N = 26,4$ PS gemessen, bei einem Motor von 1,6 l Gesamthubraum in 4 Zylindern, so ist der spezifische Kraftstoffverbrauch $b = \dfrac{B}{N} = \dfrac{9,2}{26,4} = 326$ g/PSh. Bei $n = 2700$ U/min $= 2700 \cdot 60 = 162000$ U/h entsprechend 81000 Saughübe/h ist also, auf den Gesamthubraum die Menge von

$$\beta_{V_h} = 9,2 : \frac{2700 \cdot 60}{2} = \frac{9,2 \cdot 2 \cdot 1000}{2700 \cdot 60} = 0,1136 \text{ g/Arbeitshub}$$

oder auf einen Liter Zylinderinhalt bezogen, die Menge von

$$\beta_{(1\,l)} = \frac{0,1136}{1,6} = 0,071 \text{ g/Arbeitshub und Liter Hubraum}$$

Kraftstoff verbrannt worden.

Diese Zahl ist aber bei verschiedenartigen Kraftstoffen deswegen keine eindeutige Vergleichszahl, weil der Energieinhalt der Kraftstoffe verschieden sein kann. Man bemißt den Energiewert eines Kraftstoffs nach derjenigen Zahl von Wärmeeinheiten (WE), die bei der vollständigen Verbrennung von 1 kg oder 1 l oder 1 m³ des Kraftstoffs entwickelt werden, und nennt diese Zahl den Heizwert H des Kraftstoffs[1]). Eine Wärmeeinheit ist dabei diejenige Wärmemenge, die imstande ist, 1 kg Wasser von 14,5 °C auf 15,5 °C, also um 1°, zu erwärmen.

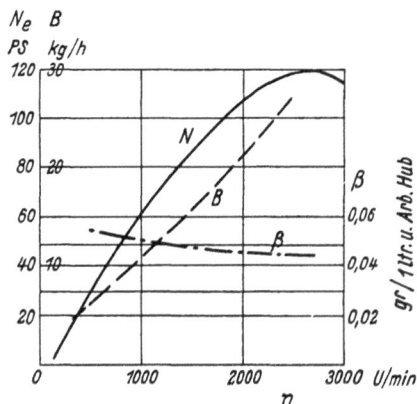

Abb. 18. Voll-Leistung, Kraftstoffverbrauch und Kraftstoffüllung.

Ist der Heizwert des Kraftstoffs z. B. 9650 WE/kg, so ist die Wärmefüllung mit den obigen Zahlen

$$\beta_H = \frac{9650}{1000} \cdot 0,071 = 0,686 \text{ WE/Arbeitshub und Liter Hubraum.}$$

Allgemein ist also

$$\beta = \frac{2\,B \cdot 1000}{60\,n\,V_h} = \frac{100}{3}\,\frac{B}{n\,V_h} \text{ g/Arbeitshub und Liter}$$

$$\beta_H = \frac{2\,B\,H}{60\,n\,V_h} = \frac{B\,H}{30\,n\,V_h} \text{ WE/Arbeitshub und Liter.}$$

[1]) Vgl. Kap. VI, Abschn. J.

Aufgabe. Es ist für die Vollastleistung und den Kraftstoffverbrauch von Abb. 14 die Kurve von β abhängig von der Motordrehzahl aufzuzeichnen.

Anmerkung: Die β-Kurve für Vollast ist gleichzeitig die Förderkennlinie der Einspritzpumpe des Dieselmotors. Sie soll wegen der Rauchgrenze mit höherer Drehzahl etwas abfallen.

F. Mechanischer Wirkungsgrad. Verhalten im Leerlauf.

Die Versuche zur Bestimmung des Kraftstoffverbrauchs bei geschlossener Drossel müssen auf einem Prüfstand mit elektrischer Bremse vorgenommen werden, welche den Motor auch antreiben kann, wenn die Antriebskraft des Motors nicht ausreicht. Dasselbe gilt für die Ermittlung der mechanischen Eigenverluste des Motors. Hierbei wird der Motor ohne Zündung bei abgestelltem Kraftstoff elektrisch angetrieben.

a) Mechanischer Wirkungsgrad. Motor elektrisch angetrieben, Zündung ausgeschaltet, Kraftstoffzufluß abgestellt. Der Aufwand an Leistung zum Durchdrehen des Motors N_v wird bei verschiedenen Drehzahlen n an der Pendelmaschine[1]) gemessen. Er ist bei geschlossener Drossel etwas größer als bei offener.

Der mechanische Wirkungsgrad wird aus der Nutzleistung N_e und der Verlustleistung N_v, jeweils bei voll geöffneter Drossel bestimmt.

$$\eta_{mech} = \frac{N_e \cdot 100}{N_e + N_v} = \frac{N_e}{N_i} \cdot 100\,\%.$$

Anmerkung: Der oft als Zahl angegebene mechanische Wirkungsgrad η_{mech} bezieht sich, wenn nichts anderes bemerkt, stets auf Nennleistung N_n und Nenndrehzahl n_n.

[1]) Vgl. VI. Kap. Abschn. F, 2.

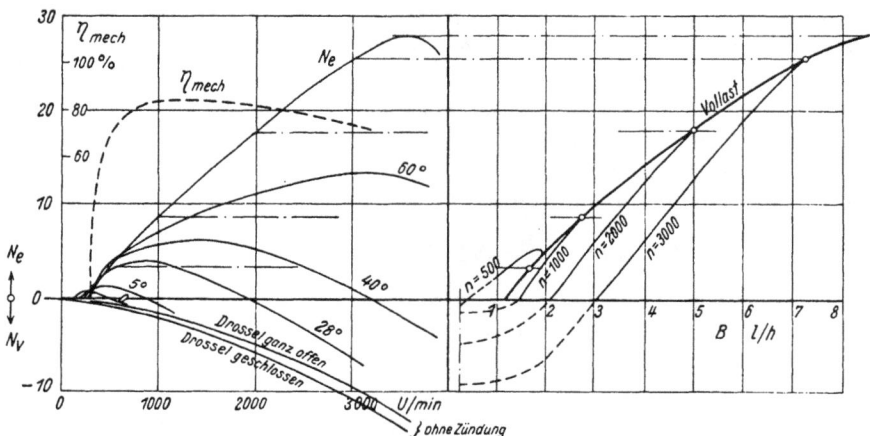

Abb. 19. Mechanischer Wirkungsgrad und vollständige Teillast-Kennlinien eines Ottomotors. Links: Leistung bei verschiedenen konstanten Drosselstellungen; rechts: Kraftstoffverbrauch bei verschiedenen konstanten Drehzahlen.

Nach I. Kap. Abschn. A kann N_i auch durch Indizieren des Motors bestimmt werden. Da aber gewöhnliche Indikatoren bei größeren Drehzahlen versagen und Sondergeräte[1]) sehr teuer und schwierig zu handhaben sind, wird meist das eben geschilderte Verfahren angewandt.

b) Leerlauf-Kraftstoffverbrauch. An der Drosselklappenwelle wird ein Winkelmesser angebracht, der bei voll geschlossener Drossel auf Null zeigt. Dann können Leistung und Kraftstoffverbrauch bei gleichbleibender Drosselstellung und veränderlicher Drehzahl gemessen werden.

Es zeigt sich dabei, daß bei kleiner Drosselöffnung die sekundliche Kraftstoffmenge unveränderlich ist (überkritisches Druckverhältnis,

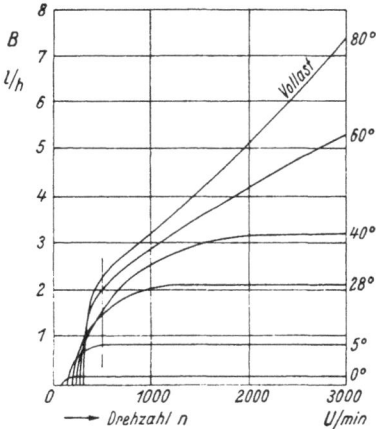

Abb. 20. Kraftstoffverbrauch bei verschiedenen Drosselstellungen.

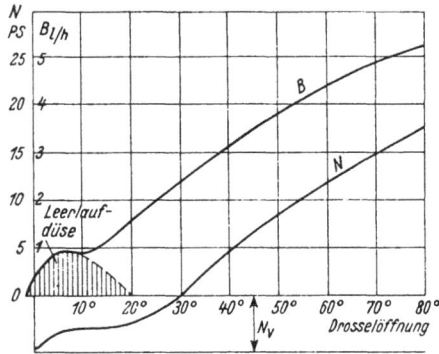

Abb. 21. Kraftstoffverbrauch und Leistung bei konstanter Drehzahl, abhängig von der Drosselstellung.

vgl. Abschn. B). Dabei müßte auch die Leistung N_i konstant sein. Das ist sie aber bei magerem Gemisch nicht, da seine Zündfähigkeit bei größeren Drehzahlen nachläßt.

Die Notwendigkeit einer Übergangseinrichtung am Vergaser und guter Abstimmung der Leerlaufdüse läßt sich deutlich zeigen, wenn man aus den Schaubildern die Leistung und den Kraftstoffverbrauch für eine konstante Drehzahl und zunehmende Drosselöffnung aufzeichnet. (Vergaserloch.)

G. Übungen der zeichnerischen Darstellung der Motoreigenschaften.

1. Aufgabe. Aus beistehendem Schaubild der Leistung bei Volllast sind die Kurven für mittleren Nutzdruck p_{me}, Drehmoment $\mathfrak{M}$,

---

[1]) Vgl. VI. Kap. Abschn. E.

spezifischen Kraftstoffverbrauch b, Kraftstoffüllung β zu berechnen und aufzuzeichnen.

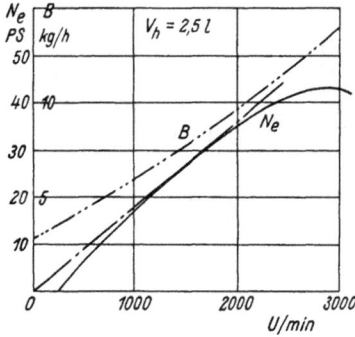

Abb. 22. Kennlinien zur Berechnung der Kurven der Abb. 23.

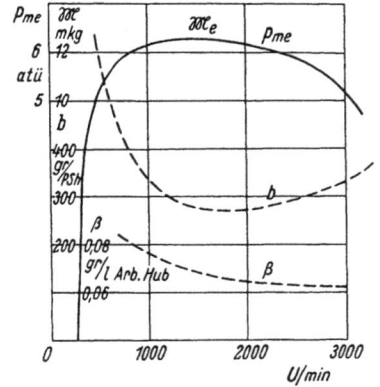

Abb. 23. Drehmoment, Mitteldruck, spezifischer Kraftstoffverbrauch und Kraftstoffüllung, berechnet aus Abb. 22.

2. Aufgabe. Zu beistehenden Teillastschaubildern eines Vergaser- und eines Dieselmotors, S. 26, sind die Kurven des spezifischen Kraftstoffverbrauchs zu berechnen und in gleicher Darstellung aufzuzeichnen.

Was bedeutet im Diagramm des Vergasermotors die Tangente aus dem Nullpunkt an die Vollast-Kraftstoffkurve und ihr Berührungspunkt?

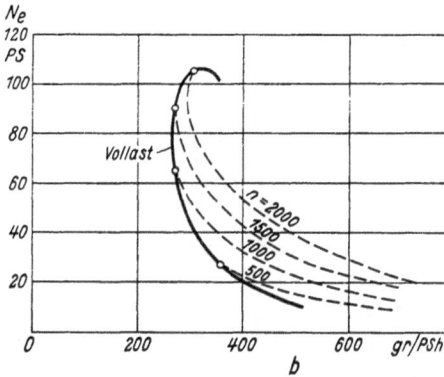

Abb. 24. Spezifischer Kraftstoffverbrauch eines Ottomotors bei Teillasten, berechnet aus Abb. 15.

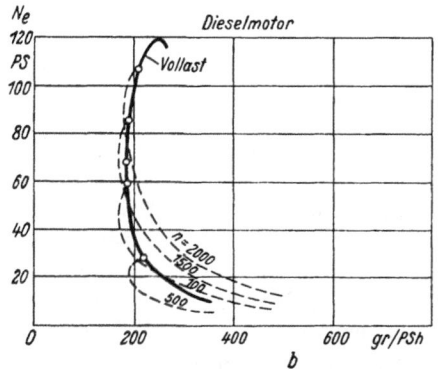

Abb. 25. Spezifischer Kraftstoffverbrauch eines Dieselmotors bei Teillasten, berechnet aus Abb. 14

3. Aufgabe. Was bedeutet im Schaubild zur 1. Aufgabe die Tangente aus dem Nullpunkt an die Volleistungskurve und ihr Berührungspunkt? Überlege, warum die Kurve des stündlichen Kraftstoffverbrauchs im gleichen Bild nicht bei der Drehzahl $n = 0$ im Nullpunkt beginnt?

4. Aufgabe. Aus den Schaubildern der 2. Aufgabe ist die Leistung und der Kraftstoffverbrauch für Vollast zu entnehmen und entsprechend dem Schaubild der 1. Aufgabe aufzuzeichnen.

5. Aufgabe. In das Schaubild der 2. Aufgabe, S. 26 (Vergasermotor), sind über dem stündlichen Kraftstoffverbrauch Linien gleichbleibenden spezifischen Kraftstoffverbrauchs (1000, 500, 400, 300, 275, 250 g/PSh) einzuzeichnen.

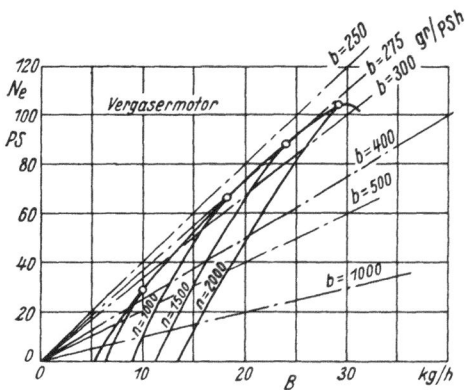

Abb. 26. Linien gleichen spezifischen Kraftstoffverbrauchs im Teillastbild.

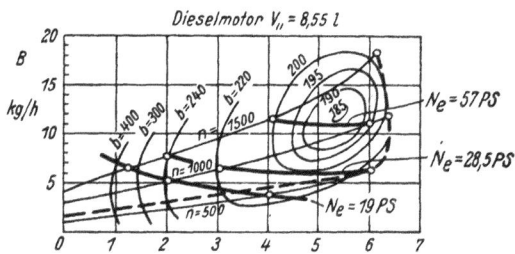

Abb. 27. Kennlinien des Motors über dem Nutzdruck aufgetragen.

6. Aufgabe. Aus den Kurvenpunkten der Bilder zur 2. Aufgabe sind genügend viele Werte des mittleren Nutzdrucks p_{me} zu berechnen. Dann ist

    a) der stündliche Kraftstoffverbrauch über dem mittleren Nutzdruck p_{me} aufzuzeichnen.

    b) Die Punkte gleichen spezifischen Kraftstoffverbrauches sind unter Zuhilfenahme der 5. Aufgabe zu verbinden.

    c) In das Schaubild sind Linien gleicher Leistung einzutragen.

H. Wärmewirkungsgrad, Wärmebilanz.

Im Abschnitt F wurde der mechanische Wirkungsgrad untersucht, der die Verluste vom Motorzylinder bis zur Kurbelwelle angibt. Die am Kolben im Zylinder vorhandene Leistung ist aber nur ein Bruchteil des aus dem verbrauchten Kraftstoff freiwerdenden Energieinhalts. Vergleicht man diesen mit der an der Kurbelwelle abnehmbaren Leistung, so erhält man den Wärmewirkungsgrad η_W. Ist bei der Drehzahl n der stündliche Kraftstoffverbrauch B kg/h und ist der Heizwert des Kraftstoffs H WE/kg, so ist die bei der vollständigen Verbrennung der Kraftstoffmenge freiwerdende Wärmemenge

$$Q = B \cdot H \text{ WE/h}.$$

Eine Wärmeeinheit entspricht nach dem »mechanischen Wärmeäquivalent« (Robert Meyer, Gesetz von der Erhaltung der Energie) der Arbeit von 427 mkg. Also entspricht die stündliche Wärmemenge $Q = BH$

einer Leistung N_H von $BH \cdot 427$ mkg je Stunde oder

$$N_H = \frac{BH \cdot 427}{3600 \cdot 75} = \frac{B \cdot H}{632} \text{ PS}.$$

Der Wärmewirkungsgrad η_W ist damit

$$\eta_W = \frac{N_e}{N_H} \cdot 100\% = \frac{632\, N_e}{BH} \cdot 100\% = \frac{632 \cdot 1000}{b\,H} \cdot 100\%.$$

In η_W ist der mechanische Verlust im Motor mit enthalten.

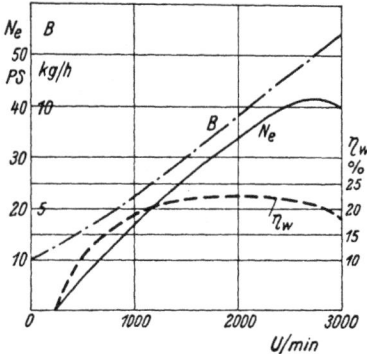

Abb. 28. Berechnung des Wärmewirkungsgrades aus Leistung und Kraftstoffverbrauch.

Aufgabe. Es ist zur Nutzleistung N_e und dem stündlichen Kraftstoffverbrauch B der Wärmewirkungsgrad η_W für einen Heizwert $H = 10\,000$ WE/kg des Kraftstoffs zu berechnen und einzuzeichnen.

Die Dieselmotoren haben von allen Wärmekraftmaschinen die beste Umsetzung von Wärme in mechanische Arbeit (große Maschinen bis 37%) und sind damit den Dampfkraftmaschinen weit überlegen (20%). Trotzdem sind auch ihre Wärmeverluste sehr groß. Um einen Aufschluß darüber zu erhalten, wo die nicht in mechanische Arbeit umgesetzte Wärme verbleibt, kann versuchsmäßig eine Wärmebilanz des Motors aufgenommen werden, welche von folgenden Überlegungen ausgeht:

Die gesamte bei der Verbrennung des Kraftstoffs freiwerdende Wärmemenge zerfällt in vier Anteile:

1. Mechanische Arbeit . . . . Nutzarbeit
2. Mit dem heißen Kühlwasser abgeführte Wärme . . ⎤
3. Mit den heißen Auspuffgasen abgeführte Wärme . ⎥ Verlust
4. Vom heißen Motor durch Strahlung und Leitung ⎥
   an Außenluft und Umgebung abgeführte Wärme . ⎦

Die im Motor auftretenden mechanischen Verluste sind dabei in den Verlusten 2 bis 4 enthalten, da auch die Reibungsarbeit sich in Wärme umsetzt, die ins Kühlwasser, in die Auspuffgase und durch Leitung und Strahlung nach außen gelangt.

Wärmebilanz des Motors, Versuch.

Es wird gemessen: Bei ausgewählten Drehzahlen, Voll- oder Teillast, jeweils im sorgfältig eingehaltenen Beharrungszustand:

a) Die Nutzleistung N_e,

b) Kühlwasser-Eintritts- und Austrittstemperatur t_{K_e}, t_{K_a} °C,

c) Ansauglufttemperatur und Auspufftemperatur t_{A_1} und t_{A_2} °C,

d) Kühlwassermenge durch Wiegen einer in gestoppter Zeit aufgefangenen Menge G_K kg/h,

e) die Auspuffgasmenge G_A kg/h kann mit einem geschätzten Füllungsgrad berechnet werden.

Es ist zu berechnen:

a) Wieviel WE/h entspricht die Leistung N_e?

$$Q_e = 632 \cdot N_e \text{ WE/h}.$$

b) Wieviel WE/h entspricht die Erwärmung des Kühlwassergewichts G_K von t_{K_1} auf t_{K_2} °C?

$$Q_K = G_K \, (t_{K_2} - t_{K_1}) \, c_W \text{ WE/h} \qquad c_W = 1.$$

c) Wieviel WE/h entspricht die Erwärmung des Auspuffgewichts G_A von t_{A_1} auf t_{A_2} °C?

$$G_A = V_h \cdot 60 \cdot \frac{n}{2} \cdot \eta_F \cdot \gamma_{t_{l_1}} \qquad Q_A = G_A \, (t_{A_2} - t_{A_1}) \, c_A.$$

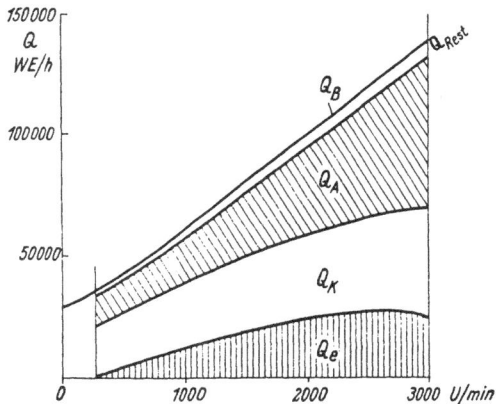

Abb. 29. Wärmebilanz eines Ottomotors, abhängig von der Drehzahl, absolute Werte.

Hierin ist: η_F der Füllungsgrad,

$\gamma_{t_{l_1}}$ das spezifische Gewicht des angesaugten Gemischs.

c_A die spezifische Wärme des Auspuffgases[1]).

---

[1]) Zur Bestimmung der Wärmemenge, die in einer von t_1 auf t_2 °C erwärmten Flüssigkeits- oder Gasmenge steckt, darf der Unterschied zwischen Wärmegrad (Temperatur) und Wärmemenge nicht außer Acht gelassen werden. Auf gleichen Wärmegrad erhitzte Stoffe enthalten nicht gleiche Wärmemengen. Braucht man z. B. 1 WE, um 1 kg Wasser von 14,5 auf 15,5 °C zu erwärmen, so braucht man zur Erwärmung des gleichen Gewichts Öl auf dieselbe Temperatur nur 0,7 WE. Man sagt daher: Die spezifische Wärme von Wasser ist 1, die von Öl 0,7. Die spezifische Wärme ist also diejenige Wärmemenge, die von der Gewichtseinheit eines

d) Wieviel WE/h entspricht das verbrauchte Kraftstoffgewicht G_B kg/h ?

$$Q_B = G_B \cdot H.$$

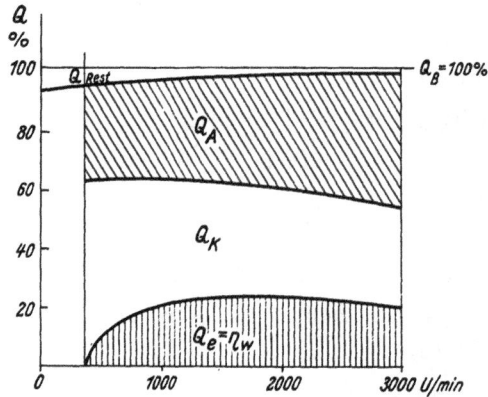

Abb. 30. Wärmebilanz eines Ottomotors, abhängig von der Drehzahl in v. H.

Aufgabe. Über der Drehzahl sind die aus Versuchen ermittelten Anteile Q_e, Q_K, Q_A und Q_B aufzuzeichnen. Die nicht gedeckte Restmenge $Q_{rest} = Q_B - Q_e - Q_A - Q_K$ entspricht der Wärmeabstrahlung und Ableitung des Motors. In einem zweiten Bild sind dieselben Werte auf $Q_B = 100\%$ bezogen aufzuzeichnen.

Stoffes bei der Temperaturerhöhung um eine Einheit aufgespeichert wird. Es ist klar, daß die spezifische Wärme eines Stoffes kein fester Wert, sondern mit der Temperatur veränderlich ist. Wasser ist unter den üblichen Stoffen derjenige, der zu einer gegebenen Temperatursteigerung die größte Wärmemenge nötig hat und in sich aufspeichert.

II. Das Verhalten des Fahrzeugs.

A. Grundbegriffe.

Bewegungsvorgänge teilt man zur Übersicht ein in Bewegungen mit unveränderlicher Geschwindigkeit, und solche mit veränderlicher Geschwindigkeit.

Die veränderliche Geschwindigkeit kann vorhanden sein bei unveränderlicher oder bei veränderlicher Beschleunigung.

Zur Untersuchung von Bewegungen mit unveränderlicher Geschwindigkeit braucht man grundsätzlich die Maßbegriffe: Zeit t, Weg s und Geschwindigkeit $v = \dfrac{\text{Weg } s}{\text{Zeit } t}$.

Bei veränderlicher Geschwindigkeit braucht man außerdem die Begriffe: Beschleunigung b oder Verzögerung $-b$, Kraft P, Masse m. Es bedeutet:

Geschwindigkeit v = Weg in der Zeiteinheit.

Beschleunigung b = Geschwindigkeitszunahme in der Zeiteinheit.

Verzögerung $-b$ = Geschwindigkeitsabnahme in der Zeiteinheit.

Kraft P — Ursache der Änderung der Bewegungsgeschwindigkeit. Kräfte werden durch Gewichte G gemessen.

Masse m — Das Gewicht ist von der Schwerkraft, also von der Erdbeschleunigung abhängig. Man führt daher die Masse als Gewicht je Einheit der Schwerebeschleunigung

$$m = \frac{G}{g} = \frac{P}{b}$$

ein. Während das Gewicht eines irdischen Körpers sich auf Sonne und Mond und sogar auf verschiedenen Punkten der Erde verändert, bleibt die Masse jeweils dieselbe.

a) **Bewegungen mit unveränderlicher Geschwindigkeit.** Aufgabe: Bei der Abnahme eines PKW soll die Höchstgeschwindigkeit ermittelt und die Eichung des Geschwindigkeitsmessers nachgeprüft werden.

Musterlösung: Es wird eine ebene Straße ohne Steigungen und Gefälle benötigt, die mit Marksteinen für Kilometer und Hundertmeter besetzt ist, ferner eine Stoppuhr. Die Stoppuhr muß geprüft sein. (Vergleich mit Taschenuhr!)

Man fährt mit Höchstgeschwindigkeit in die Versuchsstrecke ein und beobachtet während der Versuchsstrecke den Geschwindigkeitsmesser (nicht etwa um die Höchstgeschwindigkeit festzustellen, denn es ist ja fraglich ob er richtig anzeigt, sondern um sich zu vergewissern, daß keine Schwankungen z. B. durch Heißwerden oder Aussetzen des Motors auftreten). Dabei stoppt man die Zeit zwischen zwei genau anvisierten Marken, z. B. 11,5 km und 12,5 km. Der Weg ist dann $s = 1$ km. Die Stoppuhr zeige als gebrauchte Zeit $t = 45,15$ s. Dann ist die Geschwindigkeit (Weg in 1 s) $v = \dfrac{s}{t} = \dfrac{1000}{45,15} = 22,15$ m/s.

Die Umrechnung in km/h ergibt:
$$V = \frac{22,15 \cdot 3600}{1000} = 79,74 \text{ km/h.}$$

Wenn man 1 km als Meßweg nimmt, kann man abgekürzt rechnen:
$$V = \frac{3600}{45,15} = 79,74 \text{ km/h.} \quad \text{Beweis?}$$

Man kann auch umgekehrt die während einer bestimmten Zeit, z. B. $t = 20$ s, mit Höchstgeschwindigkeit zurückgelegte Strecke messen, etwa durch Abschießen einer Farbpatrone zu Beginn und Ende der Zeitmessung. Ist $s = 443$ m, so ist $v = \dfrac{s}{t} = \dfrac{443}{20}$ m/s[1]).

Zur Umrechnung von v (m/s) in V (km/h) gilt
$$V = 3,6\, v.$$

Prüfung des Geschwindigkeitsmessers. Man fährt eine abgesteckte Strecke, z. B. $s = 500$ m, nach dem Geschwindigkeitsmesser mit einer möglichst gleichmäßig eingehaltenen Geschwindigkeit, z. B. 10, 20, 30 … km/h, und stoppt die jeweils gebrauchte Zeit. Die wirkliche Geschwindigkeit V_w ist dann $3,6 \dfrac{s}{t}$ (km/h). Sie wird von der angezeigten Geschwindigkeit V_a mehr oder weniger abweichen. Der Fehler des Geschwindigkeitsmessers ist dann $\dfrac{V_a - V_w}{V_w} \cdot 100\%$. Bequemer rechnet man mit der Korrektur, welche für die Anzeige des Tachometers nötig ist. Diese beträgt $\dfrac{V_w - V_A}{V_a} \cdot 100\%$.

---

[1]) Aus diesen Aufgaben ergeben sich die Abarten:

    a) Gegeben Geschwindigkeit und Zeit, gesucht Weg $s = v \cdot t$,

    b) Gegeben Geschwindigkeit und Weg, gesucht Zeit $t = \dfrac{s}{v}$.

Graphische Dar-
stellung. 1. Es soll der
Weg aufgezeichnet werden,
der bei gleichbleibender
Geschwindigkeit v in der
Zeit t zurückgelegt wird,
z. B. für $v = 1, 2, 3, 20$ m/s.
(Weg-Zeit-Diagramm.)

$$v = 3 = \frac{s}{t}; \quad s = 3\,t.$$

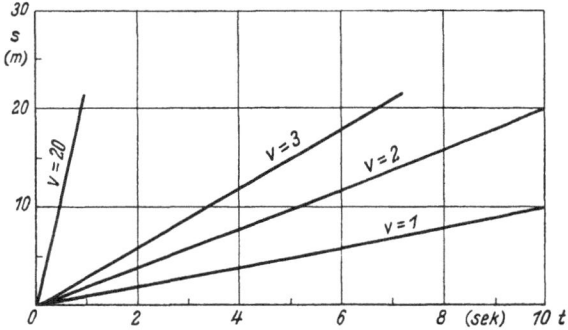

Abb. 31. Zeit-Weg-Schaubild für verschiedene konstante Geschwindigkeiten.

2. In gleicher Weise
kann die Geschwindigkeit
selbst über der Zeit aufgezeichnet werden (Geschwindigkeits-Zeit-Dia-
gramm). Bei der gleichbleibenden Geschwindigkeit $v = 3$ m/s ergibt sich
eine Gerade parallel zur Zeit-Achse[1]).

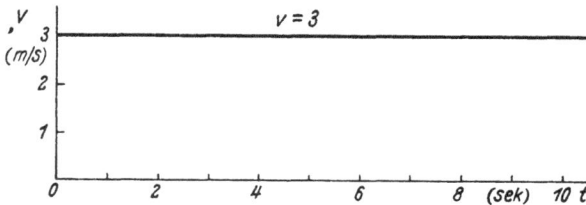

Abb. 32. Zeit-Geschwindigkeitsschaubild, konstante Geschwindigkeit.

3. Die Nachprüfung des Geschwindigkeitsmessers ist für den ganzen
Geschwindigkeitsbereich so aufzuzeichnen, daß die erforderliche Korrektur der angezeigten Werte abzulesen ist.

Anzeige	Zeit für 500 m	Wirkliche Geschwindigkeit	Korrektur $f = \frac{V_w - V_A}{V_A} \cdot 100\,°/_0$
V_A	t	V_w	f
km/h	s	km/h	$°/_0$
10	185,0	9,74	— 2,6
20	95,1	18,93	— 5,35
30	64,4	27,98	— 6,73
40	48,3	37,30	— 6,75
50	39,2	45,95·	— 8,10
60	32,7	55,05	— 8,25

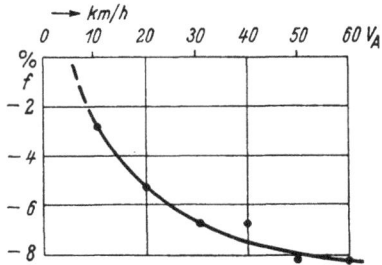

Abb. 33. Korrekturkurve eines Geschwindigkeitsmessers.

[1]) In dieser Darstellung gibt die Fläche zwischen der Geschwindigkeitslinie und der Zeitachse den zurückgelegten Weg an. Es ist $s = v \cdot t$; ist z. B.
$v = 3$ und $t = 7$, so ist $s = 3 \cdot 7$ gleich dem Inhalt des Rechtecks mit der Höhe
$v = 3$ und der Grundlinie $t = 7$. Diese Möglichkeit wendet man in der höheren
Mathematik als Integration an.

4. Es ist eine Tafel zu entwerfen, die bei Rennen, Gebrauchs-
prüfungen u. dgl. eine schnelle Ermittlung der durchschnittlichen Geschwindigkeit der Fah-
rer gestattet.

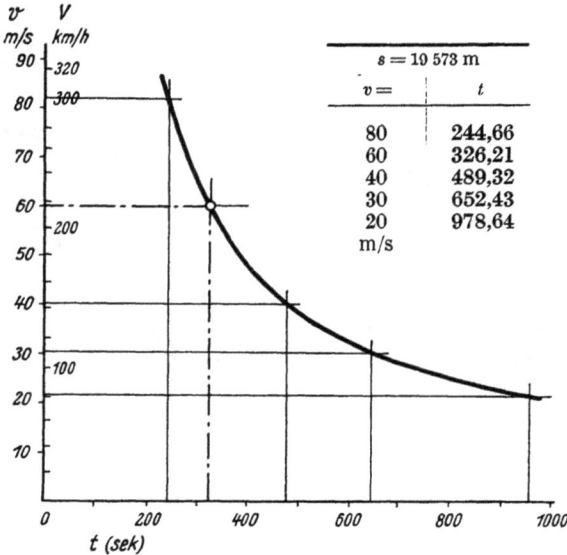

$s = 19573$ m	
$v =$	t
80	244,66
60	326,21
40	489,32
30	652,43
20	978,64
m/s	

Abb. 34. Geschwindigkeit-Zeit-Tafel für eine Rennstrecke
von 19,573 km Länge.

Man wählt eine feste
Stoppstrecke, bei ge-
schlossenen Rennen am
besten eine volle Runde,
z. B. für das Avusrennen
$s = 19{,}573$ km. Es ist

$$v = \frac{s}{t} = \frac{19573}{t} \text{ m/s.}$$

Danach rechnet man
eine Reihe von Zeitwer-
ten (t) für eine beliebige
Zahl von Geschwindig-
keitswerten aus und
zeichnet sie in ein Ge-
schwindigkeitszeitbild
ein. Stoppt man nun
die Zeit für genau eine
Runde eines Fahrzeugs,
so erhält man aus dem

Bild zu dem gestoppten t-Wert sofort die zugehörige Geschwindigkeit v,
z. B. für $t = 326{,}2$ s, $v = 60{,}0$ m/s oder $V = 216$ km/h.

5. Mit Zeichnung und Rechnung ist folgende Aufgabe zu lösen:
Eine LKW-Kolonne verläßt den Standort um 8^{20} Uhr. Um 9^{50} Uhr
hat sie 30 km zurückgelegt; sie hat von 9^{50} bis 10^{20} einen Aufenthalt
und fährt 10^{20} mit einem Stunden-
durchschnitt von 28 km/h weiter.
Ein Kraftfahrer wird der Kolonne
nachgeschickt. Er verläßt den
Standort um 10^{50} und fährt ohne
Pause mit 40 km/h Durchschnitt.
Um welche Zeit und nach wieviel
km holt er die Kolonne ein? Die
Aufgabe wird durch ein Zeit-Weg-
Bild gelöst[1].

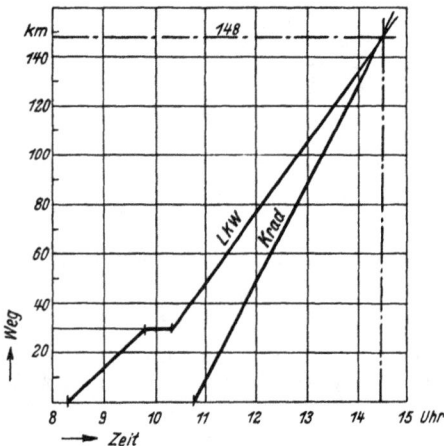

Abb. 35. Zeit-Weg-Bild zur 5. Aufgabe.

[1] Mit derartigen Darstellungen werden die Fahrpläne für Eisenbahnen und
andere fahrplanmäßigen Verkehrsmittel
entworfen, da alle Aufenthalte und Über-
holungen ersichtlich sind. »Graphischer
Fahrplan.«

b) Bewegungen mit veränderlicher Geschwindigkeit. Als Beispiel solcher Bewegungen wird am einfachsten eine Bewegung mit unveränderlicher Beschleunigung untersucht, z. B. der freie Fall eines Steines.

Aus tausendfacher Erfahrung ist bekannt, daß die Geschwindigkeit eines frei fallenden Steines in jeder Sekunde um 9,81 m/s zunimmt. Die Beschleunigung ist also konstant gleich 9,81 m/s². Im Zeit-Schaubild dargestellt ist die Beschleunigung g eine Parallele zur Zeitachse im Abstand 9,81.

Die Geschwindigkeit hat in jeder Sekunde um 9,81 m/s zugenommen. Sie beträgt am Anfang der ersten Sekunde 0 m/s, am Ende der ersten Sekunde 9,81 m/s, am Ende z. B. der siebten Sekunde $7 \cdot 9,81$ m/s. Die Geschwindigkeit ist also gleich g mal der Zahl der verstrichenen Sekunden, $v = g \cdot t$. Im Zeit-Schaubild ist die gleichförmig mit der Zeit wachsende Geschwindigkeit dargestellt durch eine im Nullpunkt beginnende ansteigende Gerade.

Bei der Bewegung mit unveränderlicher Geschwindigkeit war Weg == Geschwindigkeit · Zahl der verstrichenen Sekunden, $s = v \cdot t$ oder gleich der Fläche unter der Geschwindigkeitslinie im Zeit-Schaubild. Durch einen Kunstgriff kann diese Regel auch hier trotz veränderlicher Geschwindigkeit angewandt werden.

Ist z. B. am Anfang der 1. Sekunde $\quad v = 0$,

am Ende der 1. Sekunde $\quad v = g = 9,81$ m/s,

so wäre der Stein in dieser Sekunde offenbar ebensoweit gefallen, wenn er statt der von 0 auf g gleichmäßig ansteigenden Geschwindigkeit dauernd die gleichbleibende Geschwindigkeit $v_m = \dfrac{g}{2}$ gehabt hätte.

Dann ist auch die Fläche unter den beiden Geschwindigkeitslinien (Weg!) gleich groß.

Der Weg in der ersten Sekunde wäre dann $s = v_m \cdot t = \dfrac{g}{2} \cdot 1$ (m).

In der zweiten Sekunde wächst die Geschwindigkeit von g auf $2\,g$; setzt man statt dessen die gleichbleibende mittlere Geschwindigkeit $v_m = \dfrac{g + 2\,g}{2} = \dfrac{3}{2}\,g$, so ist der während der 2. Sekunde zurückgelegte Weg $\dfrac{3}{2}\,g \cdot 1$ und der Gesamtweg vom Beginn der Bewegung ab, also in der ersten und zweiten Sekunde zusammen $s = \dfrac{1}{2}\,g + \dfrac{3}{2}\,g = \dfrac{4}{2}\,g$ (m).

Ersetzt man auf diese Weise die schräge Linie $v = gt$ durch eine Treppe mit jeweils konstanter Geschwindigkeit v_m während einer Sekunde, so erhält man folgende Zahlenreihe:

Zeit t	Geschwin-digkeit v	Mittlere Geschwindigkeit v_m	Weg in der Sek.	Gesamtweg		
(Anfang 1. Sek.)	$v = 0$					
Ende 1. Sek.	$v = g$	$v_m = \dfrac{0+g}{2} = 0\,g/2$	$\dfrac{g}{2}$	$\dfrac{g}{2}$		$= \dfrac{g}{2}$
» 2.	$v = 2\,g$	$v_m = \dfrac{g+2g}{2} = 3\,g/2$	$\dfrac{3\,g}{2}$	$\dfrac{g}{2} + 3\dfrac{g}{2}$		$= 4\dfrac{g}{2}$
» 3.	$v = 3\,g$	$v_m = \dfrac{2g+3g}{2} = 5\,g/2$	$\dfrac{5\,g}{2}$	$4\dfrac{g}{2} + 5\dfrac{g}{2}$		$= 9\dfrac{g}{2}$
» 4.	$v = 4\,g$	$v_m = \dfrac{5g+4g}{2} = 7\,g/2$	$\dfrac{7\,g}{2}$	$9\dfrac{g}{2} + 7\dfrac{g}{2}$		$= 16\dfrac{g}{2}$
» 5.	$v = 5\,g$	$v_m = \dfrac{4g+5g}{2} = 9\,g/2$	$\dfrac{9\,g}{2}$	$16\dfrac{g}{2} + 9\dfrac{g}{2}$		$= 25\dfrac{g}{2}$
»						
»						
» t.	$t\,g$			$t^2\dfrac{g}{2}$		

Aus dieser Reihe ergibt sich für den Gesamtweg $s = g/2 \cdot$ Quadrat der Zahl der verflossenen Sekunden, $s = g/2 \cdot t^2$.

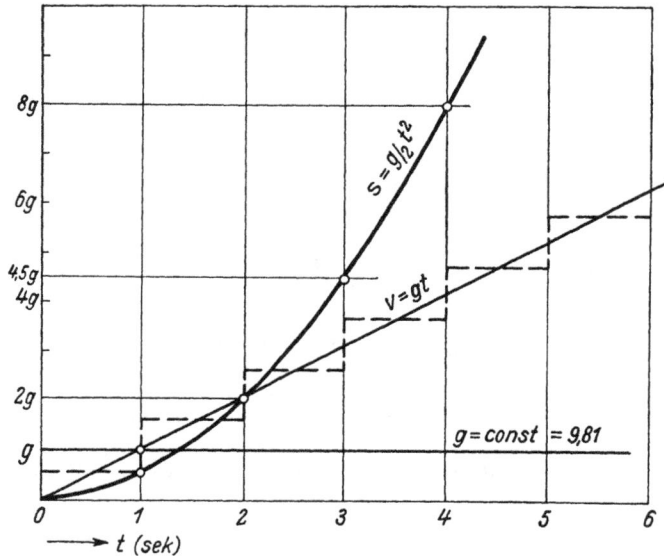

Abb. 36. Beschleunigung, Geschwindigkeit und Weg beim freien Fall.

Beliebige Mittelwertbildung. Aus dem Zeitschaubild ist zu entnehmen: Der Stein hat z. B. am Ende der 5. Sekunde die Geschwindig-keit $v = gt = 5\,g$. Am Anfang der 1. Sekunde hatte er die Geschwindigkeit Null. Er ist in diesen fünf Sekunden um $s = g/2\, t^2 = \dfrac{25}{2}\, g$ (m) gefallen. Er wäre offenbar ebensoweit gefallen, wenn er während der ganzen 5 Sekunden die unveränderliche Geschwindigkeit $v_m = \dfrac{0 + 5\,g}{2}$ $= \dfrac{5}{2}\, g$ gehabt hätte. Dann wäre der Weg $s = v_m\, t = \dfrac{5}{2}\, g \cdot 5 = \dfrac{25}{2}\, g$ $= \dfrac{t^2}{2}\, g$, also der gleiche, gewesen.

Die Mittelwertbildung ist also für einen beliebigen Zeitabschnitt der gleichförmig beschleunigten Bewegung richtig.

Aufgabe. Welche Arbeit kann ein freifallender Stein, der die Geschwindigkeit $v = 5\,g$ erreicht hat, leisten?

Er ist, wie vorhin erläutert, um $s = \dfrac{25}{2}\, g$ (m) gefallen. Als er um diese Strecke hochgehoben wurde, mußte die Arbeit (Kraft · Weg) $A = G \cdot s$ (mkg) geleistet werden. Arbeit kann nicht verloren gehen, sie muß also noch in dem bewegten Stein stecken. Da

$$s = \frac{g}{2}\, t^2,\ \text{muß also sein}\ A = G\,s = G\,\frac{g}{2}\, t^2.$$

Es ist ferner

$$v = g\,t \ \text{oder}\ t = \frac{v}{g} \ \text{und}\ t^2 = \frac{v^2}{g^2},$$

also

$$A = G\,\frac{g}{2}\,\frac{v^2}{g^2} \ \text{oder}\ A = G\,\frac{v^2}{2\,g} = m\,\frac{v^2}{2}.$$

Wucht: Diese Regel gilt nicht nur für den fallenden Stein, sondern für jeden bewegten Körper. Prallen z. B. zwei mit gleicher Geschwindigkeit v einander entgegenfahrende Kraftwagen zusammen, so entspricht die Zerstörung dem Arbeitsvermögen (der Wucht) beider:

$$A = G_1\,\frac{v^2}{2\,g} + G_2\,\frac{v^2}{2\,g};$$

prallen sie mit doppelter Geschwindigkeit zusammen, so ist die Zerstörung

$$(G_1 + G_2)\,\frac{(2\,v)^2}{2\,g} = (G_1 + G_2)\,\frac{v^2}{2\,g} \cdot 4;$$

also nicht verdoppelt, sondern vervierfacht!

Bremsweg. Da in den vorigen Beispielen der Weg $s = v_m t = \dfrac{v}{2} t$

und $t = \dfrac{v}{g}$, so kann man auch schreiben

$$s = \frac{v}{2} \frac{v}{g} = \frac{v^2}{2g}.$$

Auch diese Regel gilt nicht nur für den fallenden Stein, sondern allgemein für jede **gleichförmig beschleunigte oder verzögerte** Bewegung. Beschleunigt also ein Kraftfahrzeug aus der Geschwindigkeit 0 auf v, oder verzögert es von v auf 0 mit der gleichförmigen Beschleunigung oder Verzögerung b, so ist der Beschleunigungs- bzw.

Verzögerungsweg $s = \dfrac{v^2}{2b}$.

Zur allgemeinen Behandlung sei folgender Fall angenommen: Ein LKW fahre auf einer ebenen Strecke in einem bestimmten Gang mit langsamer, gleichbleibender Geschwindigkeit. Von einem bestimmten Augenblick an beschleunige er mit gleichförmiger Beschleunigung, bis bei der Höchstgeschwindigkeit der Regler einspielt, worauf er mit Höchstgeschwindigkeit weiterfährt.

Es sind Beschleunigungen, Geschwindigkeiten und Wege im Zeitschaubild aufzuzeichnen und die Gleichungen zur Berechnung des Weges aufzustellen.

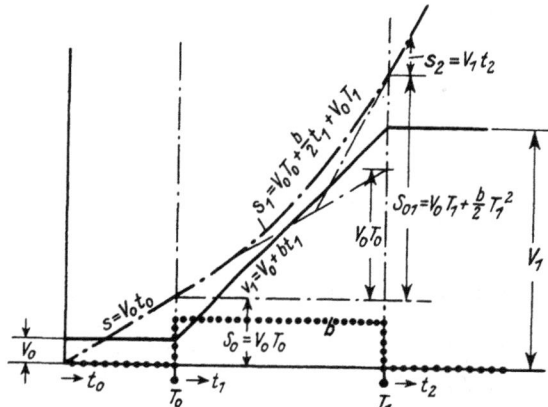

Abb. 37. Beschleunigung, Geschwindigkeit und Weg bei konstanter Beschleunigung eines Kraftfahrzeugs von Mindestgeschwindigkeit V_0 auf Höchstgeschwindigkeit V_1.

$$s_1 = V_0 T_0 + \frac{b}{2} t_1{}^2$$

$$s_1 = S_0 + \frac{b}{2} t_1{}^2$$

$$S_1 = V_0 T_0 + V_0 T_1 + \frac{b}{2} T_1{}^2$$

$$V_1 = V_0 + b\,T_1$$

$$T_1 = \frac{V_1 - V_0}{b}$$

$$T_1{}^2 = \frac{(V_1 - V_0)^2}{b}$$

$$S_1 = V_0\,T_0 + V_0\,T_1 + \frac{b}{2}\,T_1{}^2 =$$

$$= V_0\,T_0 + V_0\,\frac{V_1 - V_0}{b} + \frac{b}{2}\,\frac{(V_1 - V_0)^2}{b^2}$$

$$S_1 = V_0\,T_0 + \frac{V_0\,V_1 - V_0{}^2}{b} + \frac{V_1{}^2 - 2\,V_0\,V_1 + V_0{}^2}{2\,b}$$

$$S_1 = V_0\,T_0 + \frac{2\,V_0\,V_1 - 2\,V_0{}^2 + V_1{}^2 - 2\,V_0\,V_1 + V_0{}^2}{2\,b}.$$

$$\boxed{S_1 = S_0 + \frac{V_1{}^2 - V_0{}^2}{2\,b}}$$

Beginnt man Weg und Zeit erst vom Augenblick des Beschleunigens an zu zählen, so ist $S_0 = 0$

$$\boxed{S_1 = \frac{V_1{}^2 - V_0{}^2}{2\,b}}$$

Ist $V_0 = 0$, so ergibt sich die frühere Formel

$$\boxed{S = \frac{V_1{}^2}{2\,b}}$$

Diese Formeln gelten gleicherweise auch für den Verzögerungsvorgang mit der gleichförmigen Verzögerung b von V_1 auf V_0. Sie werden als Bremsformeln für Kraftfahrzeuge viel angewandt.

Drehbewegung. Dieselben Überlegungen gelten sinngemäß für Drehbewegungen um einen festen Drehpunkt.

An Stelle der Geschwindigkeit

$$v = b \cdot t$$

tritt die Winkelgeschwindigkeit

$$\omega = \varepsilon \cdot t$$

wobei ε Winkelbeschleunigung ($1/s^2$) an Stelle des Weges

$$s = v\,t$$

der Bogen auf dem Einheitskreis

$$\alpha = \omega\,t = \frac{2\,\pi\,n}{60}\,t.$$

Der Bremswegformel $s = \dfrac{v^2}{2\,b}$ entspricht $\alpha = \dfrac{\omega^2}{2\,\varepsilon}$.

Aufgabe. Wie groß ist die Wucht rotierender Massen? Welche Formel für Drehbewegungen entspricht der Gleichung $A = \dfrac{m\,v^2}{2}$ der geradlinigen Bewegung?

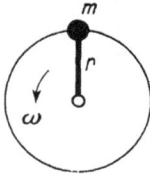

Am gewichtslosen Hebel r rotiere die Masse m mit der Winkelgeschwindigkeit ω. Die Masse hat dann die Umfangsgeschwindigkeit $v = \omega r$; also ist ihr Arbeitsvermögen

$$A = \frac{m\,v^2}{2} = \frac{m\,r^2\,\omega^2}{2}.$$

Abb. 38. Zur Berechnung der Wucht umlaufender Massen.

Der Ausdruck $m r^2$ wird als **Massenträgheitsmoment** J bezeichnet, so daß in völliger Angleichung an $A = \dfrac{m\,v^2}{2}$ geschrieben wird

$$A = \frac{J\,\omega^2}{2} \quad \text{(mkg)}.$$

Zwischen geradliniger und Drehbewegung bestehen also folgende formelmäßigen Entsprechungen

	geradlinige Bewegung	Drehbewegung
Zeit	t (s)	t (s)
Weg	Weg s (m)	Bogen α (—)
Geschwindigkeit . . .	Geschw. v (m/s)	Winkelgeschwindigkeit ω (1/s)
Beschleunigung . . .	Beschl. b (m/s²)	Winkelbeschleunigung ε (1/s²)

Newtons Grundgesetz:

Kraft	$P = m b$ (kg)	Drehmoment $\mathfrak{M} = \varepsilon J$ (mkg)
Masse	$m \left(\dfrac{\text{kg/s}^2}{\text{m}}\right)$	Trägheitsmoment $J = i^2 m$ mkg/s²

Erhaltung der Energie $A = \dfrac{m\,v^2}{2}$ (mkg) $\qquad\qquad A = \dfrac{J\,\omega^2}{2}$ (mkg).

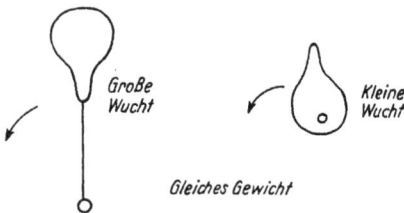

Abb. 39. Abhängigkeit der Wucht umlaufender Massen von der Massenverteilung um die Drehachse.

Massenträgheitsmoment: Wenn eine rotierende Masse nicht punktförmig ist, wie vorhin angenommen, sondern in radialer Richtung ausgedehnt, so ist klar, daß sie mehr Wucht entwickelt, wenn die Massen weit außen sitzen, als wenn sie in der Nähe des Mittelpunktes zusammengeballt sind.

Man hat für bekannte Formen von Umdrehungskörpern zu der Formel $J = m r^2$ diejenigen Halbmesser bestimmt, an denen eine Masse von der gleichen Größe *m*, aber **punktförmig** angeordnet, die gleiche Wucht entwickeln würde, wie die wirkliche, räumlich verteilte Masse. Diesen **Trägheitshalbmesser** bezeichnet man mit dem Buchstaben *i* (m).

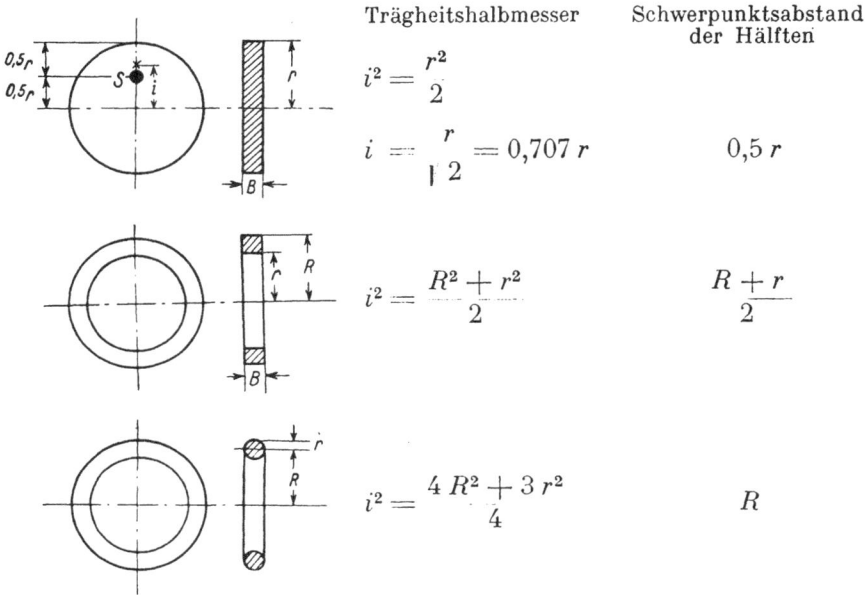

	Trägheitshalbmesser	Schwerpunktsabstand der Hälften

$$i^2 = \frac{r^2}{2}$$

$$i = \frac{r}{\sqrt{2}} = 0{,}707\,r \qquad\qquad 0{,}5\,r$$

$$i^2 = \frac{R^2 + r^2}{2} \qquad\qquad \frac{R + r}{2}$$

$$i^2 = \frac{4\,R^2 + 3\,r^2}{4} \qquad\qquad R$$

Abb. 40—42. Schwerpunktsabstände und Trägheitshalbmesser einfacher Rotationskörper.

c) **Bewegungen mit veränderlicher Geschwindigkeit und veränderlicher Beschleunigung.** Solche Vorgänge können rechnerisch im allgemeinen nur mit Hilfe der höheren Mathematik behandelt werden. Man kann aber oft auch die bisher geübten Regeln und zeichnerischen Darstellungen anwenden unter Zuhilfenahme desselben Kunstgriffs wie oben, daß man nämlich den ganzen Bewegungsvorgang in kurze Zeitabschnitte unterteilt, und in jedem Abschnitt eine konstante mittlere Beschleunigung oder Verzögerung annimmt.

Ein Beispiel für dieses Verfahren wird im folgenden Abschnitt für die Ermittlung der Roll- und Luftwiderstände durchgeführt.

B. Fahrwiderstände, Auslaufversuch.

Zur versuchsmäßigen Bestimmung der Fahrwiderstände muß man das Kraftfahrzeug einem Betriebszustand unterwerfen, bei dem als Kräfte auf das Fahrzeug nur die Widerstände wirken.

Beim Ausrollen (ausgekuppelt oder Gangstellung 0) wirkt der Luftwiderstand, der Rollwiderstand der Vorderräder (einschl. Zapfenreibung der Vorderräder) in voller Größe, ferner der Rollwiderstand der leerlaufenden Treibräder und die Widerstände im leerlaufenden Achs- oder Wechselgetriebe, diese also etwas kleiner als bei Betrieb mit Kraftübertragung.

Ein vereinfachter Versuch gibt den Widerstand des Fahrzeugs bei geringen Fahrgeschwindigkeiten folgendermaßen:

a) In einem Vorversuch wird der Geschwindigkeitsmesser geeicht (vgl. II. Kap. Abschn. A).

b) Das Fahrzeug wird nun mit etwa 60 km/h in die möglichst ebene, gerade Meßstrecke eingefahren, auf Kommando ausgekuppelt und auf Leerlauf geschaltet. Dann wird die Stoppuhr in Gang gesetzt und in genau gleichen Zeitabständen (10 Sek.) der Geschwindigkeitsmesser abgelesen. Der Versuch wird zum Ausgleich von Wind und Gefälle in beiden Richtungen durchgeführt. Die korrigierten Geschwindigkeiten werden in ein Zeit-Schaubild eingetragen.

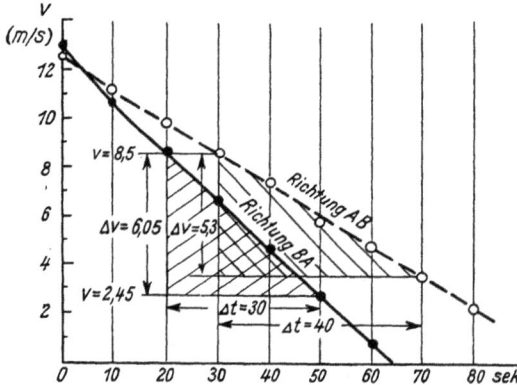

Zeit	Richtung AB			Richtung BA		
t	V_A	V_{ir}	v_{io}	V_A	V_{ir}	v
s	km/h	km/h	m/s	km/h	km/h	m
0	50,0	45,95	12,77	50,5	46,40	12,
10	43,0	39,69	11,03	41,0	37,96	10,
20	37,0	34,41	9,56	33,0	30,79	8,
30	32,0	29,88	8,31	24,5	23,15	6,
40	26,5	24,93	6,93	17,0	16,28	4,
50	21,0	19,93	5,54	9,0	8,82	2,
60	16,5	15,84	4,40	2,5	2,5	0,
70	11,2	10,85	3,01	—	—	—
80	6,5	6,4	1,78	—	—	—

Abb. 43. Zeit-Geschwindigkeitsbild des Auslaufversuchs bei kleiner Anfangsgeschwindigkeit; vereinfachter Versuch.

Die Geschwindigkeitslinie verläuft bei kleinen Geschwindigkeiten geradlinig, bei großen ist sie gekrümmt. Aus dem geraden Teil nimmt man zu einem beliebigen, aber möglichst großen Zeitabschnitt t die zugehörige Geschwindigkeitsabnahme $v_1 - v_2 = \Delta v$. Die mittlere Verzögerung ist dann $\dfrac{v_1 - v_2}{t_2 - t_1} = \dfrac{\Delta v}{\Delta t} = b$.

Im Beispiel: Richtung AB $t_2 - t_1 = 70 - 30 = 40$ s;

$$v_1 - v_2 = 8,3 - 3,0 = 5,3 \text{ m/s};$$

$$b = \frac{\Delta v}{\Delta t} = \frac{5,3}{40} = 0,1325 \text{ m/s}^2.$$

Richtung BA $t_2 - t_1 = 50 - 20 = 30$ s;

$$v_1 - v_2 = 8,5 - 2,45 = 6,05 \text{ m/s};$$

$$b = \frac{\Delta v}{\Delta t} = \frac{6,05}{30} = 0,202 \text{ m/s}^2.$$

Offenbar liegt Richtung AB im Gefälle, BA in der Steigung. In einer genau ebenen Strecke wäre die Rollverzögerung des Wagens

$$b = \frac{0{,}202 + 0{,}1325}{2} = 0{,}1672 \ \text{m/s}^2.$$

Nach dem Newtonschen Grundgesetz entspricht dieser Verzögerung eine verzögernde Kraft von der Größe $W = m \cdot b$.

Ist das Gewicht des Wagens $G = 6500$ kg, so ist die Masse $m = \dfrac{G}{g}$ $= 661 \ \dfrac{\text{kg/s}^2}{\text{m}}$ (einschließlich Ladung und Insassen).

Demnach ist die — an den Rädern angreifend gedacht — Kraft des Widerstands $W = 661 \cdot 0{,}1672 = 110{,}7$ (kg).

Auf eine Tonne des Wagengewichts entfällt also ein Widerstand von

$$\alpha = \frac{W}{G} = \frac{110{,}7}{6{,}500} = 17 \ \text{(kg/t)}.$$

Genauer Versuch. Roll- und Luftwiderstand. Eine möglichst ebene und gerade Strecke wird durch Zeichen in Abschnitte von je 50 m eingeteilt. Der Wagen wird mit möglichst großer Geschwindigkeit in die Meßstrecke eingefahren, an der zweiten Streckenmarke ausgekuppelt und auf Leerlauf geschaltet. Während des Ausrollens wird beim Vorbeifahren an jeder Streckenmarke über ein Visier die Zeit mit einer Mehrfachstoppuhr gestoppt, entweder von außen (Winkposten an jeder Streckenmarke) oder aus dem Fahrzeug.

Die Zeitdifferenzen, die zum Durchfahren jedes Streckenabschnittes nötig sind, werden ausgerechnet. Die mittlere Geschwindigkeit in jedem Streckenabschnitt ist dann

$$v_m = \frac{\varDelta s}{\varDelta t} \ \text{(m/s)}.$$

Die mittleren Geschwindigkeiten werden ins Zeit-Schaubild eingetragen, und zwar jeweils über der Mitte des betreffenden Zeit-

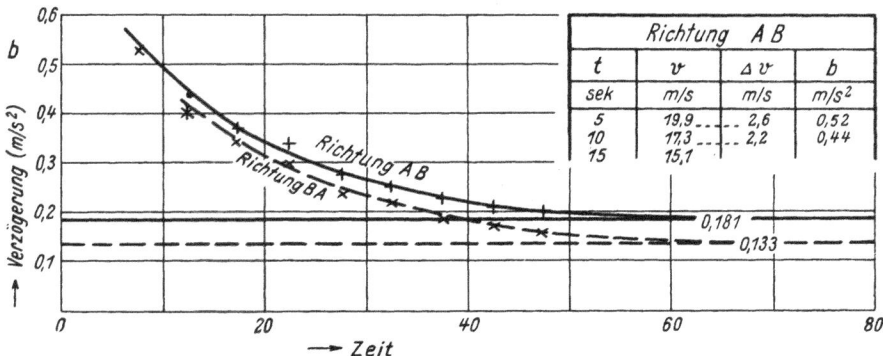

Abb. 44. Zeit-Geschwindigkeitsbild des Auslaufversuchs bei großer Anfangsgeschwindigkeit.

abschnitts. Nach Ausgleich der Streuungen der Meßwerte durch eine Kurve wird für genügend kleine, sonst beliebige Zeitabschnitte die mittlere Verzögerung wie oben aus $b = \dfrac{\Delta v}{\Delta t}$ (m/s²) berechnet und im

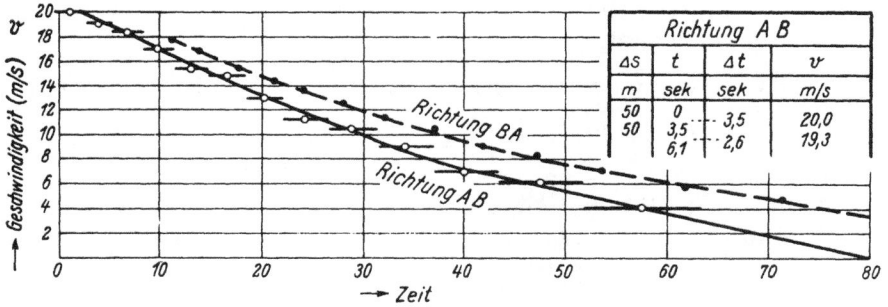

	Richtung A B		
Δs	t	Δt	v
m	sek	sek	m/s
50	0		20,0
50	3,5	·· 3,5	
	6,1	·· 2,6	19,3

Abb. 45. Berechnung und Aufzeichnung des Zeit-Beschleunigungsbildes aus Abb. 44.

Zeitschaubild aufgetragen. Mit Hilfe der Geschwindigkeitskurven können jetzt die Verzögerungen in einem neuen Bild über der Fahrgeschwindigkeit aufgetragen werden.

Die Verzögerung ist, da $W = mb$ (kg) oder $b = \dfrac{W}{m}\left(\dfrac{m}{s^2}\right)$ nach dem vorhin angewandten Newtonschen Grundgesetz ein Maß für die widerstehenden Kräfte.

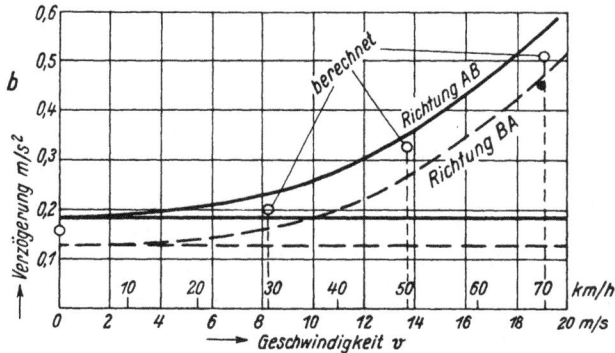

Abb. 46. Ableitung des Geschwindigkeit-Beschleunigungsbildes aus Abb. 44 und 45. Ermittlung des Beiwertes $\dfrac{w}{g}$ aus den Versuchswerten.

Es ergibt sich, daß diese aus zwei Anteilen bestehen:

1. einem Anteil unabhängig von der Fahrgeschwindigkeit,
2. einem Anteil abhängig vom Quadrat der Fahrgeschwindigkeit.

Durch Überlegung ergibt sich, daß

der Rollwiderstand (Verformung, Erwärmung und Abnutzung des Reifens durch Druck und Zerrung, Verformung der Straße durch Eindrückung, Zermahlung von Erd- und Steinbrocken) in erster Linie vom Raddruck, in geringem Maß vom übertragenen Drehmoment, fast gar nicht von der Fahrgeschwindigkeit abhängen muß;

der Getriebewiderstand (Reibung, Verformung, Abnutzung der Zahnflanken und Lager) und die übrigen Lagerreibungen in erster Linie vom übertragenen Drehmoment, fast gar nicht von der Fahrgeschwindigkeit abhängen müssen;

der Luftwiderstand (Wirbelablösung am Fahrzeug) von der Relativgeschwindigkeit zwischen Luft und Fahrzeug (bei Windstille gleich der Fahrgeschwindigkeit!) abhängen muß, ferner von der Größe der Stirnfläche des Fahrzeugs und der Form des Fahrzeugs, sowie von der Luftdichte.

Nach diesen Überlegungen wird zur Erzielung einer einfachen Rechnungsweise beschlossen, folgende Ansätze zu machen:

Rollwiderstand gleich einem Bruchteil des gesamten Rad-Bodendrucks

$$W_r = \alpha G \quad (kg).$$

Getriebewiderstand gleich einem Bruchteil des übertragenen Drehmoments

$$\mathfrak{M}_g = (1 - \eta_g)\,\mathfrak{M}_{antr}.$$

Luftwiderstand gleich

$$\text{Formbeiwert} \cdot \text{Stirnfläche} \cdot \text{Luftdichte} \cdot V^2$$

$$W_i = \qquad \psi \qquad\qquad F \qquad\qquad \frac{\gamma}{g} \qquad V^2 \cdot$$

Hierin bedeuten:

$\quad x$ widerstehende Kraft des Rollwiderstandes je Tonne Wagengewicht,

$\quad \eta_g$ Getriebewirkungsgrad, bezogen auf Nennleistung N_n bei Nenndrehzahl n_n,

$\quad \psi$ Zahlenbeiwert für die Form des Fahrzeugs,

$\quad F$ Stirnfläche des Fahrzeugs (m²),

$\quad \gamma$ spezifisches Gewicht der Luft (kg/m³),

$\quad V$ Fahrgeschwindigkeit bzw. Relativgeschwindigkeit Luft/Fahrzeug.

Der Rollwiderstandsbeiwert α ist schon zu Eingang des Abschnitts im vereinfachten Versuch bestimmt worden.

Der Luftwiderstandsbeiwert kann aus den der Abb. 46 entnommenen Werten b_L folgendermaßen berechnet werden:

Es ist

$$W_L = \psi \cdot F \cdot \frac{\gamma}{g} V^2 = m\, b_L \qquad b_L = \frac{W_L}{m} = \frac{W_L \cdot g}{G} = \psi \cdot \gamma \cdot \frac{F}{G} V^2.$$

Also

$$\frac{\psi \cdot \gamma}{g} = \frac{m\, b_L}{F\, V^2}.$$

Aus dem Bild entnommen:

$$m = \frac{1650}{9,81} = 168,2 \text{ kgs}^2/\text{m}$$

$$F = 2,3 \text{ m}^2$$

V	= 30	50	70 km/h
V^2	= 900	2500	4900
b_{r+L}	= 0,21	0,32	0,51
b_r	= 0,157	0,157	0,157
b_L	= 0,053	0,163	0,353

$$\frac{168,2}{2,3} \cdot \frac{b_L}{V^2} = \frac{\psi\gamma}{g} = 0,00430 \quad 0,00475 \quad 0,0052$$

$$\text{Mittelwert } \frac{\psi\gamma}{g} = 0,00475.$$

Der beim Auslaufversuch auftretende Getriebewiderstand ist wegen des Getriebeleerlaufs sehr klein. Er wird daher zunächst mit dem Rollwiderstand zusammengerechnet und steckt dann in dem oben bestimmten Widerstandsbeiwert α.

Der beim Auslauf bestimmte Roll- und Getriebewiderstand ergibt sich also etwas zu klein, da nicht das Antriebsdrehmoment, sondern nur das Drehmoment der Auslaufverzögerung übertragen wird, und das Wechselgetriebe leerläuft[1]).

Bestimmung der Eigenverluste des Kraftfahrzeugs auf dem Wagenprüfstand[2]). Die Leerlauf-, Roll- und Getriebeverluste können auch auf dem Wagenprüfstand ermittelt werden. Die Treibachse wird dabei vom Wagenprüfstand aus elektrisch angetrieben und das dazu erforderliche Antriebsdrehmoment bei verschiedenen Drehzahlen der Prüfstandstrommeln gemessen, und zwar in der Regel bei ausgekuppeltem Motor. Läßt man den Motor eingekuppelt, so mißt man auch den Eigenwiderstand des Motors mit, der ebenfalls bremsend wirkt: Der Roll- und Lagerreibungswiderstand der Vorderräder, sowie der gesamte Luftwiderstand fällt auf dem Wagenprüfstand weg.

Das an der Bremse des Wagenprüfstands gemessene Antriebs- oder Bremsdrehmoment enthält nicht die Lagerreibungs- und Luftwiderstände der Stütztrommeln des Prüfstandes. Diese müssen gesondert

[1]) Mit obigen Ansätzen sind also die Gesamtwiderstände auf die Form $W = A + BV^2$ gebracht. Auf die Entwicklung der im neueren Schrifttum mehrfach geforderten genaueren Form $W = A + BV + CV^2$ ist hier aus Gründen der Einfachheit verzichtet.

[2]) Vgl. Abb. 71—74.

bestimmt werden, entweder durch Auslaufversuch oder durch elektrische
Messung des erforderlichen Antriebsdrehmoments.

Elektrische Messung der Eigenwiderstände der Stütztrommeln. Die Stütztrommeln des Wagenprüfstandes werden bei
abgekuppelter Bremse elektrisch angetrieben und das Drehmoment bei
verschiedenen Drehzahlen gemessen. Dabei ergeben sich folgende Werte:

Scheinbare Fahrgeschwindigkeit V (km/h)	Zugkraft für die Trommel Z (kg)	Verlustleistung der Trommeln $N_r = \dfrac{Z \cdot V}{270}$ (PS)
47,5	4	0,70
51,0	5	0,945
59,5	4,5	0,995
69,0	5,3	1,35
70,0	5	1,30
80,0	5,2	1,54
85,0	5,1	1,61
50,5	3,6	0,67
74,5	4,4	1,21

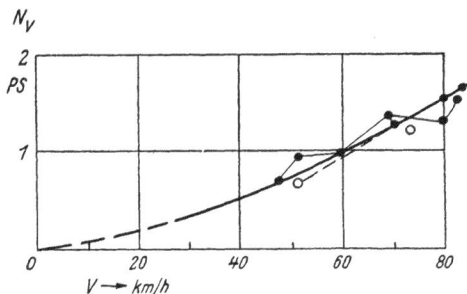

Abb. 47. Eigenwiderstand der Stütztrommeln
des Wagenprüfstandes.

Elektrische Bestimmung der Eigenwiderstände des Fahrzeugs im Leerlauf. Der auf seine Eigenwiderstände zu prüfende
Wagen wird über die Stütztrommeln bei ausgekuppeltem Motor elektrisch angetrieben. Die Eigenwiderstände zerfallen in Rollwiderstand
und Luftwiderstand der Hinterräder, und Leerlaufwiderstand der Lager,
des Ausgleichgetriebes, der Kreuzgelenke, des Wechselgetriebes. Die
Messung ergibt das untenstehende Bild, wobei kein Beharrungszustand
abgewartet wurde. Daher ist die zunehmende Erwärmung der Getriebe-
teile ersichtlich. In das Bild sind die geraden Linien der Verlustleistnug
bei verschiedenen gleichbleibenden Rollwiderständen eingetragen. Sie

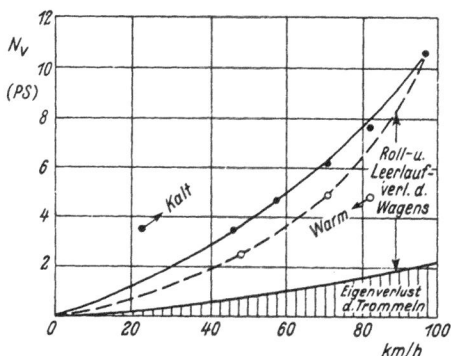

Abb. 48. Ermittlung der Eigenverluste
des Kraftfahrzeugs; Meßwerte auf dem
Wagenprüfstand.

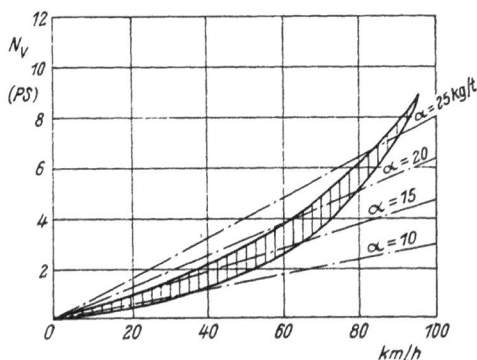

Abb. 49. Eigenverluste des Kraftfahrzeugs, ermittelt durch Abzug der Eigenverluste der Trommeln von den Meßwerten. Rollwiderstandsbeiwerte α.

sind nach der Gleichung

$$N_r = \frac{\alpha\,G\cdot v}{75}\quad\text{(PS)}$$

berechnet. Der Rollwiderstand auf den gewölbten Trommeln ist nicht derselbe wie derjenige auf der Straße.

Aufgabe. Es ist die Verteilung der gesamten Motorleistung auf die verschiedenen Widerstände zeichnerisch darzustellen

  a) für die Fahrt auf der Straße,
  b) für den Auslaufversuch auf der Straße,
  c) für Bremsung auf dem Wagenprüfstand.

Hierbei bedeuten:

N_i indizierte Leistung, $N_i - N_e$ innerer Verlust des Motors,
N_e Nutzleistung, $N_e - N_N$ Getriebeverlust.
N_N Nabenleistung,
N_r Rollverlustleistung,
N_L Luftwiderstandsleistung,
$N_{\ddot u}$ Überschußleistung,

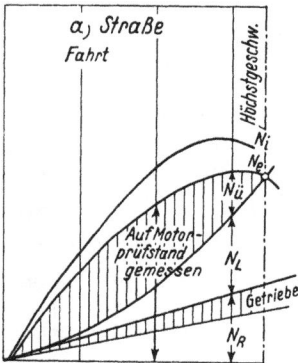

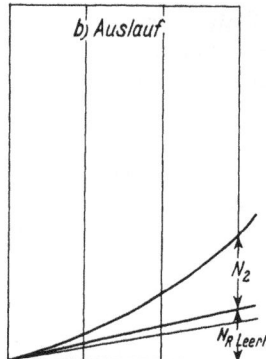

Abb. 50. Leistungsbilanz für Fahrt auf der Straße.   Abb. 51. Leistungsbilanz für den Auslauf.   Abb. 52. Leistungsbilanz für den Wagenprüfstand.

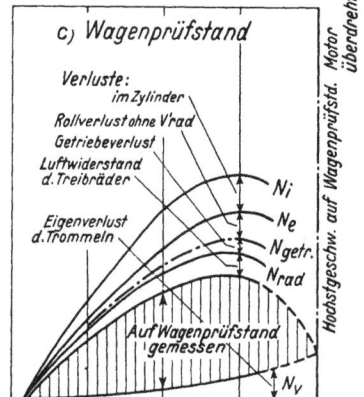

C. Steig- und Beschleunigungswiderstand.

Steigwiderstand. $G\cdot\cos\alpha$ ist derjenige Anteil des Eigengewichts, der die Anpressung der Räder auf den Boden bewirkt. Von ihm ist der Rollwiderstand abhängig. Dieser ist also in der Steigung stets kleiner als in der Ebene, da $\cos\alpha$ stets kleiner als Eins.

$G\cdot\sin\alpha$ ist derjenige Anteil des Eigengewichts, der das Fahrzeug nach rückwärts zum Abrollen bringen will. Ihm muß eine entsprechende

Kraft zur Überwindung des Steigwiderstandes entgegengesetzt werden, also

$$W_{st} = G \cdot \sin \alpha.$$

Bei kleinen Steigungswinkeln ($\alpha < 8^0$) kann $\sin \alpha = \text{tang } \alpha = \alpha$ gesetzt werden. $h = \text{tang } \alpha \cdot 100$ entspricht der üblichen Steigungsangabe in %. Für kleine Steigungen ist also $W_{st} = G \cdot \dfrac{h}{100}$.

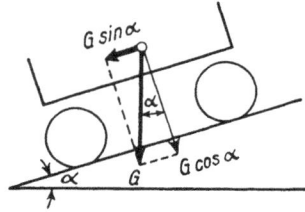

Abb. 53. Zur Berechnung des Steigwiderstandes.

Aufgabe. Bei welcher Steigung beginnen die Räder eines Wagens von $G = 1000$ g Gesamtgewicht und nebenstehenden Maßen zu rutschen:

  1. mit Vorderantrieb?

  2. Hinterradantrieb?

  3. Vierradantrieb?

wenn das jeweils erforderliche Antriebsdrehmoment als verfügbar vorausgesetzt ist. Beim Ansatz soll zur Vereinfachung der Rollwiderstand vernachlässigt werden; der Reibungs-(haft)beiwert soll $\mu = 0,65$ betragen.

Berechnung der Auflagerdrücke K_V und K_H:

$$K_V + K_H = G \cos \alpha.$$

Momentpunkt I.

$$- G \sin \alpha \, (h + r) + G \cos \alpha \, b - K_V \, l = 0$$

$$\boxed{K_V = \frac{1}{l} \cdot G \, [b \cos \alpha - (h + r) \sin \alpha]}$$

Momentpunkt II.

$$- G \sin \alpha \, (h + r) - G \cos \alpha \, a + K_H \, l = 0$$

$$\boxed{K_H = \frac{1}{l} \, G \, [a \cos \alpha + (h + r) \sin \alpha]}$$

Bedingung für Rutschen und für Überschlag nach hinten.

Antrieb	Rutschen bei	Voraussetzungen	Berechnung der Grenzsteigung
a	$G \sin \alpha > \mu K_V$	V'radantrieb	$G \sin \alpha = \mu \dfrac{1}{l} G \, [b \cos \alpha - (h + r) \sin \alpha]$
			$1 = \dfrac{\mu}{l} \, [b \, \text{ctg } \alpha - (h + r)]$
			$\text{ctg } \alpha = \dfrac{l}{\mu \, b} + \dfrac{h + r}{b} = 4{,}434$
			$(\alpha = 12^0 \, 30')$ $\alpha = 12^0 \, 40'$

Antrieb	Rutschen bei	Voraussetzungen	Berechnung der Grenzsteigung
b	$G \sin \alpha \geq \mu K_{II}$	H'radantrieb	$G \sin \alpha = \mu \frac{1}{l} G [a \cos \alpha + (h + r) \sin \alpha]$ $1 = \frac{\mu}{l} [a \operatorname{ctg} \alpha + (h + r)]$ $\operatorname{ctg} \alpha = \frac{l}{\mu a} - \frac{h + r}{a} = 2{,}171$ $(\alpha = 25^0\ 20')$ $\alpha = 24^0\ 40'$
c	$G \sin \alpha > 2 \mu K_V$	Vierradantrieb mit Ausgleicher zwischen V'- und H'-Achse	$G \sin \alpha = \mu \frac{2}{l} G [b \cos \alpha - (h + r) \sin \alpha]$ $1 = \frac{2\mu}{l} [b \operatorname{ctg} \alpha - (h + r)]$ $\operatorname{ctg} \alpha = \frac{l}{2 \mu b} + \frac{h + r}{b} = 2{,}509$ $(\alpha = 21^0\ 05')$ $\alpha = 21^0\ 40'$
c*)	$G \sin \alpha > \mu (K_V + K_{II})$	Vierradantrieb ohne Ausgleicher	$G \sin \alpha = \mu (K_V + K_{II})$ $\mu = \operatorname{tg} \alpha = 0{,}65$ $G \sin \alpha = G \mu \cos \alpha$ $\alpha = 33^0\ 00'$
a, b, c	Überschlag bei $K_V < 0$ oder $K_{II} = G \cos \alpha$	— —	$K_V = 0 = \frac{1}{l} G [b \cos \alpha - (h + r) \sin \alpha]$ $b \cos \alpha = (h + r) \sin \alpha$ $\operatorname{ctg} \alpha = \frac{h + r}{b} = 0{,}584$ $(\alpha = 56^0\ 40')$ $\alpha = 59^0\ 40'$ $K_{II} = G \cos \alpha = \frac{1}{l} G [a \cos \alpha + (h + r) \sin \alpha]$ $1 = \frac{1}{l} [a + (h + r) \operatorname{tg} \alpha]$ $\operatorname{ctg} \alpha = \frac{h + r}{l - a} = \frac{h + r}{b} = 0{,}584$ $\alpha = 59^0\ 40'$

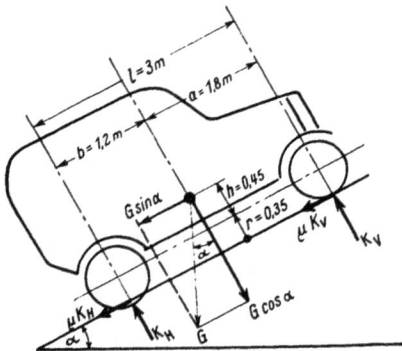

Abb. 54. Zur Berechnung des Steigvermögens von zwei- und vierradangetriebenen Kraftfahrzeugen.

*) Die letzte Rechnung stimmt nur unter der (nicht erfüllten) Bedingung, daß das Antriebsmoment auf die Vorder- und Hinterräder genau im Verhältnis der Achsdrücke $K_V : K_H$ bei der Grenzsteigung verteilt wäre.

Tieflage des Schwerpunkts vergrößert die Steigfähigkeit b um einen geringen Betrag. Rechne dieselbe Aufgabe für $h = 0{,}7$ m!

Klammerwerte α s. oben!

Beschleunigungswiderstand. Da jeder Körper den zur Zeit bestehenden Bewegungszustand beibehalten will, muß zur Beschleunigung oder Verzögerung eine Kraft aufgewandt werden, welche der trägen Masse des bewegten Körpers und der Größe der sekundlichen Geschwindigkeitsänderung entspricht (Newtonsches Grundgesetz).

$$\text{Beschleunigungswiderstand } W_b = m \cdot b = G \cdot \frac{b}{g}.$$

Im Aufbau zeigt diese Gleichung eine bemerkenswerte Ähnlichkeit mit der Gleichung des Steigwiderstandes $W_{st} = G \cdot \sin \alpha$.

Da vom Motordrehmoment nach Deckung der Roll- und Getriebewiderstände noch ein Überschußbetrag verbleibt, und dieses Überschußdrehmoment $\mathfrak{M}_{\ddot{u}}$ entweder zur Überwindung einer Steigung oder zur Beschleunigung des Fahrzeugs aufgewendet werden kann, muß

$$\mathfrak{M}_{\ddot{u}} = W_b \cdot r = W_{st} \cdot r$$

sein, also

$$W_b = W_{st} \quad \text{oder} \quad \frac{b}{g} = \sin \alpha \approx \frac{h}{100}.$$

Das bedeutet: Bei demselben Überschußdrehmoment ist die Beschleunigungsfähigkeit zehnmal so groß wie der Sinus des Steigungswinkels, oder ein Zehntel so groß wie die Steigung in Prozent, z. B.

$$b = 0,5 \text{ m/s}^2, \quad h = 5^0/_0, \quad \sin \alpha = 0,05.$$

Der Beschleunigungsversuch zeigt jedoch (s. später), daß diese Beziehung in den stark übersetzten Gängen nicht mehr stimmt.

Messung der Beschleunigung in allen Gängen. Die Markierung der Meßstrecke erfolgt wie beim Auslaufversuch, jedoch in den kleinen Gängen mit kürzeren Wegabschnitten. Der Wagen wird mit der kleinsten in einem bestimmten Gang erzielbaren Geschwindigkeit an die Meßstrecke herangefahren; an der zweiten Marke der Meßstrecke wird Vollgas gegeben bis zur Erreichung der Höchstgeschwindigkeit in dem betreffenden Gang. Die Zeit für jeden Streckenabschnitt wird mit einer Mehrfachstoppuhr gestoppt.

Beispiel der Auswertung:
Büssing-Omnibus NC 4, 2. Gang.

Zeit	Zeit-differenz	Weg-abschnitt	Mittlere Geschwindigkeit
t	$\lvert t$	$\lvert s$	$v = \frac{\lvert s}{\lvert t}$
0	2,92	6,25	2,14
2,92	2,76	»	2,26
5,68	2,57	»	2,43
8,25	1,75	»	3,57
10,00	1,17	»	5,34
11,17	1,23	»	5,08
12,40	1,20	»	5,20
13,60	1,20	»	5,20
14,80			

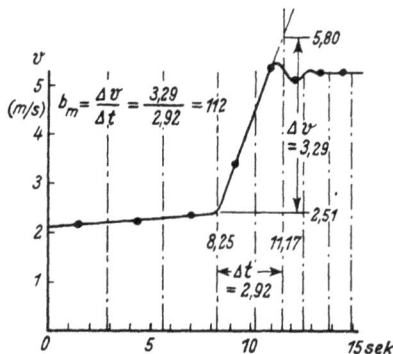

Abb. 55. Beispiel der Auswertung eines Beschleunigungsversuchs. Vgl. Zahlentafel.

Die jeweiligen mittleren Geschwindigkeiten werden in der Mitte des zugehörigen Zeitabschnitts eingetragen. Streuungen werden zeichnerisch ausgeglichen und danach entweder für die ganze Beschleunigungszeit oder für kleinere Zeitabschnitte jeweils die mittlere Beschleunigung

$$b_m = \frac{v}{t}$$ berechnet. Der Versuch wird zum Ausgleich von Wind und

Gefälle in beiden Fahrtrichtungen vorgenommen.

Beispiel des Versuchs in allen Gängen und Vergleich:

Gang	Versuch Nr.	t_1	t_2	v_1	v_2	$l\,t$	$l\,v$	b_m	b_m Mittel	$ü$	Soll-werte b'
IV	1	5,0	30,0	5,55	12,1	24,0	7,35	0,306	0,308	1	0,31
	2	5,0	25,0	5,70	11,6	19,0	5,9	0,31			
III	3	7,0	18,0	3,70	10,0	11,0	6,3	0,57	0,580	1,88	0,584
	4	8,0	18,0	3,75	9,65	10,0	5,9	0,59			
II	5	8,25	11,2	2,51	5,80	2,92	3,29	1,12	1,000	3,35	1,04
	6	11,0	14,5	2,35	5,30	3,5	2,95	0,85			
I	7	23,2	24,8	1,62	3,20	1,6	0,99	0,99	1,150	5,36	1,66
	8	25,2	26,5	1,50	3,20	1,3	1,30	1,30			

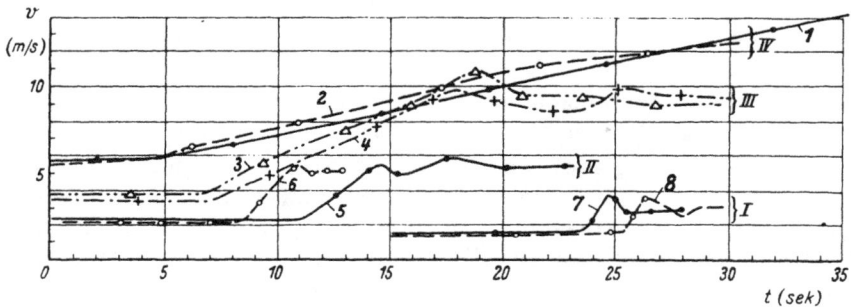

Abb. 56. Zeit-Geschwindigkeitsbild eines Beschleunigungsversuchs in allen Gängen und beiden Fahrtrichtungen. Vgl. Zahlentafel.

Wenn man Roll- und Getriebeverluste in erster Näherung als gleichbleibend in allen Gängen annimmt, müßte die Beschleunigung im Verhältnis der Übersetzung der einzelnen Gänge zunehmen. Die Beschleunigung des 2. und 1. Ganges ist aber merklich kleiner als den Übersetzungsverhältnissen und der Beschleunigung des 4. Ganges entspricht.

Grund: Die umlaufenden Teile (Schwungrad des Motors, Kardanwelle, Räder) müssen ebenfalls beschleunigt werden und zehren dafür einen Teil des Beschleunigungsvermögens auf, welcher dem Vortrieb nicht zugute kommt.

Einfluß der rotierenden Massen des Fahrzeugs auf das Beschleunigungsvermögen. Wenn das Überschußdrehmoment des Motors in allen Gängen gleich groß wäre, so müßte die überschüssige Zugkraft mit der Übersetzung anwachsen: Das ist beim Steigvermögen annähernd richtig. Das Steigvermögen nimmt sogar etwas stärker zu als die Übersetzung (s. später, S. 68, Abb. 60/61), weil das Überschußdrehmoment mit wachsender Übersetzung etwas zunimmt.

Der Beschleunigungsversuch zeigt aber, daß das Beschleunigungsvermögen bei weitem nicht mit der Übersetzung zunimmt, sondern daß z. B. die Beschleunigung im 1. Gang kaum größer oder in manchen Fällen sogar kleiner ist als im 2. Gang, obwohl sie nach der Übersetzung im Beispiel mindestens im Verhältnis 3,15 : 5,36 zunehmen müßte.

In der obigen Überlegung $b = g \cdot \sin \alpha$ muß also ein Fehler stecken. Dieser Fehler liegt darin, daß bei obiger Ableitung nur die in Fahrtrichtung beschleunigten Massen berücksichtigt sind. In Wirklichkeit besitzt das Fahrzeug auch rotierende Massen (Kurbelwelle, Schwungrad, Kupplung, Ventilator, Wasserpumpe, Lichtmaschine, Gelenkwelle, Getrieberäder, Seitenwellen, Räder), welche ebenfalls mitbeschleunigt werden müssen, wenn die Motordrehzahl zunimmt; sie erfordern dazu den Aufwand einer beschleunigenden Kraft, ohne daß davon die Beschleunigung in der Fahrtrichtung einen Nutzen hat.

Welchen Einfluß hat die Masse des Motorschwungrades auf die Beschleunigung, wenn das Schwungrad als Ring von 35 cm Durchmesser und 20 kg Gewicht ohne radiale Ausdehnung angesehen werden kann, bei folgenden Abmessungen:

  Gesamtgewicht des Wagens 1500 kg,
  Gesamtübersetzung im 1. Gang 1 : 20.

Der Motor beschleunigt sich im 1. Gang von 400 auf 3000 U/min entsprechend einer Fahrgeschwindigkeit von $v_1 = 2,4$ km/h = 0,67 m/s auf $v_2 = 18$ km/h = 5 m/s in 4 Sekunden.

Die Massenwirkung des Schwungrads entspricht dem Trägheitsmoment

$$J = m \, i^2 = \frac{G}{g} \, i^2 = \frac{20}{9,81} \, 0,175^2 \; (\text{kgm/s}^2) = 0,0624.$$

Die Wucht der Schwungradmasse ist bei $n = 400$ U/min

$$\frac{m \, v^2}{2} = m \, i^2 \, \frac{\omega^2}{2} = \frac{20}{9,81} \cdot \frac{0,175^2}{2} \left(\frac{2 \, \pi \, n}{60} \right)^2 = \frac{20 \cdot 4 \, \pi^2 \cdot 400^2 \cdot 0,175^2}{9,81 \cdot 2 \cdot 3600}.$$

Die Wucht bei 3000 U/min ist

$$\frac{20 \cdot 4 \, \pi^2 \cdot 3000^2 \cdot 0,175^2}{9,81 \cdot 2 \cdot 3600}.$$

Beim Beschleunigen muß der Schwungring in 4 Sekunden von 400 auf 3000 U/min beschleunigt werden. Dabei nimmt seine Wucht zu um

$$\Delta \mathfrak{A}_{\text{Schw}} = \frac{20 \cdot 4 \, \pi^2 \cdot 0,175^2}{9,81 \cdot 2 \cdot 3600} (3000^2 - 400^2) =$$
$$= 0,01117 \, (9\,000\,000 - 160\,000) \, 0,0306 = 3020 \; (\text{mkg}).$$

Die Wucht des geradlinig fortbewegten Fahrzeugs nimmt zu um

$$\frac{m}{2}(v_2{}^2 - v_1{}^2) = \frac{1500}{2 \cdot 9{,}81}(5^2 - 0{,}67^2) = \frac{153}{2}(1{,}5 - 0{,}45) = 1875 \text{ (mkg)}.$$

Aus der Rechnung geht hervor, daß das Schwungrad zum Beschleunigen im 1. Gang von 2,4 auf 18 km/h die $\frac{3020}{1875} = 1{,}61$ fache Arbeit verzehrt wie der Wagen selbst, oder:

> Wenn das Fahrzeug keine rotierenden Massen hätte, könnte es bei derselben Übersetzung für dieselbe Beschleunigung das 2,61 fache Gewicht haben, oder:

> Bei demselben Gewicht von 1500 kg hätte das Fahrzeug ohne rotierende Massen die 2,61 fache Beschleunigung.

Berechne dasselbe für 2., 3. und 4. Gang; Übersetzung 1 : 14, : 8, : 5.

Allgemeine Ableitung. Zur allgemeinen Darstellung des Rechnungsganges seien die rotierenden Massen in zwei Gruppen unterteilt:

1. in solche, die mit der Motordrehzahl n_m umlaufen und das Trägheitsmoment J_1 haben,
2. in solche, die mit der Raddrehzahl n_{rad} umlaufen und das Trägheitsmoment J_2 haben.

Wenn wir für die Beschleunigungsberechnung weiterhin die Formeln der bisherigen Ableitungen — z. B. $b = \dfrac{W_b}{m}$ — anwenden wollen, dürfen wir darin offenbar für m nicht die geradlinig fortbewegte Masse des Fahrzeugs einsetzen, sondern eine vergrößerte Ersatzmasse $e \cdot m$, welche die rotierenden Massen mitberücksichtigt. Wie groß ist die Vergrößerungszahl e zur Berücksichtigung der rotierenden Massen?

Zur Ermittlung der Massenvergrößerungszahl e gehen wir wieder von der Wucht aus. Es muß sein:

$$\begin{array}{ccccc} \text{Wucht der Ersatz-} & = & \text{Wucht des geradlinig} & + & \text{Wucht der rotieren-} \\ \text{masse} & & \text{bewegten Fahrzeugs} & & \text{den Massen} \\[4pt] \dfrac{e\,m\,v^2}{2} & = & \dfrac{m\,v^2}{2} & + & \dfrac{J_1\,\omega_m{}^2}{2} + \dfrac{J_2\,\omega_{\text{rad}}^2}{2}. \end{array}$$

Hierin ist die Winkelgeschwindigkeit des Motors $\omega_m = \omega_{\text{rad}}\,\ddot{u}$ und die Winkelgeschwindigkeit der Räder $\omega_{\text{rad}} = \dfrac{v}{R}$.

Also

$$\frac{e\,m\,v^2}{2} = \frac{m\,v^2}{2} + \frac{J_1}{2}\,\ddot{u}^2 \cdot \frac{v^2}{R^2} + \frac{J_2}{2}\,\frac{v^2}{R^2}$$

$$e = 1 + \frac{J_1\,\ddot{u}^2 + J_2}{m\,R^2}.$$

Aufgabe. Das vorige Beispiel wäre also einfacher folgendermaßen zu rechnen:

$$\ddot{u} = 20, \quad m = \frac{1500}{9,81}, \quad R = 0,320, \quad J_1 = 0,0624, \quad J_2 = 0$$

$$e = 1 + \frac{0,0624 \cdot 400}{153 \cdot 0,32^2} = 1 + 1,6 = 2,6.$$

Es ist demnach möglich, die Leistungskennlinie für Vollgas des Motors im Fahrzeug ohne Ausbau des Motors zu bestimmen. Dazu sind die zwei oben beschriebenen Versuchsgruppen durchzuführen:

1. der Auslaufversuch; dieser gibt die Roll-, Getriebe- und Luftwiderstandsverluste, allerdings wegen des Leerlaufs und des auf Leerlauf geschalteten Getriebes etwas zu klein, abhängig von der Fahrgeschwindigkeit.

2. der Beschleunigungsversuch, bei dem allerdings der genaue Verlauf der Beschleunigung abhängig von der Fahrgeschwindigkeit, z. B. im direkten Gang, ermittelt werden muß. Dieser gibt die Beschleunigung abhängig von der Fahrgeschwindigkeit, die dem Überschußdrehmoment verhältnisgleich ist.

Es seien die in Abb. 57 dargestellten Kurven das Ergebnis dieser beiden Versuche:

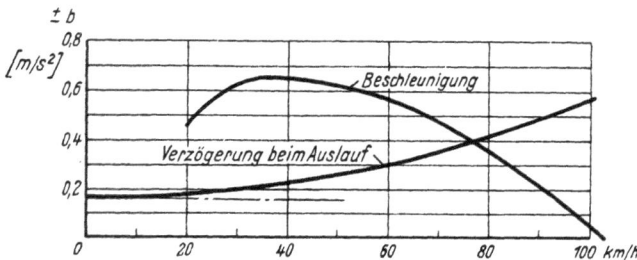

Abb. 57. Zusammengestellte Meßwerte der Beschleunigung im direkten Gang der Verzögerung beim Auslauf; zur Berechnung der Motorleistung aus Straßenversuchen.

Um daraus die Motorkennlinie zu entwickeln, brauchen nur die beiden Kurven einzeln auf Drehmoment oder Kolbendruck, und der Maßstab der Fahrgeschwindigkeit auf Motordrehzahl umgerechnet werden. Dann sind sie zu addieren, denn der Motor muß ja sowohl die Kraft zur Überwindung der Fahrwiderstände als auch für die Beschleunigung hergeben. Die Umrechnung muß einzeln erfolgen, da beim Auslauf des Fahrzeugs die rotierenden Massen des Motors nicht verzögernd wirken, weil sie abgeschaltet sind. Beim Beschleunigungsversuch dagegen müssen sie mitbeschleunigt werden.

Die Umrechnung der Fahrgeschwindigkeit auf Motordrehzahl z. B. aus Rollhalbmesser $R = 0,375$ m und Getriebeübersetzung (direkter

Gang) 1 : 4,8 ergibt sich folgendermaßen: Eine Radumdrehung $= 2\pi R =$ $2\pi \cdot 0,375$ m $= 2,355$ m $= 4,8$ Umdrehungen der Kurbelwelle.

$$1 \text{ km/h} = \frac{1000}{2,355} \text{ Radumdr./h} =$$

$$= \frac{1000}{2,355} \cdot 4,8 \text{ Kurbelwellenumdr./h} = \frac{1000}{2,355} \cdot \frac{4,8}{60} \text{ U/min}$$

oder

$$n = 33,97 \, V \quad \text{oder} \quad V = \frac{1000}{33,97} \cdot \frac{n}{1000} = 29,5 \cdot \frac{n}{1000}.$$

Die Umrechnung der Beschleunigung auf Motordrehmoment oder Anteil des Kolbennutzdrucks ergibt sich folgendermaßen:

Die Kraft zum Beschleunigen, die am Rad angreifend gedacht ist, ist $W_b = e \, m \cdot b$; am Rad muß also ein Moment $\mathfrak{M}_{b\,\text{Rad}} = W_b R = e m b R$ aufgebracht werden. Dies entspricht einem Motordrehmoment

$$\mathfrak{M}_{b\,\text{mot}} = \frac{\mathfrak{M}_{b\,\text{rad}}}{\ddot{u}} = \frac{e m b R}{\ddot{u}}$$

oder als Kolbennutzdruck

$$\left[p = \frac{2\pi}{5\,V_H} \mathfrak{M}, \quad \text{vgl. S. 12} \right]$$

$$p_b = \frac{2\pi e m b R}{5\,\ddot{u}\,V_H}.$$

Für die Umrechnung der Auslaufverzögerung gilt die entsprechende Formel, aber mit verkleinerter Massenvergrößerungszahl $e_0 = \dfrac{J_2}{m\,R^2}$ [vgl. S. 60]

$$p_{(-b)} = \frac{2\pi e_0 m\,(-b)\,R}{5\,\ddot{u}\,V_H}.$$

Ist z. B. $e_0 = 1,005$ und $e = 1,05$ (dir. Gg.), so ist mit z. B. $m = \dfrac{1850}{9,81}$ und $V_H = 2,5\,l$

$$p_b = \frac{2\pi \cdot 1,05 \cdot 1850 \cdot 0,375}{9,81 \cdot 5 \cdot 4,8 \cdot 2,54}\, b = 7,65\,b;$$

$$p_{(-b)} = \frac{2\pi \cdot 1,005 \cdot 1850 \cdot 0,375}{9,81 \cdot 5 \cdot 4,8 \cdot 2,54}\, (-b) = 7,32\,(-b).$$

Damit ergibt sich $p_e = p_b + p_{(-b)}$ abhängig von der Motordrehzahl.

Dieser Versuch wird zwar wegen der meßtechnischen Schwierigkeit der Ermittlung des genauen Beschleunigungsverlaufs verhältnismäßig selten durchgeführt werden. Die angestellten Überlegungen zeigen aber — bei der geringen Veränderlichkeit der Fahrwiderstände auf der gleichen Strecke —, daß auch der vereinfacht durchgeführte Beschleuni-

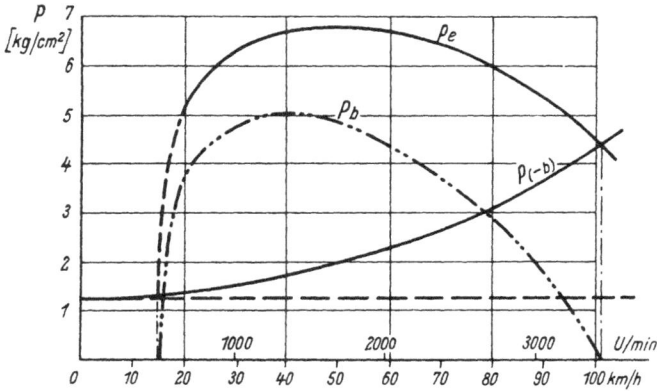

gungsversuch ein ganz ausgezeichnetes Mittel zur Überprüfung des
Motorzustandes und zum Vergleich nach Instandsetzungen oder nach
langer Betriebsdauer darstellt, da die Beschleunigung ein unmittelbarer
Maßstab für die Motorleistung ist.

Aufgabe. Es ist eine — möglichst allgemeingültige — Gleichung
aufzustellen zur Berechnung des mittleren Kolbendrucks aus dem Ergebnis des Beschleunigungsversuchs (ohne Auslaufversuch).

Nach S. 60 ist derjenige Anteil des mittleren Kolbendrucks, der
für das Beschleunigen des Fahrzeugs aufgewandt wird $p_b = \dfrac{2 \pi e m R}{5 \ddot{u} V_H} \cdot b$
bzw. das Drehmoment $\mathfrak{M}_{b\,\mathrm{mot}} = \dfrac{e m R b}{\ddot{u}}$.

Der übrige Teil des Kolbendrucks wird für Roll-, Getriebe- und
Luftwiderstandsverlust verbraucht.

1. Der Rollwiderstand übt eine Kraft $W_R = \alpha G$ aus, welche
an den Hinterrädern angreifend gedacht werden kann. Sie übt dort ein
widerstehendes Drehmoment $\mathfrak{M}_R = W_R R = \alpha G R$ aus, welches überwunden werden muß. Das hierzu erforderliche Motordrehmoment
$\mathfrak{M}_{R\,\mathrm{mot}} = \dfrac{\mathfrak{M}_R}{\ddot{u}} = \dfrac{\alpha G R}{\ddot{u}}$ und der hierfür aufzuwendende Anteil des mittleren Kolbendrucks $\left[p = \dfrac{2 \pi}{5 V_H} \mathfrak{M} \text{ vgl. S. 12} \right]$

$$p_r = \frac{2 \pi \alpha G R}{5 V_H \ddot{u}}.$$

2. Der Getriebewiderstand bewirkt ein widerstehendes Dreh-
moment $\mathfrak{M}_g = 716 \dfrac{(1 - \eta_g) N_n}{n_n} = (1 - \eta_g) \mathfrak{M}_n$. Der zur Überwindung

dieses Drehmoments aufzubringende Anteil des Kolbennutzdrucks beträgt entsprechend

$$p_\sigma = \frac{2\pi(1-\eta_\sigma)}{5\,V_H}\,\mathfrak{M}_n.$$

3. Der Luftwiderstand übt eine Kraft $W_L = \psi\varrho F v^2$ aus, die an den Hinterrädern angreifend gedacht werden kann. Sie übt dort eine Moment $\mathfrak{M}_L = \psi\varrho F R v^2$ aus. Dieses muß durch ein entsprechendes Motordrehmoment $\mathfrak{M}_{L\,\mathrm{mot}} = \dfrac{\psi\varrho F R v^2}{\ddot u}$ bzw. durch einen entsprechenden Anteil des mittleren Kolbennutzdrucks $p_L = \dfrac{2\pi}{5\,V_H}\,\dfrac{\psi\varrho F R v^2}{\ddot u}$ überwunden werden.

Damit ist das Drehmoment für Vollast folgendermaßen aufgeteilt:

$$\mathfrak{M}_{e\,\mathrm{mot}} = \mathfrak{M}_{b\,\mathrm{mot}} + \mathfrak{M}_{R\,\mathrm{mot}} + \mathfrak{M}_\sigma + \mathfrak{M}_{L\,\mathrm{mot}}$$

$$\mathfrak{M}_{e\,\mathrm{mot}} = \frac{e\,m\,b\,R}{\ddot u} + \frac{\alpha\,G\,R}{\ddot u} + 716\,\frac{N_n}{n_n}\,(1-\eta_\sigma) + \frac{\psi\varrho F R v^2}{\ddot u}.$$

Der Kolbennutzdruck läßt sich gleicherweise aufteilen in

$$p_{me} = p_b + p_r + p_\sigma + p_L$$

$$p_{me} = \frac{2\pi\,e\,m\,R\,b}{5\,V_H\,\ddot u} + \frac{2\pi\,\alpha\,G\,R}{5\,V_H\,\ddot u} + \frac{2\pi(1-\eta_\sigma)}{5\,V_H}\,716\,\frac{N_n}{n_n} + \frac{2\pi\,\psi\varrho F R v^2}{5\,V_H\,\ddot u}.$$

Die Gleichungen lassen sich zur allgemeinen Verwendung vereinfachen, indem man einsetzt $m = \dfrac{G}{g}$ und $f = \dfrac{F}{G}\left[\dfrac{\mathrm{m}^2}{\mathrm{to}}\right]$, d. h. Stirnfläche je Tonne Wagengewicht. Dann ergibt sich

$$\mathfrak{M}_{e\,\mathrm{mot}} = \frac{G\,R}{\ddot u}\left[e\,\frac{b}{g} + \alpha + \psi\varrho f v^2\right] + (1-\eta_\sigma)\,\mathfrak{M}_{e\,\mathrm{norm}}$$

$$p_e = \frac{2\pi\,G\,R}{5\,V_H\,\ddot u}\left[e\,\frac{b}{g} + \alpha + \psi\varrho f v^2\right] + (1-\eta_\sigma)\,p_{e\,\mathrm{norm}}.$$

Zur Verwendung für ganze Typenreihen von Kraftfahrzeugen eignet sich besonders die Gleichung für p_e. Sie soll daher noch weiter vereinfacht werden.

Für normale Pkw auf normaler Straße kann man rechnen:

Rollbeiwert $\alpha = 0{,}02$ [kg/kg] $e = 1{,}05$ (dir. Gg.) $f = 1{,}0$ f. mittl. Pkw
Luftwiderstand-Form-
    beiwert $\psi = 0{,}35$ [—] $\eta_\sigma = 0{,}95$ (»   ») $\underline{f = 0{,}75}$ f. große Pkw
Luftdichte $\varrho = 0{,}125$ [kgs²/m⁴] $f_{\mathrm{mittl}} = 0{,}9$
mittl. Kolbennutzdruck bei Nennleistung $p_{e\,\mathrm{norm}} = 7$ [kg/cm²].

Ferner setzt man $K = \dfrac{G\,R}{V_H \cdot \ddot u}$, wobei $\dfrac{G}{V_H}$ Litergewicht und $\dfrac{R}{\ddot u}$ ideeller Radhalbmesser (d. h. derjenige Radhalbmesser, der bei gleicher Motordrehzahl die gleiche Fahrgeschwindigkeit ergäbe, wenn die Getriebe-übersetzung [gesamt] 1 : 1 wäre).

Dann ergibt sich (für normale Pkw unter obigen Bedingungen!)

$$p_{me} = \frac{2\pi}{5} K \left[\frac{1,05}{9,81} b + 0,02 + \frac{0,35 \cdot 0,125 \cdot 0,9}{3,6^2} V^2\right] + 0,05 \cdot 7$$

$$\boxed{p_{me} = 0,35 + K\,[0,025 + 0,1343\,b + 0,00381\,V^2]} \quad [\text{kg/cm}^2].$$

Für viele Zwecke ist auch die umgekehrte Gleichung wertvoll, wenn bei bekanntem mittl. Kolbennutzdruck (Motor) nach der in einem bestimmten Fahrzeug erreichbaren Beschleunigung gefragt ist.

Es ergibt sich z. B. für mittlere Pkw im direkten Gang entsprechend

$$b = \frac{1}{0,1343}\left[\frac{p_{me} - 0,35}{K} - 0,025 - 0,00381\,V^2\right]$$

$$\boxed{b = \frac{7,45\,(p_{me} - 0,35)}{K} - 0,186 - 0,0284\,V^2} \quad [\text{m/s}^2].$$

D. Zusammenfassung der Bewegungsgleichungen, Aufgaben.

Unter Verwendung der Umrechnungsformeln I. Kap. Abschn. A können alle Berechnungsgleichungen für die Fahrwiderstände ineinander übergeführt werden. Man kann dabei die Widerstände

als am Rad angreifend gedachte Kräfte . W (kg)   oder

als Anteile des Raddrehmoments . . . . $\mathfrak{M}_{rad} = W \cdot R$ (mkg)   oder

als Anteile des Motordrehmoments . . . $\mathfrak{M} = \dfrac{W R}{\ddot{u}}$ (mkg)   oder

als Anteile der Motorleistung. . . . . . $N = \dfrac{Wv}{75}$ (PS)   oder

als Anteile des mittleren Kolbennutzdrucks $p = \dfrac{2\pi}{5 V_H} \mathfrak{M}$ (kg/cm²)

ausdrücken.

Leistung:

$$N = \frac{p \cdot V_H}{900} \cdot n = \frac{W \cdot v}{75} = \frac{\mathfrak{M} \cdot \omega}{75} = \frac{\pi}{30 \cdot 75} \mathfrak{M} \cdot n = 1,396 \cdot \mathfrak{M} \frac{n}{1000} \, [\text{PS}]$$

Motordrehmoment:

$$\mathfrak{M} = 716 \frac{N}{n} = \frac{R}{\ddot{u}} W = \frac{5 V_h}{2\pi} p \qquad [\text{mkg}]$$

mittlerer Kolbennutzdruck:

$$p = \frac{900 N}{V_h \cdot n} = \frac{2\pi}{5 V_h} \mathfrak{M} = \frac{2\pi R}{5 V_h \cdot \ddot{u}} W = \frac{\pi \delta}{5 V_h} W \qquad [\text{kg/cm}^2]$$

Kraft am Radumfang:

$$W = 75 \frac{N}{v} = \frac{4500\,N}{\pi\,\delta\cdot n} = \frac{2}{\delta}\,\mathfrak{M} = \frac{5\,V_h\,\ddot{u}\cdot p}{2\,\pi\,R} = \frac{5\,V_h}{\pi\,\delta}\,p \quad [\text{kg}]$$

ideeller Raddurchmesser $\delta = \dfrac{2\,R}{\ddot{u}}$

Fahrgeschwindigkeit: $v = \dfrac{\pi}{60}\,\delta\,n\,(\text{m/s}) \qquad V = 3{,}6\,v\,[\text{km/h}]$

Steigwiderstand	Getriebewiderstand
$N_{st} = \dfrac{G \sin \alpha\,\pi\,n}{75\cdot 60\,\delta}$	$N_g = (1-\eta_g)\,\dfrac{N_n}{n_n}\cdot n$
$\mathfrak{M}_{st} = \dfrac{R}{\ddot{u}}\,G \sin \alpha$	$\mathfrak{M}_g = 716\,\dfrac{(1-\eta_g)\cdot N_n}{n_n} = \text{const}$
$p_{st} = \dfrac{2\,\pi}{5\,V_h}\,\mathfrak{M}_{st} = \dfrac{\pi}{5}\,\dfrac{G}{V_h}\,\dfrac{\delta}{h}$	$p_g = \dfrac{2\,\pi}{5\,V_h}\,\mathfrak{M}_g$
$W_{st} = G \sin \alpha \approx G\,h$	$W_g = \dfrac{\ddot{u}}{R}\cdot 716\,\dfrac{(1-\eta_g)\,N_n}{n_w}$

Rollwiderstand	Luftwiderstand
$N_R = 1{,}396\,\alpha\,G\,\dfrac{n}{1000}\,\dfrac{R}{\ddot{u}}$	$N_L = \dfrac{W_L\cdot v}{75} = \dfrac{\psi\,\varrho\,F\,v^3}{75}$
$\mathfrak{M}_R = \dfrac{R}{\ddot{u}}\,\alpha\,G$	$\mathfrak{M}_L = \dfrac{R}{\ddot{u}}\,W_L = \dfrac{R}{\ddot{u}}\,\psi\,\varrho\,F\,v^2$
$p_R = \dfrac{2\,\pi}{5\,V_0}\,\mathfrak{M}_R$	$p_L = \dfrac{2\,\pi}{5\,V_h}\,\dfrac{R}{\ddot{u}}\,W_L$
$W_R = \alpha\,G$	$W_L = \psi\,\varrho\,F\,v^2 = \psi\,\varrho\,F\left(\dfrac{\pi\,R\,n}{30\,\ddot{u}}\right)^2$

Überschuß-Leistung $\qquad N_{\ddot{u}} = N_e - (N_g + N_R + N_L)$

»   -Drehmoment $\mathfrak{M}_{\ddot{u}} = \mathfrak{M}_e - (\mathfrak{M}_g + \mathfrak{M}_R - \mathfrak{M}_L)$

»   -Kolbendruck $\quad p_v = p_{me} - (p_g + p_R - p_L)$

Höchstfahrgeschwindigkeit (Motor ohne Regler) bei $N_{\ddot{u}}=0,\ \mathfrak{M}_{\ddot{u}}=0,\ p_{\ddot{u}}=0$

Steigvermögen $\qquad\qquad \sin \alpha = \dfrac{5\,V_h}{2\,\pi\,G}\,\dfrac{\ddot{u}}{R}\,p_{\ddot{u}} \approx h$

Beschleunigungs-
vermögen $\qquad b = \dfrac{5\,V_h}{2\,\pi\,m'}\,\dfrac{\ddot{u}}{R}\,p_{\ddot{u}} = \dfrac{2\,g}{e\,G\,\delta}\,\mathfrak{M}_{\ddot{u}} = \dfrac{\ddot{u}}{m'\,R}\,\mathfrak{M}_{\ddot{u}}$

wobei $\qquad\qquad e = 1 + \dfrac{J_1\,\ddot{u}^2 + J_2}{m_t\,R^2};\quad m_t = \dfrac{G}{g};\quad m' = \dfrac{e\,G}{g}$

$$\frac{h}{b} = \frac{e}{g}$$

Mit Hilfe dieser Gleichungen kann die Höchstgeschwindigkeit eines Kraftfahrzeugs, die Steigfähigkeit und die Beschleunigungsfähigkeit in allen Gängen bestimmt werden, wenn die Abmessungen, Wirkungsgrade und die Motorleistung bekannt sind.

Aufgabe. Es sind Höchstgeschwindigkeit, Steig- und Beschleunigungsfähigkeit für den angegebenen Wagen in allen Gängen zu bestimmen.

(Die Musterlösung ist für die maximale Steig- und Beschleunigungsfähigkeit im 1. und im direkten Gang durchgeführt.)

Motor: $d = 72\,\text{mm}\,\phi$
$\qquad s = 104\,\text{mm}$ $\Big\}$ $V_h = 2,54\,\text{Liter}$
$\qquad z = 6$

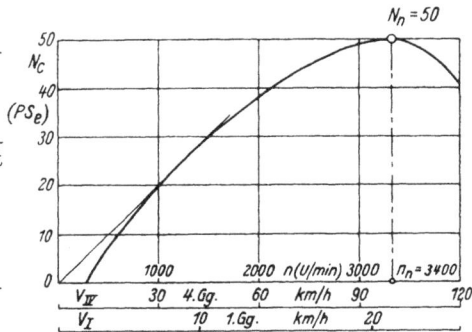

Abb. 59. Motorleistung bei Vollast; zur Aufgabe.

Fahrzeug: Gewicht (beladen) $G = 1850\,\text{kg}$
$\qquad$ Rollhalbmesser $\quad R = 0,375\,\text{m}$
$\qquad$ Stirnfläche $\qquad\quad F = 1,8\,\text{m}^2$

Übersetzungen: H'Achse $ü_{II} = 4,8$ gesamt
$\qquad$ 4. Gang $\quad ü_4 = 1$ $\qquad$ 4,8
$\qquad$ 3. » $\qquad ü_3 = 1,49$ $\quad$ 7,14
$\qquad$ 2. » $\qquad ü_2 = 2,2$ $\quad$ 10,58
$\qquad$ 1. » $\qquad ü_1 = 4,6$ $\quad$ 22,1

Geschwindigkeit:

4. Gang: $V = \dfrac{2\,\pi \cdot 0,375 \cdot 3,6}{60 \cdot 4,8}\,n = 29,5\,\dfrac{n}{1000}$

1. Gang: $V = \dfrac{2\,\pi \cdot 0,375 \cdot 3,6}{60 \cdot 22,1}\,n = 6,4\,\dfrac{n}{1000}$

Rollwiderstand:
$\qquad$ Kraft am Rad $\quad W_R = \alpha\,G = 20 \cdot 1,85 = 37\,\text{kg}$
$\qquad$ Drehmoment am Motor:

$\qquad\qquad$ 4. Gang $\quad \mathfrak{M}_R = W_R\,\dfrac{R}{ü} = \dfrac{37 \cdot 0,375}{4,8} = 2,89\,\text{mkg}$

$\qquad\qquad$ 1. Gang $\quad \mathfrak{M}_R = \qquad\quad \dfrac{37 \cdot 0,375}{22,2} = 0,63\,\text{mkg}$

Luftwiderstand: $W_L = 0,005\,F V^2 = 0,009\,V^2\ (\text{kg})$

V	20	60	100	120 km/h
V^2	400	3600	10000	14400
W_L	3,6	32,4	90	129 kg
$\mathfrak{M}_L$	0,28	2,53	7,0	10,1 mkg (IV)
$\mathfrak{M}_L + \mathfrak{M}_R$	3,17	5,42	9,89	12,99 mkg (IV)

Getriebewiderstand:
$\qquad$ 4. Gang $\quad \eta_g = 0,95$
$\qquad$ 1. Gang $\quad \eta_g = 0,80$ $\qquad \mathfrak{M}_g = \dfrac{(1 - \eta_g)\,N_n}{N_n} \cdot 716$

$\qquad\qquad$ 4. Gang $\quad \mathfrak{M}_g = \dfrac{0,05 \cdot 50}{3400} \cdot 716 = 0,53\,\text{mkg}$

$\qquad\qquad$ 1. Gang $\quad \mathfrak{M}_g = \dfrac{0,2 \cdot 50}{3400} \cdot 716 = 2,11\,\text{mkg}$

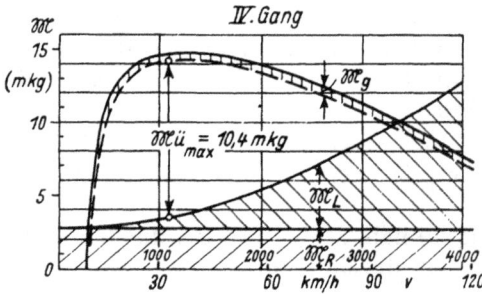

Abb. 60. Nutzdrehmoment, Drehmoment der Fahrwiderstände und Überschußdrehmoment im IV. Gang.

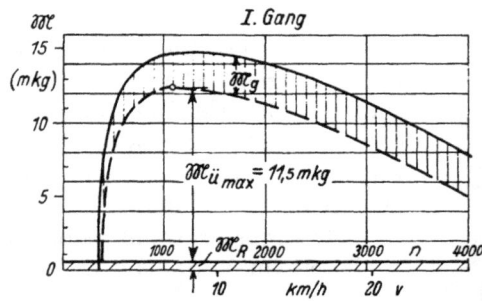

Abb. 61. Nutzdrehmoment, Drehmoment der Fahrwiderstände und Überschußdrehmoment im I. Gang.

Größtes Steigvermögen: $\sin\alpha = \dfrac{W_{st}}{G} = \dfrac{ii}{R} \cdot \dfrac{\mathfrak{M}_a}{G}$

4. Gang $\sin\alpha = \dfrac{4,8 \cdot 10,4}{0,375 \cdot 1850} = 0,069 \qquad \alpha = 4^0 \qquad h = 4\%$ bei 31 km/h

1. Gang $\sin\alpha = \dfrac{22,1 \cdot 11,5}{0,375 \cdot 1850} = 0,366 \qquad \alpha = 21^0\,30' \qquad h = 39,4\%$ bei 8 km/h

---

Größtes Beschleunigungsvermögen:

$b = \dfrac{W_b}{e\,m} = \dfrac{ii}{R} \cdot \dfrac{G}{e} \cdot \dfrac{\mathfrak{M}_a}{G}$.

4. Gang $e = 1,05$

1. Gang $e = 2,1$

4. Gang $b = \dfrac{4,8 \cdot 9,81 \cdot 10,4}{0,375 \cdot 1,05 \cdot 1850} = 0,65$ m/s²

1. Gang $b = \dfrac{22,1 \cdot 9,81 \cdot 11,5}{0,375 \cdot 2,1 \cdot 1850} = 1,7$ m/s²

Aufgabe. Zeichne den Verlauf der Beschleunigungs- und Steigfähigkeit für den ersten und direkten Gang über der Fahrgeschwindigkeit auf.

Aufgabe. Ein Omnibus vom Eigengewicht $G = 7000$ kg beschleunigt leer (1 Fahrer) im direkten Gang von 20 km/h auf 60 km/h in 26 Sekunden. Wie groß ist die Beschleunigung des vollbesetzten Wagens (1 Fahrer, 35 Insassen) im gleichen Geschwindigkeitsbereich unter sonst gleichen Verhältnissen?

$$\begin{array}{ll} 20 \text{ km/h} = & 5,56 \text{ m/s} = v_1 \\ 60 \qquad = & 16,66 \qquad = v_2 \\ \hline & v_2 - v_1 = 11,1 \text{ m/s} \end{array}$$

1 Person wiege 70 kg
Rollreibungsbeiwert   20 kg/t
Wagenstirnfläche   3 m²

Leeres Fahrzeug $b = \dfrac{11,1}{26} = 0,427$ m/s²,

Wuchtzunahme $\mathfrak{A} = \dfrac{m\,(v_2{}^2 - v_1{}^2)}{2} = \dfrac{70,70\,(16,66^2 - 5,56^2)}{2 \cdot 9,81} =$

$= 360,5\,(277 - 31) = 88700$ kg,

Beschleunigungsweg $s = \dfrac{v_2{}^2 - v_1{}^2}{2\,b} = \dfrac{277 - 31}{2 \cdot 0,427} = 288$ m.

An den Rädern war als beschleunigende Kraft wirksam (Mittelwert)

$$W_b = e\,m\,b = 1{,}05 \frac{70{,}70}{7{,}81}\,0{,}427 = 323{,}0 \text{ kg,}$$

für die Überwindung des Rollwiderstandes (einschl. Getriebeverluste)

$$W_R = 20\,\frac{G}{1000} = 20 \cdot 7{,}07 = 141{,}4 \text{ kg,}$$

für die Überwindung des Luftwiderstandes eine zwischen

$$W_L = 0{,}0052\,F \cdot 20^2 \text{ und } 0{,}052\,F \cdot 60^2$$
$$6{,}25 \qquad\qquad 55{,}7 \text{ (kg) wachsende Kraft.}$$

Da die Kraft aber nicht geradlinig, sondern quadratisch mit der Geschwindigkeit ansteigt, darf nicht der gewöhnliche Mittelwert $\frac{W_1 + W_2}{2} = 30{,}97$, sondern der Mittelwert $\frac{0{,}0057\,(v_2{}^2 - v_1{}^2)}{3\,(v_2 - v_1)} = 26$ genommen werden. Die gesamte vom Motor aufzubringende Kraft während des Beschleunigens ist also für das leere Fahrzeug, am Rad angreifend

$$W_b + W_r + W_L = 323{,}0 + 141{,}4 + 26{,}0 = 490{,}4 \text{ kg.}$$

Dieselbe Kraft kann der Motor natürlich auch beim beladenen Fahrzeug aufbringen, aber sie wird dann etwas anders verteilt, weil der Rollwiderstand sich entsprechend der Belastung vergrößert hat.

$$W_r = 9{,}52 \cdot 20 \qquad = 190{,}4$$

Der Luftwiderstand ist derselbe geblieben $W_L = \underline{\quad 26{,}0\quad}$

$$216{,}4$$

also bleibt für die Beschleunigung nur $\qquad W_b = 270{,}0$

da $W_b = m\,b$, ist $b = \dfrac{W_b}{e\,m} = \dfrac{274 \cdot 9{,}81}{9520} = 0{,}288 \text{ m/s}^2$.

Aufgabe. Welche Strecke legt ein Pkw zurück, wenn bei 60 km/h das Gas weggenommen wird, bis die Fahrgeschwindigkeit auf 25 km/h zurückgegangen ist, wenn der Wagen ohne Bremsung auf gerader ebener Strecke ausrollt?

Welche Strecke braucht derselbe Wagen zur gleichen Geschwindigkeitsverminderung, wenn das Getriebe einen Freilauf besitzt?

Wagengewicht	$G =$	1400 kg
Rollhalbmesser	$r =$	375 mm
Motorhubraum	$V_h =$	2 l
Nennleistung	$N_n =$	40 PS
	bei	$n_n =$ 3000 U/min
Mech. Wirkungsgrad		
des Motors	$\eta_m =$	0,8
des Getriebes 4. Gg. . . .	$\eta_g =$	0,94

H'achsübersetzung . . . . . . $\quad \ddot{u} = 5$

Stirnfläche . . . . $\quad F = 2 \, \text{m}^2$

Rollwiderstandsbeiwert (ohne

Getriebewiderstand) . . . $\quad \alpha = 18 \, \text{kg/t}$.

Bremsende Kräfte:

1. Rollwiderstand

$$W_R = \alpha \, \frac{G}{1000} = 18 \cdot 1{,}4 \qquad\qquad\qquad = 25{,}2 \, \text{kg}$$

2. Getriebewiderstand

$$N_g = 0{,}06 \cdot 40 = 2{,}4 \, \text{PS}$$

$$\mathfrak{M}_{g\,\text{Rad}} = \frac{2{,}4 \cdot 716}{3000} \cdot 5 = 2{,}86; \quad W_g = \frac{2{,}86}{0{,}375} = 7{,}6 \, \text{kg}$$

3. Motorwiderstand

$$N_v = \frac{40}{0{,}8} - 40 = 10 \, \text{PS}$$

$$\mathfrak{M}_v = \frac{10 \cdot 716}{3000} \cdot 5 = 119; \quad W_v = \frac{11{,}9}{0{,}375} = 31{,}8 \, \text{kg}$$

4. Luftwiderstand

$$0{,}0052 \, F \, V^2 = 0{,}0104 \, V^2. \qquad\qquad \text{Mittel } W_L = 19{,}0 \, \text{kg}$$

Summe der bremsenden Kräfte: 83,6 kg.

Treibende Kräfte. Leerlaufarbeit des Motors: Nach I. Kap. Abschn. B ist der Kraftstoffverbrauch bei geschlossener Drossel konstant, also auch die Leistung. Das Drehmoment verhält sich dann umgekehrt wie die Drehzahl oder Winkelgeschwindigkeit:

$$\mathfrak{M}_{\text{Leerl}} = \mathfrak{M}_v \, \frac{\omega_{\text{Leerl}}}{\omega} = 11{,}9 \, \frac{n_{\text{Leerl}}}{n} = 11{,}9 \, \frac{300}{n} = 11{,}9 \cdot \frac{300 \, \pi \, r}{30 \, \ddot{u} \, v} = \frac{28}{v}.$$

Mittelwert

$$P_{\text{Leerl}} = \frac{28}{v \cdot 0{,}375} = \frac{\dfrac{74{,}8}{v_2} + \dfrac{74{,}8}{v_1}}{2} = 7{,}6 \, \text{kg}.$$

Die mittlere Verzögerung ist demnach:

$$b_m = \frac{W - P}{m} = \frac{83{,}6 - 7{,}6}{1400} \cdot 9{,}81 = 0{,}533 \, \text{m/s}^2.$$

Wenn ein Freilauf wirksam ist, fällt die bremsende Kraft des Motors und die Leerlauftriebkraft des Motors weg. Dann ist

$$b_{m\,\text{Fr}} = \frac{83{,}6 - 31{,}8}{m} = 0{,}365 \, \text{m/s}^2.$$

Die jeweils zurückgelegte Wegstrecke ist dann angenähert

ohne Freilauf $\quad s = \dfrac{v_1{}^2 - v_2{}^2}{2\,b_m} = \dfrac{277,0 - 48,3}{2 \cdot 0,533} = \dfrac{228,7}{1,066} = 215\ \text{m}$

mit Freilauf $\quad s_{\text{Fr}} = \dfrac{v_1{}^2 - v_2{}^2}{2\,b_{m\,\text{Fr}}} = \dfrac{228,7}{2 \cdot 0,365} \qquad\quad = 313\ \text{m}.$

Die Ausrollstrecke wird also durch den Freilauf nahezu verdoppelt; es wäre daher zweckmäßig zur Schonung der Bremsen, wenn die Warnschilder in entsprechendem Abstand von der Gefahrenstelle aufgestellt würden.

Die obige Rechnung ist nur angenähert richtig, da zweimal (für W_L und P_{Leerl}) Mittelwerte für Kräfte eingeführt wurden, die mit der Geschwindigkeit veränderlich sind. Bei der Mittelwertbildung ist geradlinige Abnahme der Geschwindigkeit mit der Zeit, d. h. konstante Verzögerung angenommen, was nicht richtig ist.

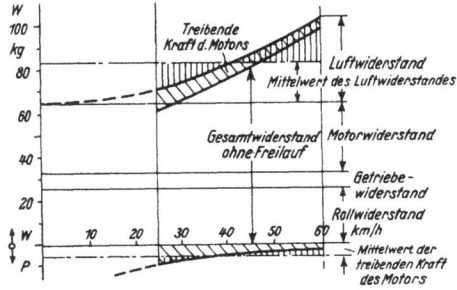

Abb. 62. Zusammenstellung der bremsenden und treibenden Kräfte beim Auslauf eines Kraftfahrzeugs.

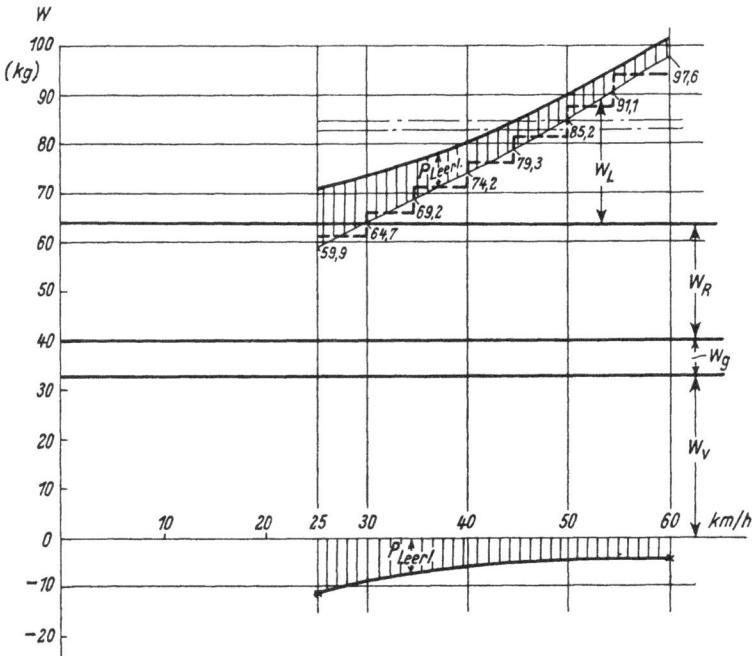

Abb. 63. Vergrößerte Darstellung der Abb. 62 zur Ermittlung des Auslaufweges.

Zur genauen Berechnung muß zeichnerisch und schrittweise verfahren werden, ähnlich wie bei der Auswertung des Beschleunigungsversuchs S. 50. Die wirkenden Kräfte werden zunächst über der Fahrgeschwindigkeit aufgetragen.

Der so erhaltene Gesamtwiderstand muß in genügend kleine Intervalle treppenförmig unterteilt werden, so, daß innerhalb des Intervalls mit konstanter mittlerer Verzögerungskraft oder Verzögerung gerechnet werden kann. Man muß für jeden Streifen aus dieser mittleren Verzögerung den zugehörigen Weg rechnen und alle diese Weganteile addieren.

Bei der Übertragung in ein Zeit-Schaubild zeigen sich die Abweichungen von den obigen vereinfachenden Annahmen.

v_m	$V_1 - V_2$	aus Zeichng. $W_{mittl.}$	$b_m = \frac{W}{m}$	$\Delta t = \frac{\Delta v}{b}$	t	$\Delta s = v_m t$	s
15,99	60—55	94,35	0,661	2,10	2,10	34,55	34,55
14,59	55—50	88,15	0,618	2,25	4,35	32,8	67,35
13,20	50—45	82,25	0,576	2,41	6,76	31,8	99,15
11,82	45—40	76,75	0,538	2,58	9,34	30,5	129,65
10,41	40—35	71,70	0,503	2,76	12,10	28,75	158,40
9,03	35—30	66,8	0,469	2,96	15,06	26,75	185,15
7,64	30—25	62,3	0,437	3,18	18,24	24,30	209,45

$$b_{mm} = 0,543 \qquad\qquad 209,45$$

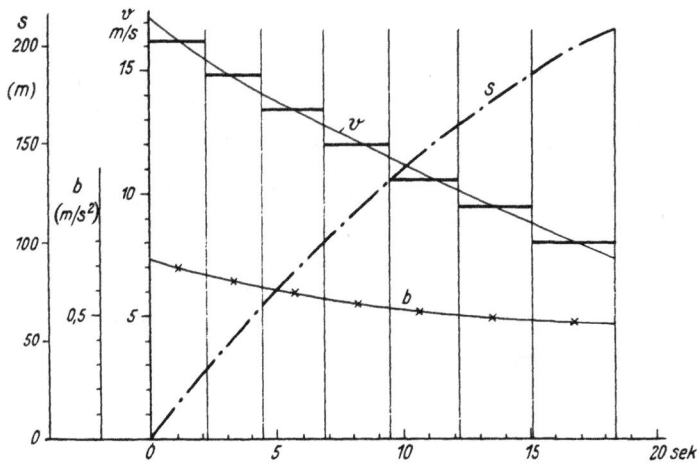

Abb. 64. Zeitbild von Verzögerung, Geschwindigkeit und Auslaufweg nach Abb. 62 und 63 (ohne Freilauf).

Aufgabe. Der Fahrer eines Omnibusses hat vor einem Hause gehalten, um etwas zu besorgen. 60 m von dieser Stelle entfernt hat er bei der Weiterfahrt ein Kind überfahren, das vom Bürgersteig auf die Fahrbahn trat; die Zeugenaussagen behaupten z. T. eine große Fahrgeschwindigkeit des Fahrers. Welche Geschwindigkeit hatte der Wagen an der Unfallstelle?

Es sollen die Beschleunigungen des Beschleunigungsversuchs S. 58 für den Wagen gelten.

Lösung. Es sei angenommen der Fahrer habe alle Gänge voll bis zur Reglerdrehzahl ausgefahren. Das ist die für ihn ungünstigste Annahme, da er damit am schnellsten auf Geschwindigkeit kommt.

Beschleunigungsverlauf:

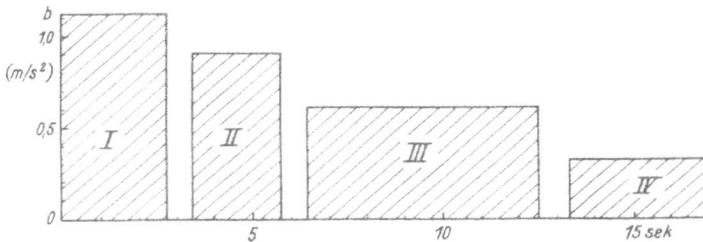

Abb. 65. Vereinfachtes Zeit-Beschleunigungsbild für das Anfahren und Durchschalten aller Gänge.

Höchstgeschwindigkeit im	I	II	III	IV	Gang
	3,2	5,5	9,2	17,3	m/s
mittlere Beschleunigung	1,15	0,915	0,580	0,308	

Schaltpause angenommen je 0,5 s $\qquad v = b \cdot t; \; t = \dfrac{v}{b}; \; s = \dfrac{v_1 + v_2}{2} t$

I. Gang $t = \dfrac{3,2}{1,15} = 2,78$ s $\qquad s = \dfrac{0 + 3,2}{2} \cdot 2,78 = 4,45$ m

$\qquad + 0,50 \qquad\qquad\qquad 0,5 \cdot 3,2 \qquad = 1,60$

II. Gang $t = \dfrac{5,5 - 3,2}{0,915} = 2,52$ s $\qquad s = \dfrac{3,2 + 5,5}{2} \cdot 2,52 = 10,95$ m

$\qquad + 0,50 \qquad\qquad\qquad 0,5 \cdot 5,5 \qquad = 2,75$

III. Gang $t = \dfrac{9,2 - 5,5}{0,58} = 6,38$ s $\qquad s = \dfrac{9,2 + 5,5}{2} \cdot 6,38 = 46,90$ m.

Wenn obige Annahmen stimmen, ist der Fahrer an der Unfallstelle im dritten Gang mit höchstens 9 m/s = 32 km/h gefahren.

Aufgabe. Es ist die genauere Lösung der vorigen Aufgabe an Hand des Fahrdiagramms, Aufg. S. 68, anzugeben.

Aufgabe. In einer Steigung von etwa 8% wird ein die Straße überquerender Fußgänger von einem LKW angefahren. Fahrer und Beifahrer behaupten, sie seien mit höchstens 20 km/h im dritten Gang gefahren, der Fußgänger sei plötzlich und unvorsichtig auf die Fahrbahn getreten. Ein Teil der Zeugen behauptet hohe Fahrgeschwindigkeit des LKW. Wie schnell kann der LKW höchstens gefahren sein?

Gesamtgewicht des LKW $G = 3500$ kg

Belasteter Radhalbmesser $R = 0,38$ m

Übersetzungen und H Achse $\qquad ü = 5,4$

Wirkungsgrade $\qquad$ 4. Gang $\qquad$ 1 $\qquad \eta_g = 0,95$

$\qquad\qquad\qquad\qquad$ 3. » $\qquad$ 1,6 $\qquad$ 0,92

$\qquad\qquad\qquad\qquad$ 2. » $\qquad$ 2,8 $\qquad$ 0,87

$\qquad\qquad\qquad\qquad$ 1. » $\qquad$ 4,7 $\qquad$ 0,82

Maximales Motordrehmoment bei $N_e = 25$ PS, $n = 1100$ U/min

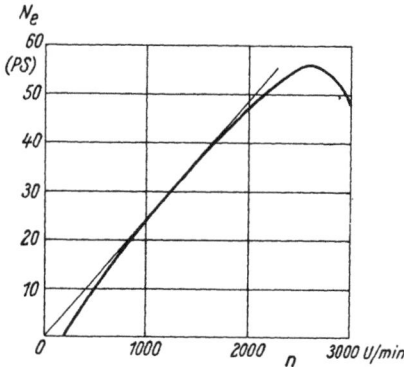

$$\mathfrak{M}_{max} = 716 \,\frac{25}{1100} = 16,25 \text{ mkg}$$

Höchstgeschwindigkeit

$$v = \frac{2\,\pi\,n}{60\,ü}\,R = \frac{2\,\pi}{60}\,\frac{3000\cdot 0,38}{ü} = \frac{119,5}{ü}$$

Motordrehmoment für

Rollwiderstand

$$\mathfrak{M}_{r} = \frac{R}{ü}\,W_r = \frac{0,38}{ü}\,20\cdot 3,5 = \frac{26,6}{ü}\,(\text{mkg})$$

Getriebewiderstand

$$\mathfrak{M}_g = 716\,\frac{N_n}{n_n}\,(1 - \eta_g) = 16\,(1 - \eta_g)$$

Abb. 66. Motorleistung bei Vollast, zur Aufgabe.

Luftwiderstand vernachlässigt!

Größtes Überschußdrehmoment:

$$\mathfrak{M}_{i\,max} = \mathfrak{M}_{e\,max} - \mathfrak{M}_R - \mathfrak{M}_g = 16,25 - \frac{26,6}{ü} - 16\,(1 - \eta_g)$$

$ü$	Gang	$(1-\eta_g)$	$\mathfrak{M}_g$	$\mathfrak{M}_r$	$\mathfrak{M}_g + \mathfrak{M}_r$	$\mathfrak{M}_a = 16,25 - (\mathfrak{M}_g + \mathfrak{M}_r)$
25,4	I	0,18	2,88	1,05	3,93	12,32
15,1	II	0,13	2,08	1,76	3,84	12,41
8,65	III	0,08	1,28	3,07	4,35	11,90
5,4	IV	0,05	0,80	4,94	5,74	10,51

Größte Steigfähigkeit:

Gang	$\mathfrak{M}_a \cdot ü$	$\sin \alpha$	α	$\operatorname{tg} \alpha = h$	v_{max}	$n = 3000$	$n = 1100$
I	313	0,235	13° 35′	0,241 = 24,1 %	4,71 m/s =	17 km/h	6,25
II	187,5	0,141	8° 8′	14,2 %	7,91 » =	28,5 »	10,5
III	103	0,0775	4° 27′	7,7 %	13,8 » =	49,6 »	18,2
IV	56,9	0,0428	2° 29′	4,3 %	22,1 » =	79,5 »	29,1

Der Fahrer kann bei knapp 8% Steigung im dritten Gang mit 18 km/h oder im zweiten Gang mit bis zu 28,5 km/h gefahren sein!

Aufgabe. Ein Kraftfahrer fährt auf einer Straße mit 4% Gefälle talab; die Straße wird von einem Bahnübergang quer geschnitten.

Bei Annäherung bemerkt der Fahrer, daß die Schranke sich schließt, versucht zu bremsen und entdeckt, daß seine Bremsen völlig versagen. Seine Fahrgeschwindigkeit beträgt in diesem Augenblick 30 km/h, sein Abstand von der Schranke 75 m. Da keine Straßenbäume vorhanden sind und rechts und links der Straße die Böschung sehr steil abfällt, kann weder seitlich ausgewichen, noch der Wagen gegen einen Baum gesetzt werden.

Was hat der Fahrer zu tun? Kann er damit rechnen, daß der Wagen vor der Schranke zum Halten kommt?

Straße: mittlere Landstraße $\alpha = 0,025$ kg/kg
Luftwiderstand vernachlässigbar.
Getriebewirkungsgrad im 2. Gang 80%, bezogen auf Motordrehmoment
Getriebewirkungsgrad im 3. Gang 90%,   7,15 mkg.
Reibungsmoment des ohne Zündung mitlaufenden Motors 2,4 mkg.
Übersetzung im 2. Gang $ü = 7,8$, im 3. Gang 4,8.
Rollhalbmesser $r = 0,36$ m, Gewicht des Wagens $G = 1350$ kg.

Lösung. Der Fahrer schaltet auf den 2. Gang zurück und stellt die Zündung ab.

Drehmomente, bezogen auf Treibrad:
Treibende: Gefällekraft $Q \cdot \sin \alpha =$
     $1350 \cdot 0,04 = 54$ kg $\mathfrak{M}_{st} = 54 \cdot 0,36 = 19,45$ m
Bremsende: Rollwiderstand $W_R = \varkappa Q$:
     $0,025 \cdot 1350 = 33,25$ kg $\mathfrak{M}_R =$ 12,00 »
     Getriebewiderstand 2. Gg.
     $\mathfrak{M}_g = 7,15 \cdot 0,2 \cdot 7,8$ $\mathfrak{M}_{g\,II} =$ 11,15 »
     Motorbremsmoment 2. Gg.
     $\mathfrak{M}_{m\,II} = 2,4 \cdot 7,8$ $\mathfrak{M}_{m\,II} =$ 18,70 »

Resultierendes bremsendes Moment am Rad   22,4 m

Bremskraft $P_b = \dfrac{\mathfrak{M}}{r} = \dfrac{22,4}{0,36} = 62,3$ mkg

Verzögerung $-b = \dfrac{P}{m} = \dfrac{62,3}{1350} \cdot 9,81 = 0,454$ m/s² $V_0 = 30$ km/h

Verzögerungsweg $s = \dfrac{v_0^2}{2\,b} = \dfrac{8,34^2}{2 \cdot 0,454} = 76,5$ m.

Der Fahrer kommt genau auf den Schienen zum Halten, wenn nicht die Schranke erheblichen Widerstand bietet, oder wenn er nicht versucht, zur Verlängerung des Weges und Erhöhung des Fahrwiderstandes Schlangenlinien zu fahren.

Aufgabe. Ein normaler PKW soll mit Rücksicht auf den Autobahnverkehr eine Stromlinienkarosserie erhalten. Außerdem soll die

Treibachsuntersetzung (evtl. durch Einbau eines Schnellgangs) geändert werden. Wie groß ist diese zu wählen, um eine größtmögliche Steigerung der Höchstgeschwindigkeit zu erzielen?

Der Lösungsweg der Aufgabe ist ohne Zahlenrechnung anzugeben, und (gestrichelt) in das gegebene Fahrdiagramm des direkten Ganges einzuzeichnen.

Der Luftwiderstand mit dem bisherigen Aufbau ist berechnet nach der Formel

$$W_L = \psi \cdot \frac{\gamma}{g} F v^2 \, [\text{kg}]$$

worin

$$\psi = 0{,}35.$$

Mit dem Stromlinienaufbau wird

$$\psi = 0{,}14.$$

Die Wagenstirnfläche sei dieselbe geblieben. Die Leistung der Getriebe- und Rollwiderstände (abhängig von der Fahrgeschwindigkeit) soll dieselbe bleiben.

Lösung. Da der neue Luftwiderstandsbeiwert $\frac{2}{5}$ des alten, ist die neue Leistung des Luftwiderstandes ebenfalls $\frac{2}{5}$ der alten. Einzeichnen! Ohne Änderung der Übersetzung ergäbe sich damit eine neue Höchstgeschwindigkeit von 125 km/h, aber bei einer Motordrehzahl von

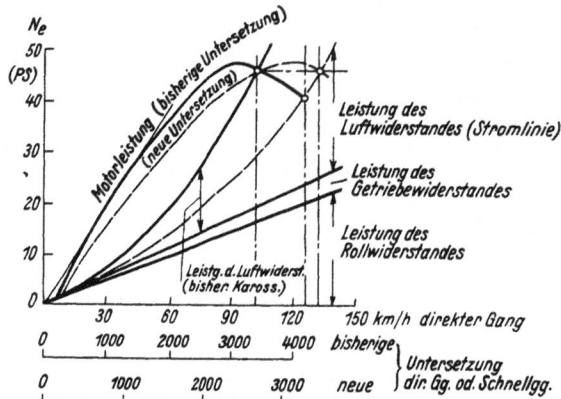

Abb. 67. Leistung, Übersetzung und Höchstgeschwindigkeit bei Ersatz des normalen durch Stromlinienaufbau.

4150 U/min. Dabei ist der Motor überdreht und nicht autobahnfest. Kann die bisherige Höchstdrehzahl von 3450 U/min als autobahnfest gelten, so muß die Übersetzung um soviel geändert werden, daß die über der Fahrgeschwindigkeit aufgetragene, der neuen Übersetzung entsprechende Motorleistungskurve die neue Widerstandslinie wieder bei der Drehzahl 3450 U/min schneidet. Man lege also durch den Schnittpunkt: alte Leistungslinie/alte Widerstandslinie eine Waagrechte bis zum Schnitt mit der neuen Widerstandslinie und bestimme die neue Übersetzung so, daß diesem Schnittpunkt (Fahrgeschwindigkeit 133 km/h) die Motordrehzahl 3450 U/min entspricht. Vorher entsprach diese Drehzahl einer Fahrgeschwindigkeit von 103 km/h, also muß die Übersetzung im Verhältnis 103 : 133 = 0,775 geändert werden. Entweder muß daher die Hinterachsübersetzung, die bisher 4,8 betrug, auf 3,72 geändert werden, oder es muß unter Beibehaltung der alten Treibachsuntersetzung 4,8 ein Schnellgang 1,29 : 1 eingebaut werden.

Aufgabe. Die Änderungen der Fahreigenschaften eines Wagens sind anzugeben, wenn die Treibachsuntersetzung von 1:5 auf 1:4 verändert wird.

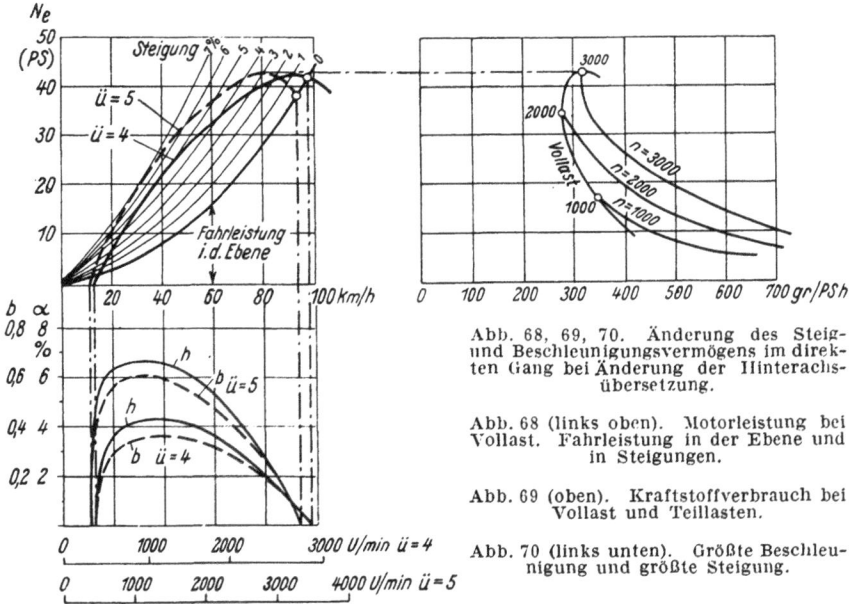

Abb. 68, 69, 70. Änderung des Steig- und Beschleunigungsvermögens im direkten Gang bei Änderung der Hinterachsübersetzung.

Abb. 68 (links oben). Motorleistung bei Vollast. Fahrleistung in der Ebene und in Steigungen.

Abb. 69 (oben). Kraftstoffverbrauch bei Vollast und Teillasten.

Abb. 70 (links unten). Größte Beschleunigung und größte Steigung.

E. Versuche auf dem Wagenprüfstand.

a) Messung von Leistung und Kraftstoffverbrauch bei Voll- und Teillasten in verschiedenen Gängen[1]).

Beispiel: Fahrzeug: 8/38 Daimler-Benz-Fahrgestell.
         Motor: Hubraum 2,0 l.

---

[1]) Vgl. hierzu Abb. 52.

Vergaser: Zenith. Einstellung $HD = 85$, $KD = 80$, $LTr = 21°$.

Getriebeübersetzungen: 1, 1,95, 3,27.

Hinterachsübersetzung: 3,23.

Radhalbmesser, belastet: 0,38 m.

Versuchsanordnung:

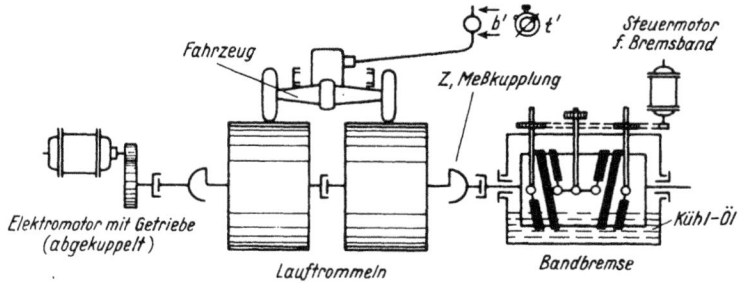

Abb. 71. Schema der Versuchsanordnung bei Versuchen mit dem Wagenprüfstand.

Abb. 72, 73. Wagenprüfstand der Panzertruppenschule Wünsdorf, Bauart Schenck, Darmstadt.
Abb. 72. Ansicht von der mechanischen Bremse her.

1. Waage zur zweiten Meßkupplung, Drehmoment zwischen den Lauftrommeln und dem elektrischen Teil.
2. Geschwindigkeitsmesser.
3. Waage zur ersten Meßkupplung; Drehmoment zwischen den Lauftrommeln und der Bandbremse.
4. Bandbremse.   5. Erste Meßkupplung.
6. Lauftrommeln (Durchmesser 2 m).   7. Elektrischer Teil.

Abb. 73. Ansicht des elektrischen Teils des Wagenprüfstandes.
1. Zweite Meßkupplung.
2. Untersetzungsgetriebe.
3. Gleichstrommaschine, als Motor oder Generator schaltbar.

Abb. 74. Kraftradprüfstand der Panzertruppenschule Wünsdorf (Bauart Schenck, Darmstadt)
mit zwei Laufrollen und verstellbarer Wasserbremse.

Zahlenwerte:

Versuch	Zugkraft an der Trommel Z	Scheinbare Fahrgeschwindigkeit V	Gemessene Kraftstoffmenge b'	Zeit für Verbrauch von b' t'	Gemessene Leistung $N=\dfrac{ZV}{270}$	Verlustleistung der Trommel N_r	Radleistung $N_{Rad}=N+N_r$	Kraftstoffverbrauch B	Spezif. Kraftstoffverbrauch b	Kühlwassertemperatur t
	kg	km/h	cm³	s	PS	PS	PS	kg/h	cm³/PSh	°C
	43	83	130	27,0	13,2	1,8	15,0	17,35	1160	80
	63	80	»	27,6	18,7	1,7	20,4	17,0	834	»
	90	70	»	29,8	23,3	1,4	24,7	15,7	636	»
	119	59	»	32,8	26,0	1,0	27,0	14,3	530	»
	127	49	»	38,1	23,0	0,75	23,75	12,3	520	»
	132	41	»	43,8	20,0	0,6	20,6	10,7	520	»
	135	28	»	63,0	14,0	0,3	14,3	7,45	522	»
	119	23	»	74,4	10,15	0,2	10,35	6,28	606	»
	145	39,5			21,1	0,55	21,65			80
	173	38			24,4	0,5	24,9			»
	197	35			25,5	0,45	25,95			»
	231	31			26,5	0,35	26,85			»
	240	27			24,0	0,3	24,3			»
	256	24,5			23,2	0,25	23,55			»
	267	20			19,8	0,15	19,95			»
	270	17			17,0	0,15	17,15			»
	12,3	50	130	37,7	22,8	0,75	23,55	12,4	526	80
	79,5	»	»	44,6	14,7	»	15,45	10,5	680	»
	54,0	»	»	52,2	10,0	»	10,75	8,96	834	»
	41,0	»	»	59,3	7,6	»	8,35	7,9	948	»

Aufgabe. Leistung und spezifischer Kraftstoffverbrauch sind in der bisher geübten Weise (vgl. Abb. 14 u. 15) aufzuzeichnen.

b) Vergasereinstellung. Durchführung des Versuchs: Alle Messungen werden bei gleicher Fahrgeschwindigkeit (etwa entsprechend der durchschnittlichen Reisegeschwindigkeit) bei Vollgas mit verschiedenen Vergasereinstellungen und jeweils günstigstem Zündzeitpunkt durchgeführt. Leistung und spezifischer Kraftstoffverbrauch werden über dem stündlichen Kraftstoffverbrauch aufgetragen. Die bei veränderlicher Drehzahl aufgenommenen Vollast-Leistungskurven der beiden Grenzeinstellungen ergeben mit der Leistung des Luftwiderstandes Höchstgeschwindigkeit und Steigvermögen innerhalb des zweckmäßigen Einstellbereiches.

	Düsen		Z	V	b'	t'	B	N	b	t
HD	KD	l	kg	km/h	cm³	s	l/h	PS	cm³/PSh	°C
80	85	21	117	50	130	37,7	12,4	21,7	571	80
75	80	»	117,5	»	»	44,4	11,55	21,8	530	»
60	85	»	106,5	»	»	52,1	8,98	19,75	455	»
60	75	»	103	»	»	53,5	8,75	19,1	459	»
95	85	»	117,5	»	»	32,5	14,4	21,8	661	»

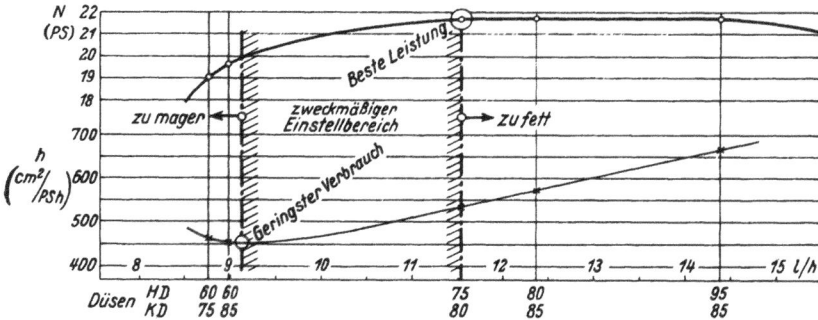

Abb. 75. Vergasereinstellung auf dem Wagenprüfstand. Trommelleistung bei Vollast, spezifischer Kraftstoffverbrauch bei verschiedener Vergasereinstellung und gleicher Fahrgeschwindigkeit. (Vgl. Abb. 52.)

Düsen 75/80					Düsen 60/85				
Z	V	N	N_r	N_{Rad}	Z	V	N	N_e	N_{Rad}
28	84	8,7	1,8	10,5	34	74	9,3	1,5	10,8
48	82,5	14,7	1,7	16,4	41	71	10,8	1,4	12,2
78	77	22,2	1,6	23,8	48	70	12,4	1,35	13,75
108	65	25,9	1,2	27,1	78	57	16,5	0,95	17,45
116	60	25,8	1,0	26,8	102	50	18,9	0,75	19,65
118	50	21,8	0,75	22,58	105	46	17,9	0,70	18,6
124	40	18,4	0,55	18,95	110	41,5	16,9	0,60	17,5
136,5	30	15,2	0,35	15,55	125	30	13,9	0,35	14,25
140	26,5	13,7	0,30	14,0	130	24,5	11,8	0,25	12,05
128,5	18	8,5	0,15	8,65	129	20,5	9,9	0,20	10,1
					129	17,5	8,35	0,15	8,5

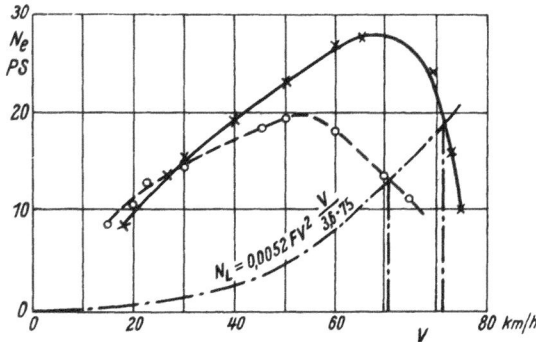

Abb. 76. Trommelleistung bei Vollast. Leistung der Fahrwiderstände, für zwei Vergasereinstellungen (sparsamster Verbrauch, beste Leistung).

F. Kraftstoffverbrauch des Fahrzeugs.

Ermittlung des theoretischen Kraftstoffverbrauchs in der Ebene bei Windstille aus Voll- und Teillastversuchen auf dem Motor- oder Wagenprüfstand. Den Kraftstoffverbrauch eines Fahrzeugs pflegt man in Liter oder Kilogramm je 100 km Fahr-

strecke (l/100 km, kg/100 km) anzugeben. Er kann durch Versuche
mit dem Wagen auf der Strecke oder durch Buchführung über lange
Strecken und die getankte Kraftstoffmenge ermittelt werden.

Auch die Vollast- und Teillastversuche auf dem Motorenprüfstand
(und Wagenprüfstand) lassen einen Schluß auf den Kraftstoffverbrauch
zu, wenn die erforderlichen Angaben über den Wagen vorliegen. Die
Vollast- und Teillastversuche ergeben folgendes Bild (vgl. I. Kap.,
Abschn. 1; II. Kap., Abschn. 2):

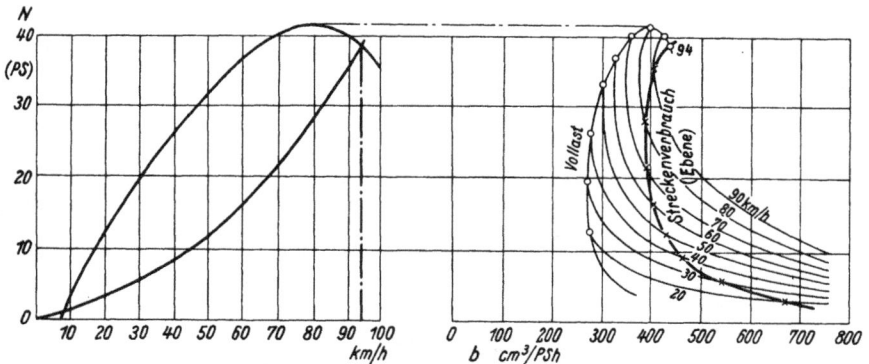

Abb. 77 u. 78. Ermittlung des theoretischen Streckenkraftstoffverbrauchs (Ebene) aus der
Leistungs- und Kraftstoffverbrauchs-Messung auf dem Motor- oder Wagenprüfstand für einen
berechneten Fahrwiderstand.

Abb. 77. Leistung bei Vollast, berechnete Leistung des Fahrwiderstandes.

Abb. 78. Spezifischer Verbrauch bei Vollast
und Teillasten; Streckenverbrauch für den berechneten Fahrwiderstand.

Hierzu werden mit den Angaben über das Fahrzeug die Leistungen
der Fahrwiderstände berechnet:

Leistung des Rollwiderstandes: $N_R = \dfrac{\alpha\,G\,V}{3{,}6 \cdot 75}$

Leistung des Getriebewiderstandes: $N_g = (1 - \eta_g)\,\dfrac{N_n}{n_n}\,V\,\dfrac{60}{3{,}6 \cdot 2\pi}\,\dfrac{\ddot{u}}{R}$

Leistung des Luftwiderstandes: $N_L = \dfrac{0{,}005\,F\,V^3}{75}$.

Die Widerstände werden in das Vollastbild eingetragen. Fährt das
Fahrzeug bei Ebene und Windstille, so braucht es nicht die Volleistung,
sondern nur die Leistung des Gesamtwiderstandes. Man kann also bei
den verschiedenen Drehzahlen von der Leistung des Gesamtwiderstandes
herübergehen in das Teillastbild und bei der jeweiligen Drehzahl den zugehörigen spezifischen Kraftstoffverbrauch b (cm³/PSh) ablesen.

Der stündliche Verbrauch ist daraus $B = b \cdot N_w$ (l/h). Da bei der
Fahrgeschwindigkeit V für 100 km eine Zeit von $\dfrac{100}{V}$ h nötig ist, ergibt

sich der Streckenkraftstoffverbrauch zu

$$B' = \frac{b \cdot N_w \cdot 100}{V} \text{ l/100 km.}$$

Beispiel zu obigen Leistungs- und Verbrauchskurven:

V	N_e	N_w	b	B	B'
km/h	PS	PS	cm³/PSh	l/h	l/100 km
20	12,5	3,5	681	2,38	11,9
30	19,6	5,9	538	3,17	11,57
40	25,8	8,6	467	4,02	10,05
50	32,5	11,9	446	5,30	10,60
60	37,4	15,8	414	6,55	10,92
70	40,3	21,0	410	8,62	12,32
80	41,1	27,6	414	11,40	14,26
90	39,9	36,4	438	15,94	17,73
94	39,2	39,2	457	17,92	19,05

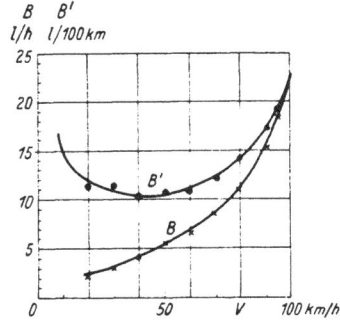

Abb. 79. Stündlicher Kraftstoffverbrauch B, Streckenkraftstoffverbrauch B' bei verschiedenen Fahrgeschwindigkeiten, berechnet aus Abb. 78.

Diese Werte werden bei der Fahrt auf der Straße natürlich über-schritten, weil absolute Windstille und Ebene nicht vorhanden sind, und durch Anfahren, Schalten und Schwanken der Fahrgeschwindigkeit zusätzlicher Kraftstoffverbrauch entsteht.

Die Kurve des Streckenverbrauchs soll ein breites Minimum im Bereich der normalen Reisegeschwindigkeiten zeigen.

Die Frage, ob man sehr schnell oder sehr langsam fahren solle, wenn der Kraftstoff zur Neige geht, um die nächste Tankstelle zu er-reichen, ist im Beispiel folgendermaßen zu beantworten: Man fahre mittlere Geschwindigkeit, etwa 40 km/h.

Aufgabe. Der theoretische Kraftstoffverbrauch ist nach obigen Bildern für zwei Hinterachsübersetzungen (3000 U/min = 80 und = 100 km/h) zu bestimmen und zu vergleichen.

Ermittlung des Streckenkraftstoffverbrauchs durch Versuche auf der Straße. Zur Ermittlung des durchschnittlichen Streckenkraftstoffverbrauchs (z. B. bei verschiedenen Vergasereinstel-lungen) wird eine genügend lange Strecke (möglichst Rundstrecke) von mindestens 20 km Länge ausgewählt. An den Vergaser wird ein vor dem Versuch samt Kraftstoff gewogener Kanister angeschlossen, der am Ende der Fahrt nachgewogen wird. Der Gewichtsunterschied ist der verbrauchte Kraftstoff, welcher auf die zurückgelegte Strecke bezogen werden muß.

Vergleichsversuche dieser Art erfordern große Sorgfalt, vor allem gleiche Fahrweise und gleiche Zahl der Schaltungen.

6*

Die Ermittlung des Streckenverbrauchs bei verschiedenen Fahrgeschwindigkeiten kann auf einer kürzeren geraden Strecke von etwa 400 bis 500 m Länge vorgenommen werden. Zur Messung des Kraftstoffverbrauchs kann man ein umschaltbares Meßgefäß verwenden. Nach Erreichung der gewünschten gleichbleibenden Fahrgeschwindigkeit wird vom Vorratstank auf das Meßgefäß umgeschaltet und entweder a) die Zeit für den Verbrauch zwischen zwei Meßmarken des Gefäßes oder b) der während des Verbrauchs der Meßmenge zurückgelegte Weg (etwa durch Schußverfahren) gemessen. Der Versuch ist zum Ausgleich von Gefälle und Wind in beiden Fahrtrichtungen vorzunehmen, die Fahrgeschwindigkeit ist während der Messung möglichst genau konstant zu halten.

Beispiel.

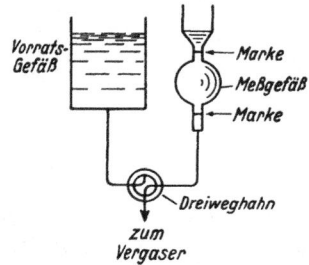

Abb. 80. Anordnung der Meßgefäße zur Kraftstoffverbrauchsmessung.

		Verfahren a	Verfahren b		
V	b'	t'	s	B	B'
km/h	cm³	s	m	l/h	l/100 km
20		78,2	435	2,30	11,5
30		54,7	457	3,29	10,95
40		42,3	469	4,26	10,65
50	50	33,3	462	5,40	10,80
60		26,5	442	6,78	11,30
70		20,7	403	8,68	12,40
80		15,4	347	11,67	14,60

Da diese Meßverfahren große Sorgfalt und Genauigkeit verlangen, wird besser ein Durchflußmesser benutzt, bei dem bloß die Durchflußmenge abgelesen werden muß; die Messung von Zeit und Weg fällt hier fort.

Beispiel:

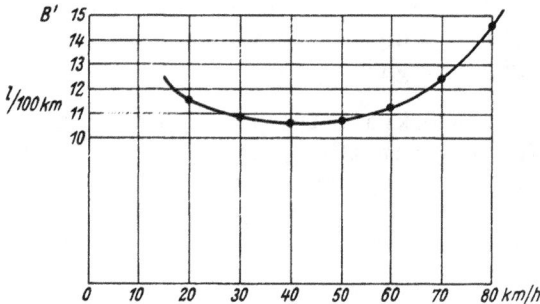

Abb. 81. Streckenkraftstoffverbrauch, ermittelt aus den Meßwerten der Zahlentafel.

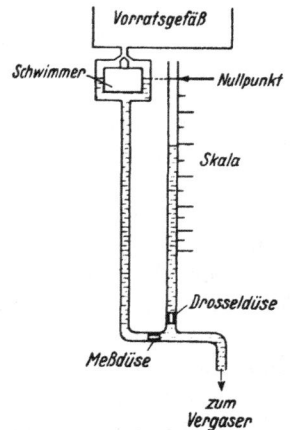

Abb. 82 (rechts). Durchflußmesser zur unmittelbaren Ablesung des stündlichen Kraftstoffverbrauches.

Folgerungen. Der geringste Kraftstoffverbrauch ergibt sich bei möglichst zügiger Einhaltung mittlerer Fahrgeschwindigkeiten.

Die Fahrer sind daher so auszubilden, daß sie gute Durchschnittsgeschwindigkeiten bei möglichst gleichmäßiger Fahrweise erzielen.

Befohlene Marschgeschwindigkeiten bzw. Höchstgeschwindigkeitsbegrenzungen sind so zu legen, daß sie in den Bereich günstigsten Verbrauchs fallen und Spitzengeschwindigkeiten verhindern, wenn nicht militärische Gründe entgegenstehen.

Vergasereinstellung auf der Straße. Wenn kein Wagenprüfstand zur Verfügung steht und der Motor nicht ausgebaut und auf dem Motorenprüfstand einreguliert werden soll, müssen zur Vergasereinstellung auf der Straße zwei Gruppen von Versuchen unternommen werden, nämlich

1. der Beschleunigungsversuch im direkten Gang, und
2. die Messung des Strecken-Kraftstoffverbrauchs,

beide Versuche jeweils bei verschiedenen Vergasereinstellungen. Der Beschleunigungsversuch kann gegenüber II. Kap. 3. Abschn. vereinfacht durchgeführt werden. Man fährt im direkten Gang langsam mit einer bestimmten Geschwindigkeit, z. B. 20 km/h, in eine gerade ebene Strecke ein und gibt von einer vorher abgesteckten Marke an Vollgas; dann bestimmt man mit der Stoppuhr die Zeit, die zum Beschleunigen auf z. B. 60 km/h benötigt wird. Da z. B. 20 km/h $= 5,55$ m/s und 60 km/h $= 16,66$ m/s, so ist der Geschwindigkeitszuwachs $11,11$ m/s. Ist dieser z. B. in 18,5 s erzielt worden, so ist die mittlere Beschleunigung zwischen 20 und 60 km/h

$$b_m = \frac{11,11}{18,5} = 0,6 \text{ m/s}^2.$$

Auch bei diesen Versuchen ist auf jeweils günstigste Zündungseinstellung zu achten.

Mit denselben Vergasereinstellungen wird, wie oben beschrieben, der Streckenkraftstoffverbrauch ermittelt. Die Einstellungen für geringsten Verbrauch und für beste Leistung ergeben sich beim Aufzeichnen der mittleren Beschleunigung (1. Versuchsgruppe) über dem Streckenverbrauch (2. Versuchsgruppe).

Da die Streckenverbrauchsmessung zeitraubend ist und mit großer Sorgfalt durchgeführt werden muß, kann man es auch bei der Beschleunigungsmessung allein bewenden lassen. Sie ergibt bereits die Einstellung auf beste Leistung mit meßtechnischer Genauigkeit. Sie liegt da, wo bei weiterer Vergrößerung der Düse keine Verkürzung der Beschleunigungszeit mehr zu erzielen ist.

Die sparsamste Einstellung läßt sich aus den Beschleunigungsversuchen nicht mit Sicherheit, sondern nur gefühlsmäßig entnehmen. Als Regel kann gelten, daß bei sparsamster Einstellung der kalte Motor etwas im Vergaser patschen darf; das Patschen muß aber bei betriebswarmer Maschine verschwinden.

Nach den Angaben der Herstellerfirmen soll der Streckenkraftstoffverbrauch bei wirtschaftlicher Fahrweise die in untenstehenden Bildern angegebene Größe haben.

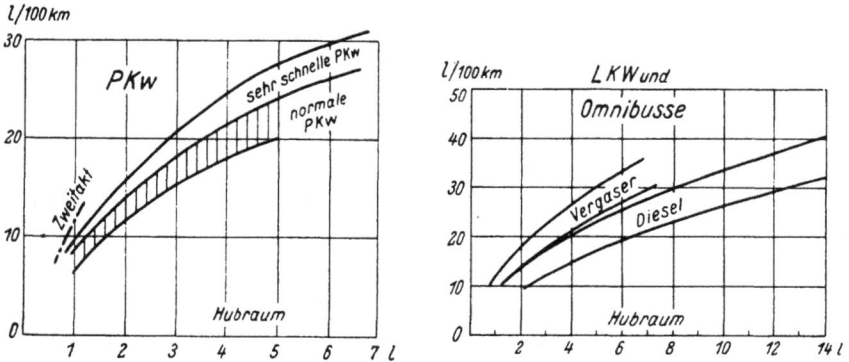

Abb. 83 u. 84. Streckenkraftstoffverbrauch verschiedener Kraftfahrzeuge nach Angaben der Herstellerfirmen.

Aufgabe. Es ist aus den Beispielen I. Kap. 6. Abschn. ein Schaubild der unten angegebenen Art (p_e und b über n) zu entwickeln.

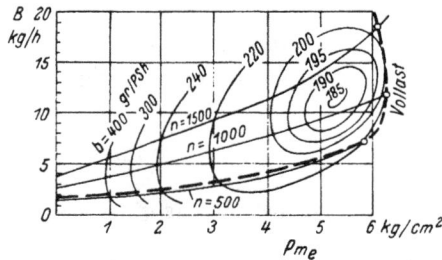

Abb. 85. Schaubild des absoluten und spezifischen Kraftstoffverbrauches über dem mittleren Kolbennutzdruck.

Die Linien gleicher Leistung ergeben sich folgendermaßen:

$$N_e = \frac{p \, V_H \cdot n}{900}$$

$$p \cdot n = \frac{900 \, N_e}{V_H}$$

$$V_H = 1{,}8\,l, \quad 9{,}00\,l$$

$$N_e = \frac{V_H}{900} \, (p\,n) = 0{,}002\,(p\,n)$$
$$0{,}0100\,(p\,n)$$

z. B.

p	$p\,n$ $n=1000$ N_e	$p\,n$ $n=2000$ N_e	$n=3000$ N_e	$n=500$ N_e
1	2	4	6	1
2	4	8	12	2
3	6	12	18	3
4	8			4
5	10			
6	12			
7	14			

Die Beziehungen zwischen Kraftstoffüllung β und dem mittleren Nutzdruck p_{me} ergeben sich wie folgt:

Die Arbeit von $1\ dm^3 = 1\ l$ Hubraum bei einem Hub ist

$$10\,p_{me} = \beta \cdot H \cdot \eta \cdot \frac{1}{A}\ [\text{mkg/dm}^3] \qquad \beta = \frac{10\,p_{me}}{H\,\eta\,\dfrac{1}{A}} = \frac{10\,p_{me}}{H\,\dfrac{632}{b\,H}\,427}$$

H Heizwert,

η Gesamtwirkungsgrad,

$A = 1:427$ Umrechnungszahl,

b spezif. Kraftstoffverbrauch,

10 Umrechnungszahl $\left[\dfrac{cm^3 \cdot m}{dm^3}\right]$,

632 herausgeholte Arbeit [WE/PSh],

$b \cdot H$ hineingesteckte Arbeit $\left[\dfrac{g}{PSh}\,\dfrac{WE}{g}\right]$.

$$\beta = \frac{10}{632 \cdot 427}\,b\,p_{me}\ [\text{g/dm}^3]$$

$$\boxed{\beta = \frac{b\,p_{me}}{27\,000}}$$

$$b = \frac{632 \cdot 427}{10}\,\frac{\beta}{p_{me}}$$

$$\boxed{b = 27\,000\,\frac{\beta}{p_{me}}}$$

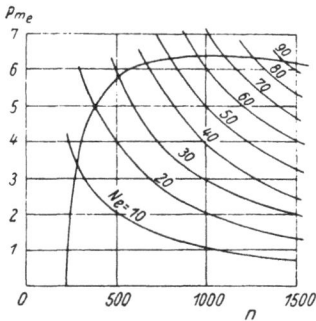

Abb. 86. Kolbennutzdruck bei Volllast und für konstante Leistungen; zur Ableitung der Abb. 87.

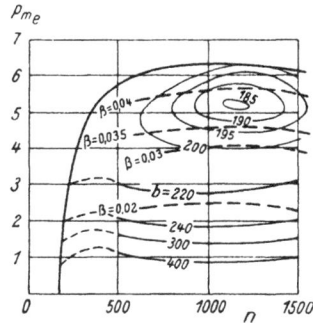

Abb. 87. Mittlerer Kolbennutzdruck, Kraftstoffüllung und spezifischer Kraftstoffverbrauch bei verschiedenen Drehzahlen.

Aufgabe. Nach dem gegebenen Voll- und Teilleistungsbild eines Motors und mit den gegebenen Daten des Wagens ist die Zugkraft (P) für alle Gänge abhängig von der Fahrgeschwindigkeit aufzutragen. Es sind dann die freien Zugkräfte durch Abzug der Zugkraftanteile für Getriebe- und Luftwiderstand zu bilden. Dann ist die für Roll- und Steigungswiderstand erforderliche Zugkraft $P_r = \varkappa G$ und $P_{st} = G \sin \varkappa$ links anzutragen, wobei sich die Überschußzugkräfte für jeden Betriebszustand entnehmen lassen.

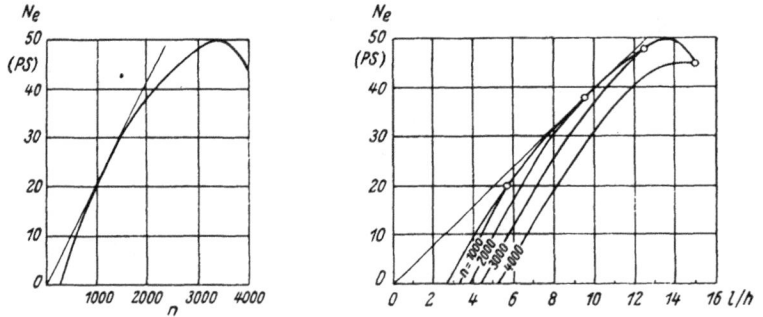

Abb. 88 u. 89. Motorleistung und Kraftstoffverbrauch zur Berechnung des Fahrzustands-Schaubilds Abb. 94.

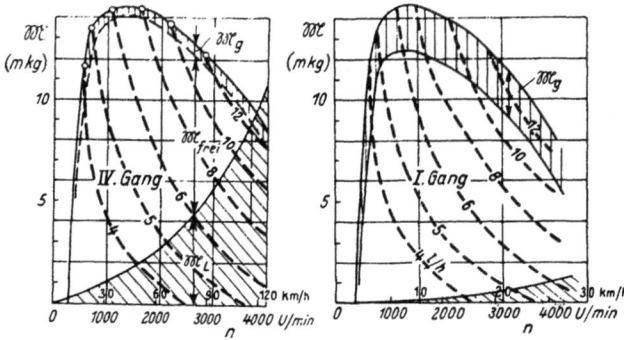

Abb. 90 u. 91. Motordrehmoment, Drehmoment des Getriebe- und Luftwiderstandes; Ermittlung der freien Drehmomente für direkten Gang (links) und ersten Gang (rechts). Stündlicher Kraftstoffverbrauch, berechnet aus Abb. 89.

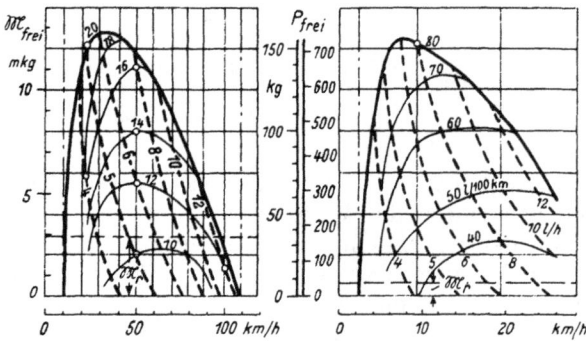

Abb. 92 u. 93. Freie Drehmomente und stündlicher Kraftstoffverbrauch (gestrichelt) für direkten Gang (links) und ersten Gang (rechts), entnommen aus Abb. 90 und 91. Dazu berechnete Linien konstanten Streckenkraftstoffverbrauchs (dünn ausgezogen).

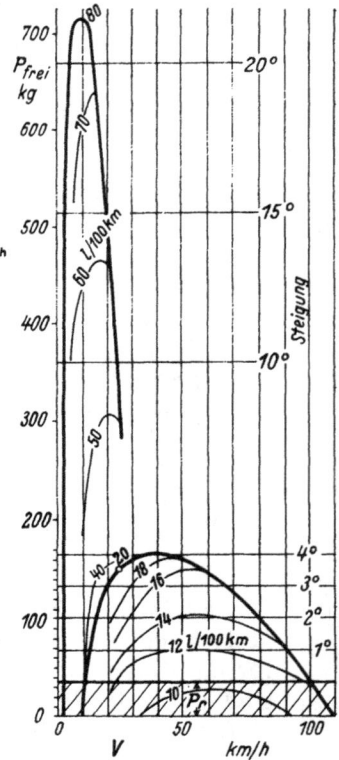

Abb. 94. Freie Zugkräfte im direkten und ersten Gang, Kräfte des Roll- und Steigwiderstandes, Linien konstanten Strecken-Kraftstoffverbrauchs.

III. Federung und Radaufhängung.

A. Bauarten von Federn.

Im Kraftwagenbau sind drei Arten von Federn üblich: die Blattfeder, die zylindrische Schraubenfeder und die Drehstabfeder.

Nachstehend sind die wichtigsten Berechnungsformeln ohne Ableitung zusammengestellt.

1. **Blattfeder.** n Zahl der Federlagen. k_b zulässige Biegespannung. E Elastizitätsmodul.

Kraft $2P = 2n \dfrac{b\,h^2}{6} \dfrac{k_b}{l + p\,\mathrm{tg}\,\alpha}$, $p\,\mathrm{tg}\,\alpha$ vernachlässigt:

Durchbiegung $f = \dfrac{P}{EJ} \dfrac{l^2}{2} = \dfrac{l^2}{h} \dfrac{k_b}{E} = 6 \dfrac{l^3}{n\,b\,h^3} \dfrac{P}{E}$,

Arbeitsvermögen $\mathfrak{A} = \dfrac{Pf}{2} = \dfrac{1}{6} \dfrac{k_b^2}{E} V$,

V Volumen der Feder; $J = n \dfrac{b\,h^3}{12}$.

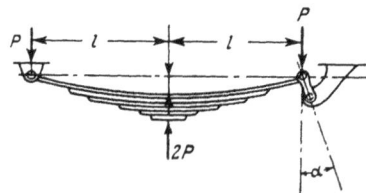

Die Blattfeder ist in Blattlagen aufgeteilt, um annähernd einen Körper gleicher Festigkeit, d. h. gleicher Spannungen in jedem Querschnitt zu erhalten. Wäre sie ein Balken gleichen Quer-

Abb. 95. Blattfeder: Zur Federberechnung.

schnitts, so würde das Biegemoment $P \cdot x$ nach der Einspannstelle hin wachsen bis zum Größtwert $\mathfrak{M}_{max} = P \cdot l$. Der ganze Balken müßte dann den Querschnitt zur Aufnahme dieses nur an der Einspannstelle vorhandenen Größtmomentes haben; dies bedeutet Gewichts- und Materialverschwendung. Man macht daher jeden Querschnitt nur so stark, als das dort bestehende Drehmoment $P \cdot x$ erfordert und kommt da-

Abb. 96. Biegemoment am eingespannten Freiträger.

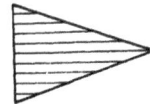

Abb. 97. Aufteilung eines Trägers gleicher Biegefestigkeit in gleichbreite Federblätter.

bei auf eine dreieckige Querschnittsform mit Breitenabnahme nach dem Kraftangriffspunkt hin. Schneidet man dieses Dreieck in gleichbreite Streifen und schichtet sie aufeinander, so hat man die übliche Blattfeder. Sie ist vorwiegend auf Biegung beansprucht.

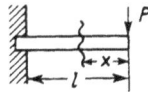

2. **Schraubenfeder.** Die Schraubenfeder kann als Zug- oder Druckfeder verwandt werden. Die Formeln gelten für beide Fälle. Sie ist vorwiegend auf Verdrehung beansprucht, weil ein Querschnitt scherenförmig von oben und von unten her verdreht wird. Die Schraubenfeder ist von vornherein ein Körper gleicher Festigkeit, da jeder Querschnitt dieselbe Spannung erleidet.

Abb. 98. Zylindrische Schraubenfeder; zur Federberechnung.

Abb. 99. Verdrehungsbeanspruchung eines Querschnitts der Schraubenfeder.

$$\text{Kraft } P = \frac{\pi}{16}\frac{d^3}{r} k_d = 0,1963 \frac{d^3}{r} k_d,$$

$$\text{Durchbiegung } f = \frac{64\,n\,r^3}{d^4}\frac{P}{G} = \frac{4\,\pi\,n\,r^2}{d}\frac{k_d}{G}; \ \text{Gleitmodul } G = 0,385\,E$$

$$\text{Arbeitsvermögen } \mathfrak{A} = \frac{Pf}{2} = \frac{1}{4}\frac{k_d{}^2}{G} V.$$

3. **Stabfeder.** Sie ist ein Körper gleicher Festigkeit und auf Verdrehung beansprucht.

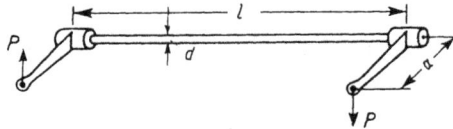

Abb. 100. Stabfeder; zur Federberechnung.

Verdrehungswinkel je Längeneinheit

$$\vartheta = \frac{J_p}{4\,J_x\,J_y}\frac{\mathfrak{M}_d}{G} = \frac{\mathfrak{M}_d}{G\,J_p} = \frac{32}{\pi\,d^4}\frac{\mathfrak{M}_d}{G} = 2\frac{\tau_{\max}}{G}\frac{1}{d}.$$

Verdrehungswinkel am freien Ende

$$\varphi = \vartheta\,l = \frac{32}{\pi\,d^4}\frac{P\,l\,a}{G}.$$

$$\text{Durchbiegung } f = \varphi\,a = \frac{32}{\pi\,d^4}\frac{P\,l\,a^2}{G},$$

$$\text{Kraft } P = \frac{\pi\,d^3}{16\,a} k_d,$$

$$\text{Arbeitsvermögen } \mathfrak{A} = \frac{P\,a\,\varphi}{2} = \frac{1}{4}\frac{k_d{}^2}{G} V.$$

Vergleich. Schraubenfeder und Stabfeder haben also bei gleichem Volumen und bei $G = 0,385 E$ gegenüber der Blattfeder

$$\frac{\mathfrak{A}}{\mathfrak{A}_{bl}} = \frac{6\,E\,k_d{}^2}{4\,G\,k_b{}^2} = \frac{6\,k_d{}^2}{4\cdot 0,385\,k_b{}^2} = 3,9\,\frac{k_d{}^2}{k_b{}^2} = 3,9\cdot 0,67 = 2,6\,\text{faches}$$
$$\text{Arbeitsvermögen.}$$

Außerdem hat die Blattfeder schwingungstechnisch andere Eigenschaften als Schrauben- und Stabfedern; da sich die einzelnen Blätter beim Durchfedern gegeneinander unter Reibung verschieben, tritt eine Arbeitsvernichtung ein, welche die Schwingbewegung dämpft.

Gibt man zwei gleich elastischen Federsystemen, welche mit gleichen Massen belastet sind, einen gleich starken Stoß und läßt sie dann ausschwingen, so wird die Blattfeder schneller zur Ruhe kommen als die andern Federarten.

B. Reifen- und Federkennlinien.

Man kann die Weichheit von Reifen und Federn dadurch versuchsmäßig bestimmen, daß man sie entweder allein, oder aber mit Fahrzeug mit bekannten Gewichten belastet und die dabei auftretende Eindrucktiefe mißt.

Aufgabe. Die Kennlinien der Vorderreifen und Vorderfedern eines gegebenen Wagens sind ohne Ausbau zu bestimmen.

Es werden die Maße h_1 und h_2 gemessen und dann an geeigneter Stelle, aber genau über der Achsmittellinie nacheinander Gewichte aufgebracht. Die Gewichte müssen ferner in der Wagenlängsachse oder symmetrisch zu ihr angebracht werden, damit sie die beiden Räder gleich belasten. Bei jeder Belastungserhöhung werden h_1 und h_2 gemessen. Es ergibt sich z. B.:

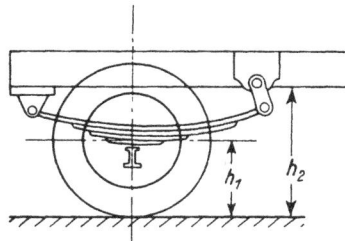

Abb. 101. Blattfeder; zur Ermittlung der Feder- und Reifenkennlinie.

Für zwei Reifen, zwei Federn

Belastung P	h_1	h_2	$h_2 - h_1$	Ein-drückung Reifen	Ein-drückung Feder
kg	mm	mm	mm	λ_r mm	λ_r mm
0	450	700	250	—	—
250	443	676	233	7	17
500	436,5	652	215,5	13,5	34,5
750	429,5	628	198,5	20,5	51,5
1000	422,5	605	182,5	27,5	67,5

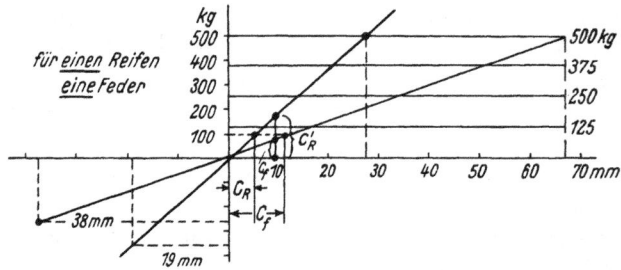

Abb. 102. Ermittlung der Feder- und Reifenkennlinie am Fahrzeug durch verschiedene Belastung und Messung der Zusammendrückungen.

Die Belastungen werden über den Eindrückungen aufgetragen. Ist der Halbmesser des unbelasteten Reifens 469 mm, so ist die auf einen Reifen entfallende Achslast (s. Zeichnung) 350 kg. Ist die Höhe $h_2 - h_1 = 38$ mm nach Abnahme der Vorderachse bei unbelasteter Feder, so ist die Federlast ohne Zusatzbelastung 270 kg, das ganze ungefederte Gewicht der Vorderachse also 160 kg.

Die Kennlinien von Riesenlufttreifen sind meist schwach, die der Vollgummireifen stark gekrümmt. Federn und alle sonstigen Reifen haben meist gerade Kennlinien.

Man kann daher das Verhalten der Federn und Reifen mit gerader Kennlinie durch je eine einzige Zahl ausdrücken, die Reifenfederkonstante. Diese kann angegeben werden entweder als die Eindrückung λ, die bei der Kraft 1 oder 100 kg entsteht, oder als die Kraft, die zur Eindrückung 1 cm oder 1 m erforderlich ist. Bei Angabe von Federkennzahlen ist also genau die Dimension zu beachten!

Aufgabe. Aus dem Bild der vorigen Aufgabe sind die Kennzahlen für den Reifen und die Feder anzugeben.

$$\text{Reifen } C'_R = \frac{2,8}{100} = 0,028 \; \frac{\text{mm}}{\text{kg}} \; \frac{\text{Eindrückung}}{\text{Belastung}}$$

$$C_R = \frac{357}{1} \; \frac{\text{kg}}{\text{cm}} \; \text{oder} \; \frac{37\,000}{1} \; \frac{\text{kg}}{\text{m}} \; \frac{\text{Belastung}}{\text{Eindrückung}}.$$

$$\text{Feder } C'_F = \frac{6,8}{100} \; \frac{\text{mm}}{\text{kg}}$$

$$C_F = 167 \text{ kg/cm oder } 16\,700 \text{ kg/m}.$$

C. Schwingungen von Feder und Masse; Dämpfung.

Zur Herstellung eines schwingungsfähigen Gebildes ist immer zweierlei notwendig, nämlich eine Feder und eine Masse. Je härter die Feder oder je leichter die Masse, um so schneller ist die Schwingung.

Denkt man sich das nebengezeichnete System durch einen Stoß in Schwingungen versetzt und beschreibt man die Bewegung durch ein Zeit-Weg-Schaubild — man kann es sich herstellen, wenn man einen Schreibstift an der Masse befestigt und ein Papier oder eine berußte Platte gleichmäßig dahinter vorbeizieht — so erhält man eine wiederholte sinusförmige Linie mit kleiner werdenden Ausschlägen. Man nennt T die Schwingungszeit. Das Abklingen der Schwingung ist auf

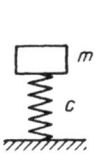

Abb. 103. Schema eines einfachen Schwingers.

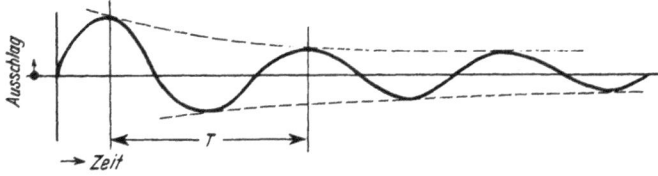

Abb. 104. Zeit-Wegschaubild einer gedämpften Schwingung.

die Dämpfung der Bewegung durch Schreibstiftreibung, durch den Luftwiderstand und durch den inneren Widerstand des Federstahls zurückzuführen. Durch die Dämpfung wird die Schwingungszeit nur wenig beeinflußt.

Aufgabe. Es ist die Schwingungszeit des nebenbezeichneten Systems zu bestimmen, und durch Verändern der Masse zu verändern. Sie ist abhängig von der Masse aufzuzeichnen und formelmäßig durch c und m auszudrücken.

Die Feder habe die Drahtstärke $d = 0{,}5$ mm Dmr, den mittleren Halbmesser $r = 5$ mm und 20 freie Windungen. Es seien dazu drei verschiedene Gewichte von $0{,}05 - 0{,}1 - 0{,}15$ kg vorhanden.

Die Masse wird durch einen Stoß in Schwingungen versetzt und eine möglichst große Zahl von Schwingungen mit der Stoppuhr gestoppt.

Bei den Gewichten	0,05	0,1	0,15 kg
Massen	$\dfrac{0,05}{9,81}$	$\dfrac{0,1}{9,81}$	$\dfrac{0,15}{9,51}$ $\dfrac{\text{kg/s}^2}{\text{m}}$ ergibt sich die
Dauer von 20 Schwingungen	7,5	9,2	10,6 s, also die Schwin-
gungszeit T	0,375	0,460	0,530 s.

Durch Belastung mit den drei Gewichten und Messung der Eindrückung wird außerdem die Kennlinie der Feder festgestellt, und die Federkonstante daraus zu $c = 2{,}90\ \dfrac{\text{kg}}{\text{m}}$ ermittelt. Es zeigt sich — und läßt sich durch weitere Ver-

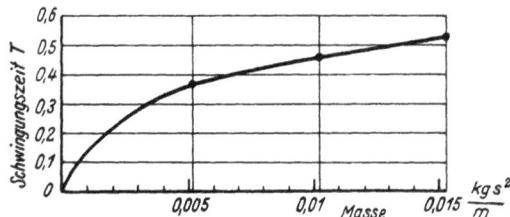

Abb. 105. Schwingungszeit eines einfachen Schwingers bei veränderter Masse und gleichbleibender Feder.

suche mit verschieden harten Federn bei gleicher Belastung nachweisen —, daß die Schwingungszeit sich als $T = 2\pi \sqrt{\dfrac{m}{c}}$ [sek] ausdrücken läßt.

Aufgabe. Es ist mit einfachen Mitteln versuchsmäßig an obigem System eine Zeit-Weglinie der Schwingung aufzunehmen.

Es ist mit einfachen Mitteln an einem Kraftwagen die Zeit-Weglinie von durch einzelne Stöße hervorgerufenen Schwingungen in der Längs- und der Querrichtung des Fahrzeugs aufzunehmen und die Größe der Dämpfung anzugeben (Unterschied zweier aufeinanderfolgender Ausschläge).

Gekoppelte Systeme. Eigenartige Erscheinungen zeigen sich, wenn zwei der oben geschilderten Systeme aneinandergehängt — gekoppelt — werden, wenn sie annähernd die gleiche Schwingungszeit haben. Wird ein solches System in Schwingung gebracht, so schlägt zeitweise eine der beiden Massen stark aus, während die andere fast ruht; dann wandert der Ausschlag auf die andere Masse, während die erste ruht. Diesen Vorgang nennt man Schwebung. Schwebungen gibt es auch in der Musik, wenn zwei fast gleich gespannte Saiten angeschlagen werden.

Aufgabe. Es sind die Einzelschwingungszeiten der beiden Teile des nebenstehenden Systems zu berechnen und mit den tatsächlichen zu vergleichen. Es sind Schwebungsvorgänge zu beobachten und zu beschreiben.

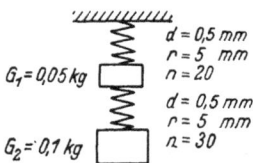

Abb. 106. Massenkopplung. Abmessungen eines Modells zur Darstellung von Schwebungen.

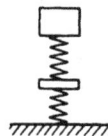

Abb. 107. Vereinfachtes, gekoppeltes System zur Darstellung der Kraftwagenfederung.

Bei den im Kraftwagen verwendeten gekoppelten Systemen sind zwei Gruppen zu unterscheiden: 1. Massenkopplung: Man stelle sich unter der oberen Masse den Wagenkasten mit Insassen, unter der unteren Masse die Achse mit den Rädern: Die obere Masse macht bei Schwingungen zweierlei Bewegungen, eine mit der schnelleren unteren, und dazu eine mit der langsameren oberen Schwingungszeit. Wenn man diese Schwingungszeiten einzeln nach der oben angegebenen Weise berechnet, macht man einen kleinen Fehler. Die an sich schnellere Schwingung wird durch die Kopplung noch etwas schneller, die an sich langsamere noch langsamer. (Bei der Rechnung ist zu beachten, daß die untere Feder durch beide Massen belastet ist.) Es ist an einfachen Modellen zu zeigen, daß die Beeinflussung der Ausschläge der beiden Massen durch die Kopplung mit zunehmender Verstimmung (Unterschied der Schwingungszeiten der beiden Teilsysteme) sich vermindert.

Aufgabe. Es sind zeichnerisch die Ausschläge zweier ungedämpfter Schwingungen zu addieren:

a) $t_1 = 1$, $a_1 = 5$; $t_2 = 0,1$, $a_2 = 1$.
b) $t_1 = 1$, $a_1 = 5$; $t_2 = 1,05$, $a_2 = 5$.

2. Trägheitsmomentkopplung: Man be-
trachte das nebengezeichnete System als einen
Längsschnitt durch einen Wagen, bei dem die
Wirkung der Reifen vernachlässigt ist. Es ist
an einfachen Modellen zu beobachten wie bei
gleicher Federbelastung, aber verschiedenem
Trägheitsmoment, die Schwingungseigenschaf-
ten sich ändern. Wie wird durch einen Anstoß
der einen Masse die andere beeinflußt? Macht
die zweite Masse bei der Aufwärtsbewegung der
ersten auch eine Aufwärtsbewegung? Unter welchen Umständen tritt
keine Kopplung ein?

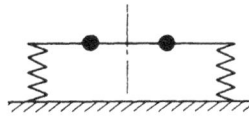

Abb. 108. Trägheitskopplung.
Vereinfachtes System zur Darstellung der Kraftwagenfederung. Durch Änderung des Ab-
standes der zwei eingezeich-
neten Massen wird das Trägheitsmoment bei konstanter
Masse geändert.

Resonanz. Denkt man sich ein elastisches System nicht durch
einen einzelnen Stoß, sondern durch gleichmäßig aufeinanderfolgende
Stöße erregt, welche so abgepaßt sind, daß sie gerade nach oben stoßen,
wenn die Masse sich ohnehin aufwärts bewegen will, so werden die
Schwingungsausschläge immer größer, die Schwingungen »schaukeln
sich auf«. Wenn also die erregende Kraft die gleiche Schwingungszahl hat wie die vorhin betrachtete Eigenschwingung der Feder, so
können gefährlich große Schwingungsausschläge auftreten. Diesen
Schwingungszustand nennt man Resonanz. Zur Erklärung der Resonanz gibt es viele alltägliche Beispiele.

Über Brücken darf nicht im Gleichschritt marschiert werden, weil
der Marschrhythmus der Eigenschwingungszahl der Brücke entsprechen
kann. Dann käme die Brücke in Schwingungen und würde zerstört.

Jeder Musikalische weiß, daß eine Stimmgabel zum Tönen kommt,
wenn in der Nähe derjenige Ton gespielt wird, auf den sie abgestimmt
ist; beim Spielen oder Singen eines andern Tones bleibt sie stumm, weil
dieser eine andere Schwingungszahl hat. Wird die Oktave des Stimm-
gabeltones gespielt, so tönt sie auch mit, weil die Oktave der doppelten
oder halben Schwingungszahl des Stimmgabeltons entspricht. Durch
den gespielten Ton wird die Luft in Schwingungen versetzt, welche die
Stimmgabel erregen, wenn sie auf denselben Ton abgestimmt sind.

Jeder, der als Kind zu schaukeln versucht hat, oder auch eine
Glocke zu läuten, weiß, daß diese Tätigkeiten am wenigsten Anstrengung
erfordern, wenn die Körperbewegungen, welche die Schaukel bzw. die
Glocke in Schwingungen versetzen sollen, in einem ganz bestimmten
Tempo ausgeführt werden, nämlich im Zeitmaß der Eigenschwingung
der Glocke oder Schaukel. Man sucht also hier ganz gefühlsmäßig den

Resonanzzustand herbeizuführen, weil ein schwingungsfähiges Gebilde zur Aufrechterhaltung der Schwingungen den geringsten Energieaufwand erfordert, wenn Resonanz herrscht. Auch das natürliche Schrittempo beim Gehen steht in Resonanz mit der Pendellänge der Beine.

Im Maschinenbau muß man jedoch im Gegenteil Resonanzzustände vermeiden, um unangenehme oder gefährliche Schwingungen zu verhüten. Unvollkommen ausgewuchtete Kurbelwellen von Motoren ergeben rauhen Lauf und Kurbelwellenbrüche bei ganz bestimmten Motordrehzahlen, denn auch die Kurbelwelle ist eine Stabfeder, welche eine bestimmte Eigenschwingungszahl hat und in Resonanz gerät, wenn die Unwuchten gerade im selben Takt umlaufen.

Aufgabe. Es ist zu berechnen, bei welcher Fahrgeschwindigkeit Resonanz mit den Federschwingungen auftritt, wenn der durchschnittliche Abstand der Bodenwellen 1 m beträgt und die Federung der Aufgabe S. 92 vorliegt.

Das Kraftfahrzeug als schwingungsfähiges Gebilde. Das Kraftfahrzeug kann geradezu als Musterbeispiel für schwingungstechnische Betrachtungen angesehen werden.

Der Motor mit seinen sich wiederholenden Arbeitsspielen ist seiner Wirkungsweise nach ein Erzeuger von periodischen Kraftimpulsen. Er überträgt an die Kupplung keine gleichförmige, sondern eine an- und abschwellende Drehkraft. Diese Kraftschwingungen sind um so fühlbarer, je weniger Zylinder der Motor hat. Sie übertragen sich einerseits an die Kurbelwelle, andererseits über das Motorgehäuse auf den Rahmen des Fahrzeugs. Zur Dämpfung dieser Schwingungen werden Motoren in neuerer Zeit vielfach in Gummi und oft nur in zwei Punkten gelagert. Die Schwingung äußert sich dann als Eigenbewegung des Motors gegen den Rahmen, und der Rahmen macht nur einen ganz geringen Teil der Bewegung mit.

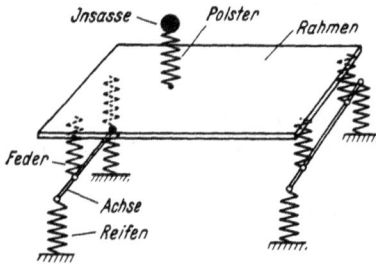

Abb. 109. Schematische Darstellung der Kraftwagenfederung.

Das Fahrzeug ist gegen die Fahrbahn elastisch abgestützt durch die Reifen, deren Wirkungsweise derjenigen von Federn fast vollkommen entspricht. Die derart durch die Reifen gefederten Räder und Achsen (fälschlich »ungefederte« Teile genannt), sind ihrerseits wieder durch Federn mit dem Rahmen verbunden; dieser ist also doppelt gefedert. Die Insassen sind schließlich gegenüber dem Fahrgestell nochmals durch das Sitzpolster, also dreifach abgefedert. Schematisch ist diese Anordnung durch Abb. 109 dargestellt.

D. Schwingungsformen des Kraftfahrzeugs.

Die Bewegungen, die irgendein Punkt des Kraftwagens ausführen kann, lassen sich nach den Hauptrichtungen folgendermaßen zerlegen:

Denkt man sich den Rahmen und Aufbau des Kraftfahrzeugs parallel zur Fahrbahnebene auf und ab bewegt, so kann man diese Schwingungsform als Parallel- oder Hubschwingung bezeichnen. Die meisten Unebenheiten der Fahrbahn treffen aber das Fahrzeug wahllos und einseitig, so daß als häufigste Schwingungsform jedenfalls das Schwingen um die waagrechte Längsachse, die Kipp- oder Trampelschwingungen von Achse und Aufbau anzusehen sind. Eine ähnliche Schwingung des Aufbaus tritt beim Durchfahren von Kurven auf.

Werden gleichzeitig beide Vorderräder oder beide Hinterräder von einem Hindernis betroffen, so ist die Folge eine Schwingung um die waagrechte Querachse, die Nickschwingung.

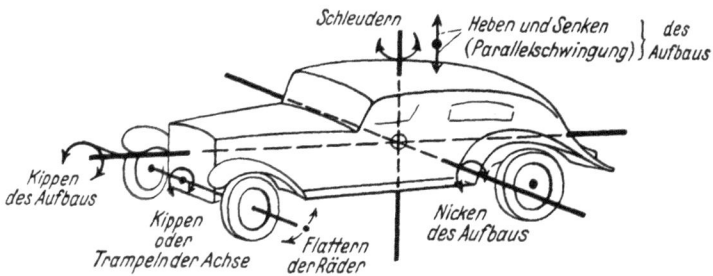

Abb. 110. Schwingungsformen des Kraftfahrzeugs.

Schwingungen um eine senkrechte Achse kommen nur beim Schleudern vor.

Schließlich können noch die Lenkräder um den Lenkzapfen schwingen und unbeabsichtigte Lenkbewegungen hervorrufen, welche Flattern genannt werden.

Jede dieser Schwingungsformen hat ihre eigene Schwingungszahl und ihre eigenen Resonanzbereiche.

Schwingungserregung durch die Fahrbahn. Die Unebenheiten der Fahrbahn üben Stöße auf die Räder aus. Diese Stöße werden durch die Reifen in Schwingungen verwandelt, und zwar in Schwingungen ziemlich kurzer Schwingungsdauer (etwa 10 bis 20 Schwingungen je Sekunde). Die Federn bewirken die teilweise Verwandlung in langsame Schwingungen (etwa 1 Schwingung je Sekunde), welche für die Ladung weniger schädlich und für die Insassen weniger ermüdend sind. Ein Teil der schnellen Schwingung dringt aber unverwandelt durch die Feder hindurch und wird im Aufbau fühlbar.

Man ist sich einigermaßen darüber einig, daß langsame Schwingungen angenehmer und unschädlicher sind als schnelle, aber über die Wirkungen verschiedener Schwingungsformen auf den menschlichen Körper sind auch in der Wissenschaft die Meinungen noch geteilt. Manche machen die durch die Schwingungen verursachten Beschleunigungen dafür verantwortlich, und tatsächlich trifft das zu für das unangenehme Gefühl, das man z. B. im Fahrstuhl empfindet. Andererseits kann aber die Beschleunigung nicht allein als Maß für die Schädlichkeit von Schwingungen gelten; denn ein elastikbereifter Lastwagen ruft z. B. Bodenbeschleunigungen hervor, welche nach der Erdbebenskala nur bei Erdbeben schlimmster Grade auftreten. Die Erdbeben erzeugen sehr langsame Schwingungen der Erdkruste; dieselben Beschleunigungen, welche beim Erdbeben Bäume entwurzeln und Häuser zum Einsturz bringen, sind bei den durch den Lastwagen hervorgerufenen Bodenerschütterungen zwar etwas lästig, aber doch ziemlich unschädlich. Die Schädlichkeit kann also nicht allein von der Beschleunigung, sie muß auch von der Schwingungszahl beeinflußt sein. Deswegen wird von manchen Gelehrten als Maß der Schädlichkeit die Schwingungsenergie angegeben, welche die Beschleunigung und die Schwingungszahl enthält. Manche wollen den Ruck, d. i. die zeitliche Änderung der Beschleunigung, für maßgebend ansehen.

Ganz verschieden ist auch die Empfindlichkeit des Menschen je nach der Richtung, in der die Schwingungen den Körper treffen. Die Nickschwingungen wirken im Wagen stark ermüdend auf die Nacken- und Schultermuskeln, welche den Kopf im Gleichgewicht halten müssen; Kippschwingungen wirken außerdem auf das im Ohr befindliche Gleichgewichtsorgan, und erzeugen in schlimmen Fällen Seekrankheit. Am erträglichsten sind Hubschwingungen für diejenigen, denen das Fahrstuhlgefühl nicht sehr lästig ist.

Die Federung hat demnach zwei getrennte Aufgaben:

1. Die Fahrbahnstöße sollen in Schwingungen möglichst erträglicher Größe, Richtung und Schwingungszahl verwandelt werden, wobei die schnellen Schwingungen nur mit möglichst kleinen Ausschlägen bis zum Fahrgast und zur Ladung durchdringen sollen.

2. Die auftretenden Schwingungen sollen möglichst schnell und sanft gedämpft werden und abklingen; Resonanzbereiche sollen sich nicht bemerkbar machen. In letzter Zeit zieht man vor, Federung und Dämpfung auch baulich zu trennen, indem man dämpfungsarme Federn und besondere Stoßdämpfer anwendet.

Zur Erfüllung dieser Forderungen ist eine sehr wichtige Bedingung zu stellen: Die beim Durchfedern auftretenden Bewegungen der Räder,

der Achsen und des Fahrgestells dürfen die Lenksicherheit und die Straßenlage nicht ungünstig beeinflussen. Die Lenksicherheit wird vermindert durch Flattern der Vorderräder, die Straßenlage wird verschlechtert durch Spuränderung und Spurverschiebung beim Durchfedern, sowie durch die Neigung des Aufbaus in Kurven.

Die verschiedenen Möglichkeiten der Radaufhängung müssen also nach diesen Gesichtspunkten

a) Spurverschiebung,
b) Spuränderung,
c) Flattersicherheit,
d) Kurvenneigung

betrachtet werden.

Flattern. Das Vorderradflattern ist eine Erscheinung, die auch an mechanisch einwandfreien Fahrzeugen auftreten kann. Dann ist sie hauptsächlich durch Kreiselwirkung der Vorderräder bedingt. Eine der merkwürdigsten Eigenschaften des Kreisels ist folgende: Denkt man sich einen z. B. in einer kleinen Vertiefung schnell rotierenden Spielkreisel, so scheint dieser für den flüchtigen Beobachter stillzustehen. Stößt man den Kreisel nun, etwa mit dem Finger, an, um seine Drehachse aus der Richtung zu bringen, so weicht er nicht, wie jeder ruhende Körper, in der Stoßrichtung aus, sondern senkrecht dazu. Das

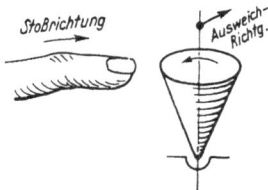

Abb. 111. Versuch zur Darstellung der Kreiselwirkung. Die Pfeile ergeben die Richtungsregel.

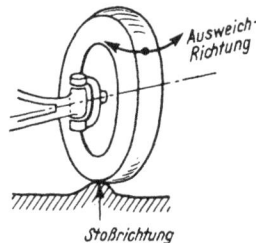

Abb. 112. Kreiselwirkung bei gelenkten Kraftwagenrädern.

rotierende Vorderrad ist nichts anderes als ein Kreisel, der, allerdings nur in einer Bewegungsrichtung, ausweichen kann, nämlich durch Drehung um den Lenkzapfen. Erleidet das Rad durch die Unebenheiten der Fahrbahn von unten her gerichtete Stöße, so weicht es senkrecht zur Stoßrichtung aus, wenn beim Stoß seine Drehachse ausgeschwenkt wird. Solche Bauarten, bei denen während des Durchfederns die Drehachse und damit auch die Radebene ihre ursprüngliche Richtung beibehält, geraten nicht ins Flattern.

Flatterschwingungen von längerer Dauer können entstehen, wenn die senkrechten Stöße periodisch erfolgen (Resonanzbereiche). Auch der Reifen selbst kann durch Unwuchten oder durch periodisches Zerren

7*

und Entspannen in Umlaufrichtung solche periodischen Hubbewegungen hervorrufen, welche längere Zeit erhalten bleiben, wenn sie in Resonanz mit der Kippschwingung der Achse treten. Absolute Flattersicherheit ist demnach nicht durch Dämpfung, Änderung der Vorspur u. dgl. erreichbar, sondern nur durch Radaufhängungen, welche eine Schwenkung der Radebene beim Durchfedern vermeiden.

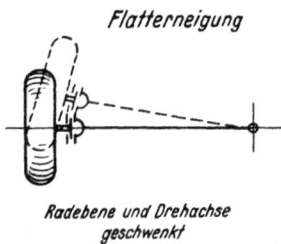

Flatterneigung

Flattersicherheit

Radebene und Drehachse geschwenkt

Drehachse nicht geschwenkt

Radebene beibehalten

Radebene parallel verschoben

Abb. 113. Schwenkung der Kreiselachse von Kraftfahrzeugrädern beim Durchfedern (Starrachsen und Pendelachsen).

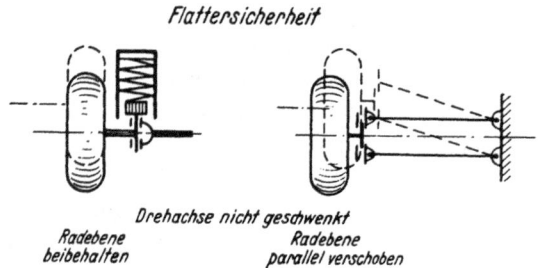

Abb. 114 u. 115. Parallelverschiebung der Kreiselachse von Kraftfahrzeugrädern beim Durchfedern (zylindrische Führung, Parallelführung).

Neigung des Wagenaufbaus in der Kurve. Vgl. IV. Kap. 2. Abschn.

Radaufhängungen:

1. Starrachse.

Eine einfache Überlegung (s. Abb. 116) zeigt, daß beim einseitigen Durchfedern der Starrachse die Spurweite um einen sehr geringen Betrag gekürzt wird, wenn die Achse sich schräg stellt. Die Spur selbst jedoch verschiebt sich bei schnellen Stößen, d. h. wenn der Aufbau der Bewegung der Achse noch nicht nachgefolgt ist, beträchtlich gegen die Mittelachse des Fahrzeugs. Die Starrachse ist also nicht spurhaltig.

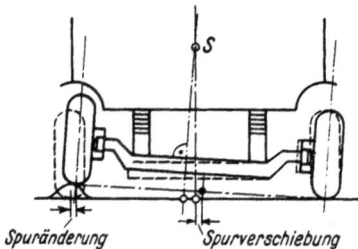

Spuränderung　　*Spurverschiebung*

Abb. 116. Spuränderung und Spurverschiebung der Starrachse bei einseitigem Durchfedern.

Die Radebene wird beim einseitigen Durchfedern geschwenkt, die Anordnung ist also nicht flattersicher.

2. Pendelachse, verkürzte Pendelachse.

Die Achse ist in der Mitte (Bild links) oder neben der Mitte (rechts) des Fahrzeugs geteilt. Bei Hubschwingungen wird die Spurweite stark verändert, aber ohne Verschiebung der Spur; bei einseitigen Stößen wird die Spur etwas verschoben und die Spurweite verändert.

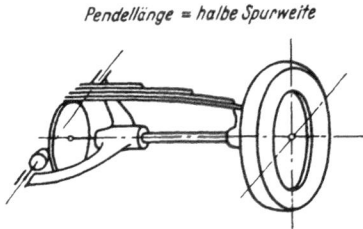

Abb. 117. Pendelachse (Tatra).

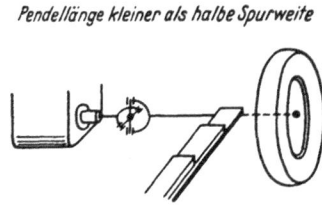

Abb. 118. Verkürzte Pendelachse.

Die Radebene vollführt beim Durchfedern noch stärkere Schwenkungen als bei der Starrachse, da der Schwenkarm nur halb so lang ist. Pendelachsen eignen sich deswegen nicht für Vorderachsen; die wenigen Bauarten, welche Pendelachsen vorn anwandten (Rumpler und BMW), sind schnell wieder verschwunden.

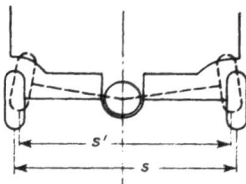

Abb. 119. Spuränderung der Pendelachsen bei beiderseitigem Durchfedern.

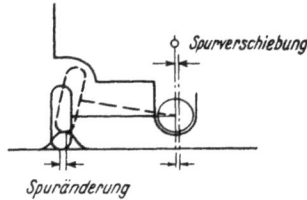

Abb. 120. Spuränderung der Pendelachsen bei einseitigem Durchfedern.

3. Zylindrisch geführte Räder.

Bei dieser Bauart, die in Deutschland allerdings zur Zeit nicht ausgeführt wird, ist fast keine Spuränderung und Spurverschiebung vorhanden; auch die Schwenkung der Radebene beim Durchfedern ist verschwindend gering.

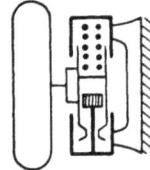

Abb. 121. Zylindrische Radführung (Lancia).

4. An Längsarmen geführte Räder.

Etwa denselben Erfolg wie bei den zylindrisch geführten Rädern kann man durch Führung an Längsarmen erreichen, allerdings unter Veränderung des Radstandes beim Durchfedern. Bei Opel ist auch eine geometrische Beeinflussung von Federung und Lenkung dadurch vermieden,

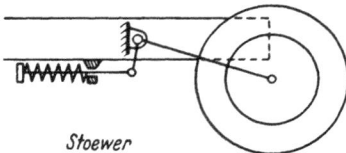

Stoewer

Abb. 122. Führung an Längsarmen (Stöwer).

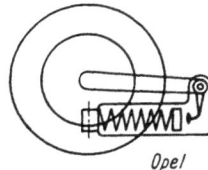

Opel

Abb. 123. Führung der gelenkten Räder an Längsarmen; der Längsarm ist im Federgehäuse gelagert; das Federgehäuse ist drehbar um den Lenkzapfen (Dubonnet-Knie, Opel, General Motors).

daß das ganze Federgehäuse mit Feder um den Lenkzapfen beim Ein-
schlagen der Räder mitgeschwenkt wird. Die Lenkung kann mit un-
geteilter Spurstange erfolgen.

5. Parallel geführte Räder.

Die Parallelführung kann (angenähert) durch zwei Querfedern oder
eine Querfeder und einen Querschwingarm, oder (genau) durch zwei
gleichlange Querschwingarme erfolgen. Die Spurweite wird beim
Durchfedern verändert, beim einseitigen Durchfedern ist eine geringe
Spurverschiebung vorhanden. Die Radebene vollführt beim Durchfedern nur eine Parallelverschiebung, aber keine Schwenkung gegenüber ihrer Ruhelage.

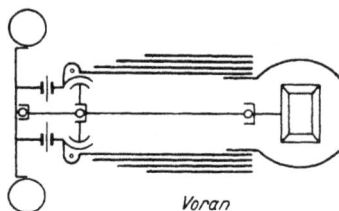

Abb. 124. Angenäherte Parallelführung
durch Viertel-Querfedern (Voran).

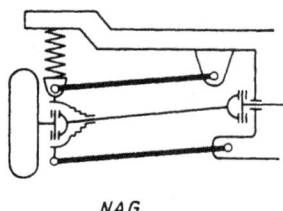

Abb. 125. Genaue Parallelführung
durch Querlenker, Schraubenfeder-
anordnung NAG.

Man kann die Spurweitenänderung durch Anwendung ungleich
langer Schwingarme beseitigen, dann tritt aber wieder eine Schwenkung
der Radebene auf, welche die Flattersicherheit der Vorderräder vermindert.

Dämpfung der Federungsschwingungen. Die früher fast
ausschließlich verwandten Blattfedern besitzen eine ziemlich wirksame
Schwingungsdämpfung dadurch, daß die einzelnen Federblätter beim
Durchfedern sich um kleine Beträge gegeneinander verschieben, wobei
eine beträchtliche Reibung auftritt, und zwar in beiden Richtungen,
sowohl beim Zusammendrücken als auch beim Nachlassen der Feder.

Leider ist diese Eigendämpfung unzuverlässig, weil sie von der
Schmierung, Verschmutzung und Verrostung der Federblätter abhängig ist. Man bevorzugt daher in letzter Zeit solche Konstruktionen,
bei denen die Aufgaben der Federung und der Dämpfung völlig getrennt
gelöst werden.

Die wichtigsten Ausführungen der Schwingungsdämpfer sind:

1. der Scherenstoßdämpfer. Seine beiden Arme werden im Gelenk
durch eine einstellbare Feder gegeneinander gepreßt unter Zwischenlage
von Reibscheiben. Der Scherenstoßdämpfer ist demnach ein beiderseits
wirksamer Reibungsstoßdämpfer;

2. der Bandstoßdämpfer. Das Band ist auf der Achse befestigt und wird beim Zusammendrücken der Feder über eine kurvenförmige Reibfläche auf eine Spiralfeder aufgewickelt, die am Rahmen angebracht ist. Bei der Abwärtsbewegung der Achse gleitet das Band mit Reibung und unter zunehmender Spannung der Spiralfeder über die Gleitfläche. Der Bandstoßdämpfer ist also ein einseitig wirksamer Reibungsstoßdämpfer mit progressiver Wirkung gegenüber großen Schwingungswegen;

3. die Ölstoßdämpfer bestehen aus Kolben, die sich bei Federungsbewegungen zwischen Achse und Rahmen in ölgefüllten Zylindern verschieben, wobei das Öl durch Züge oder Bohrungen verdrängt werden muß. Da der Bewegungswiderstand von Flüssigkeiten sehr stark mit der Bewegungsgeschwindigkeit wächst, sind die Flüssigkeitsstoßdämpfer progressiv gegenüber schnellen Schwingungen. Sie können einseitig oder doppeltwirkend ausgeführt werden.

Ob die Schwingungsdämpfung einseitig oder doppeltwirkend sein soll, ist eine Streitfrage, die nicht ganz geklärt ist. Betrachtet man einen einzigen Hubstoß, der das Federungssystem in der Gleichgewichtslage trifft, so wird die Aufwärtsbewegung des Rades am besten allein durch die sich zusammendrückende Feder abgefangen; denn eine Dämpfung der Aufwärtsbewegung hätte dieselbe Wirkung wie eine Versteifung der Feder, sie würde also den Stoß stärker an das Fahrgestell weitergeben als ohne Dämpfung und damit die Rahmenschwingung unerwünscht vergrößern.

Bei einem Hubstoß sollte also nur die abwärtsgerichtete Bewegung des Rades gedämpft werden und auch diese nur soweit, daß sie die Rückkehr in die Gleichgewichtslage nicht erschwert, sondern nur die Überschreitung der Gleichgewichtslage nach unten verringert.

Diese Überlegung, welche zur ausschließlichen Verwendung einfach abwärts wirkender Dämpfer führen müßte, verliert natürlich viel von ihrer Allgemeingültigkeit dadurch, daß Erhebungen und Vertiefungen der Fahrbahn in ungeregelter Reihenfolge nicht nur Hubstöße, sondern auch Fallstöße hervorrufen, und daß die Stöße das Federungssystem meist nicht in der Gleichgewichtslage treffen.

Auswahl bestimmter Schwingungsformen durch das Federungssystem. 1. Nickschwingungen. Nickschwingungen sind für Wageninsassen deswegen lästig, weil die Bewegung nicht in die Längsachse des Rumpfes fällt. Für den Kraftradfahrer ist die Nickschwingung weit erträglicher, weil sie hier mit der Rückgratlinie zusammenfällt.

Nickschwingungen treten besonders stark bei Kleinwagen mit kurzem Radstand auf, weil bei diesen die Schwingungszahlen der Parallelschwingung und der Nickschwingung annähernd gleich sind, so daß die eine, und zwar die besser gedämpfte Parallelschwingung, gern in die Nickschwingung überspringt. Außerdem sind die Schwingungszeiten des Vorder- und Hinterfedersystems meist verschieden, so daß eine vor-

Abb. 126. Wirkung von Nickschwingungen auf die Insassen eines Pkw.

Abb. 127. Wirkung von Nickschwingungen auf den Kraftfahrer.

handene Parallelschwingung sich deswegen notwendigerweise in eine Nickschwingung verwandeln muß, weil sie durch die Verschiedenheit der Schwingungszahlen vorn und hinten zu hinken anfängt.

Es gibt also beim Wagen zwei Möglichkeiten zur Bevorzugung der besser zu ertragenden Parallelschwingung: Die erste ist eine möglichst

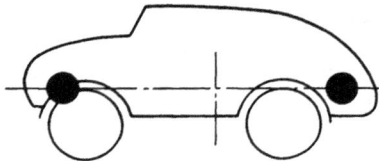

Abb. 128. Erhöhung des Massenträgheitsmomentes (Verringerung der Kupplung) durch entsprechende Massenverteilung.

große Verschiedenheit der Schwingungszahlen von Parallel- und Nickschwingungen durch geschickte Massenverteilung. Gelingt es, die Massen vom Schwingungsmittelpunkt möglichst weit weg gleichmäßig nach vorn und hinten zu legen, so wird die Massenträgheit gegen Nickschwingungen groß und es bilden sich lieber Parallelschwingungen aus. Will man umgekehrt beim Kraftrad Nickschwingungen bevorzugen, so muß man die Massen möglichst um den Schwingungsmittelpunkt (in der Gegend des Motors) vereinigen.

Die zweite Möglichkeit ergibt sich dadurch, daß die Eigenschwingungszeit des Vorderachsfedersystems und des Hinterachssystems jeweils für Parallelschwingungen gleich groß gemacht werden. Diese Lösung wird bekanntlich von Opel befürwortet und wegen der Gleichheit der Schwingungszeiten Synchronfederung genannt. Sie bedingt eine große Weichheit der Vorderfeder.

2. Kippschwingungen der Achse. Bei Starrachsen mit Längsfedern ist die Spurweite meist beträchtlich größer als der Abstand der Federmitten. Dadurch ist das Federsystem gegenüber einem parallelen Anhub beider Räder härter als gegenüber einem einseitigen Anheben um denselben Betrag (am Rad gemessen), weil die Feder näher am Drehpunkt liegt und bloß um einen Bruchteil der einseitigen Raderhebung zusammengedrückt wird. Im allgemeinen werden also Starrachsen vorzugsweise Kippschwingungen ausführen.

Alle unabhängigen Radaufhängungen der Treibräder zeichnen sich gegenüber den starren Treibachsen dadurch aus, daß das Achsgetriebe und Differential am Rahmen befestigt ist, und somit zu den gefederten Massen gehört. Die »ungefederten« Massen sind also kleiner und ergeben eine kürzere Schwingungszeit bei gleicher Feder- und Reifenhärte, oder gestatten eine weichere Federung, insbesondere weichere Reifen. Durch verkürzte Schwingungszeiten, größere Verschluckungsfähigkeit der Reifen und durch das Fehlen der starren Verbindung zwischen den beiden Rädern einer Achse wird ein Kleben der Räder am Boden bewirkt und die Straßenlage verbessert. Da der Aufbau den schnellen Schwingungen der Räder infolge seiner größeren Masse nur langsam nachfolgen kann, sind seine Schwankungen um die Gleichgewichtslage verhältnismäßig gering.

Pendelachsen ergeben sehr große Änderungen der Spurweite, besonders bei Parallelschwingungen des Aufbaues. Die Spuränderung wird teils durch Abrollen, teils durch Gleiten der Räder erzielt. Der Gleitwiderstand bewirkt eine kräftige Dämpfung, so daß Stoßdämpfer bei Pendelachsen meist entbehrlich sind. Da aber vorzugsweise Parallelschwingungen gedämpft werden, überträgt das Federungssystem der Pendelachse vorwiegend Kippschwingungen.

Auch bei Starrachsen lassen sich Kippschwingungen unterdrücken, und zwar durch den Einbau von Stabilisatoren. Abb. 129. Bei Parallel-

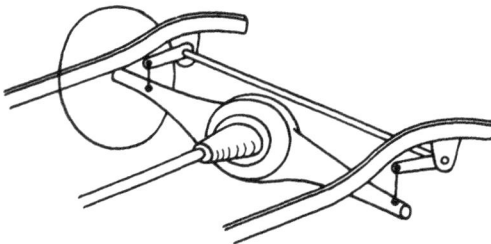

Abb. 129. Drehstab als mechanischer Stabilisator zur Unterdrückung der Trampelschwingungen der Hinterachse.

schwingungen bleibt die durch Winkelhebel mit der Achse verbundene Stabfeder offenbar wirkungslos, bei Kippschwingungen indessen muß sie sich verdrehen und übt einen Rückdruck gegen die Kippbewegung aus. Der Stabilisator bewirkt also eine Bevorzugung der Parallelbewegungen der Achse gegenüber Kippbewegungen. Dieselbe noch verbesserte Wirkungsweise läßt sich mit Hilfe zweier über Kreuz gekuppelter Flüssigkeits-Stoßdämpfer erzielen.

Stoßmessungen am Kraftfahrzeug mit Maximalbeschleunigungsmesser nach Langer-Thome (Siemens). Der Maximalbeschleunigungsmesser beruht auf dem einfachen Prinzip des Kraftvergleichs. Ein Pendel wird durch eine Feder (einstellbar) gegen ein festes Gegenlager gedrückt. Ist die im Schwerpunkt des Pendels angreifende Massenkraft entgegengesetzt gerichtet und größer als die Federkraft, so wird das Pendel abgehoben. Hierbei wird ein Kontakt geöffnet, der ein Zählwerk betätigt. Der Strom zur Betätigung wird

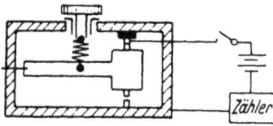

Abb. 130. Maximalbeschleunigungsmesser nach Langer-Thomé zur Stoßmessung.

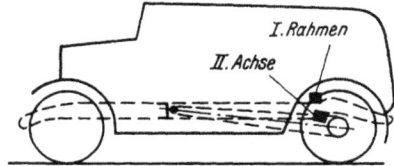

Abb. 131. Anordnung der Stoßmesser auf Rahmen und Hinterachse.

zu Beginn der Meßstrecke eingeschaltet, an ihrem Ende ausgeschaltet. Das Zählwerk gibt dann die Zahl derjenigen im Sinn der Federkraft gerichteten Verzögerungen an, die auf den Befestigungspunkt des Beschleunigungsmessers wirken und größer sind, als der eingestellten Federkraft entspricht.

Bei der Messung werden mehrere Beschleunigungsmesser verwendet, welche auf bestimmte Beschleunigungswerte vorgespannt sind. Die Geräte werden so eingebaut, daß einmal die Stöße auf die Hinterachse, also auf dem ungefederten Teil des Fahrzeugs, ein zweites Mal am Aufbau, also am gefederten Teil gemessen werden.

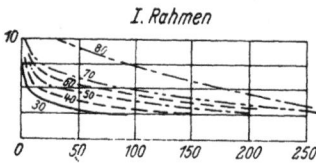

Abb. 132. Größe der Stöße, aufgetragen über der Zahl der Stöße bei verschiedenen konstanten Fahrgeschwindigkeiten für eine bestimmte Meßstrecke; Rahmen.

Beurteilung der Versuchsergebnisse: Ein Vergleich der Schaubilder zeigt, daß die Größe der Stöße am Rahmen infolge der Größe der gefederten Masse nur ungefähr ein Drittel so groß ist wie an der Achse. Im dritten Bild ist diejenige Stoßgröße über der Fahrgeschwindigkeit aufgetragen, die auf der Meßstrecke von 400 m 100- bzw. 200 mal erreicht oder überschritten wurde. Außer dem gezeichneten

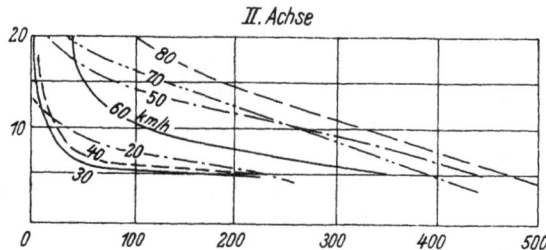

Abb. 133. Größe der Stöße, aufgetragen über der Zahl der Stöße bei verschiedenen konstanten Fahrgeschwindigkeiten; Achse.

mittleren Kurvenverlauf für die ungefederte Masse wurden bei etwa 20 und 50 km/h Beschleunigungsspitzen (punktiert eingetragen) festgestellt, welche auf das Vorhandensein von Resonanzbereichen, herrührend von

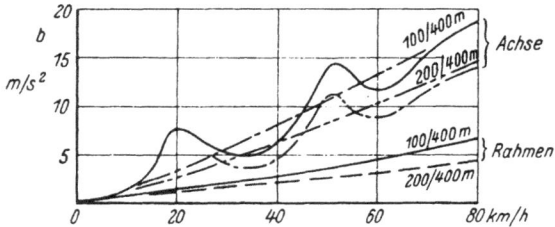

Abb. 134. Stoßgrade für verschiedene Fahrgeschwindigkeiten. Die Stoßgradkurve der Achse zeigt Resonanzen mit den Eigenschwingungen der Reifen und Federn.

Bereifung bzw. Federung, hindeuten. Bei den Beschleunigungen der gefederten Massen konnten ähnliche Erscheinungen nur in ganz geringem Maße festgestellt werden, was zu dem Schluß berechtigt, daß diese Resonanzspitzen durch die Dämpfung fast vollständig aufgeschluckt werden.

IV. Der Schwerpunkt des Kraftfahrzeugs.

A. Verlagerung der Achsbelastung.

Schwerpunkt. Um die Untersuchung der Bewegungen von Körpern zu vereinfachen, denkt man sich die Masse des Körpers in einen Punkt zusammengezogen und alle am Körper angreifenden Kräfte auf diesen Punkt wirkend. Selbstverständlich kann dies nicht ein beliebiger Punkt des Körpers sein, es gibt vielmehr nur einen einzigen Punkt, in dem man sich die Masse zusammengeballt und alle Kräfte angreifend denken kann, ohne daß der Bewegungsvorgang sich ändert. Dieser Punkt heißt Schwerpunkt S. Man muß sich demnach insbesondere alle Massenkräfte (Gewicht, verzögernde und beschleunigende Kräfte) im Schwerpunkt angreifend denken.

Aufbäumen des Fahrzeugs beim Anfahren. Beim Beschleunigen möchte wegen der Massenträgheit der Wagenkasten in Ruhe bleiben und nicht an der Bewegung teilnehmen. Es tritt also im Schwerpunkt

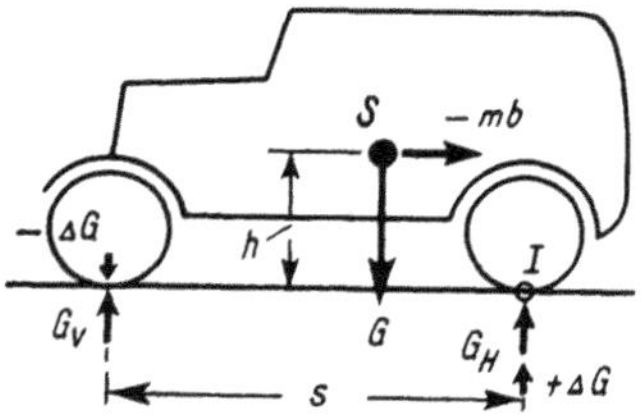

Abb. 135. Dynamische Vorderachsentlastung beim Anfahren.

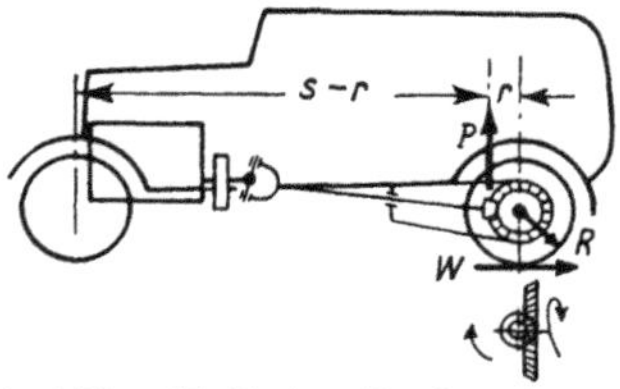

Abb. 136. Statische Vorderachsentlastung durch die Übertragung des Motor-Drehmoments.

eine Trägheitskraft auf, welche nach dem Newtonschen Grundgesetz der Größe $m \cdot b$ hat. Die Folge ist, daß der Wagen sich vorn um ΔG (kg) entlastet und hinten um dasselbe Gewicht zusätzlich belastet wird. Die Massenkraft bewirkt nämlich ein Drehmoment $(mb)\,h$, das durch ein entsprechendes Moment an den Rädern im Gleichgewicht gehalten werden muß. Nimmt man I als Momentenpunkt, so ist $mb \cdot h = \Delta G \cdot s$, also $\Delta G = mb\,\dfrac{h}{s}$. Diese Kraft G ist die dynamische Vorderachsentlastung. Sie darf nicht verwechselt werden mit der statischen Vorderachsentlastung, welche infolge der Übertragung des Antriebsmoments auch bei konstanter Fahrgeschwindigkeit entsteht. Wenn die

Fahrwiderstände, welche am Berührpunkt von Rad und Fahrbahn angreifen, überwunden werden sollen, so muß am Antriebsritzel ein Zahndruck P als Antriebskraft auf das Tellerrad übertragen werden, so daß $P \cdot r = W \cdot R$. Diese Kraft wirkt aber auch —, da jede Kraft ihre Gegenkraft hat — auf das Ritzel, sein Lager und damit auf den Wagen zurück, so daß dieser durch das Moment $P \cdot r = W \cdot R$ an der Vorderachse entlastet, an der Hinterachse zusätzlich belastet wird.

Besonders deutlich wird das statische Aufbäumen bei Zugmaschinen, die deshalb stark kopflastig gebaut werden, obwohl ein großes Adhäsionsgewicht an den Hinterrädern erforderlich ist. Dabei muß darauf geachtet werden, daß die Anhängerkupplung in Höhe oder unterhalb des Schwerpunkts sitzt, da sonst der Zug der Anhängelast wiederum ein Aufbäumen bewirkt.

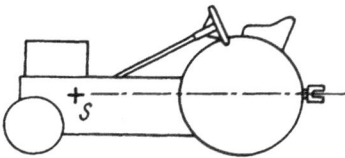

Abb. 137. Schwerpunktlage und Anhängerkupplung beim Schlepper.

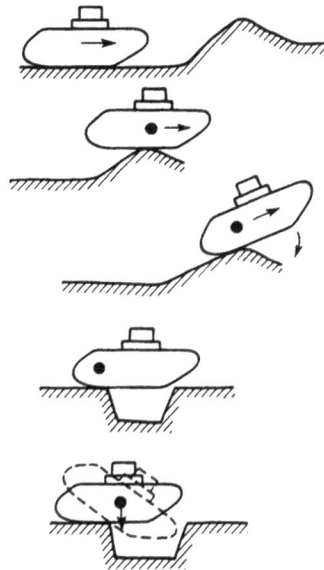

Abb. 138. Schwerpunktlage und Geländegängigkeit von Gleisketten-Fahrzeugen. Oben: Überfahren einer Schwelle; unten: Überschreiten eines Grabens.

Von großem Einfluß ist die Lage des Schwerpunkts auch bei Gleiskettenfahrzeugen zur Überwindung von Geländehindernissen. Muß das Fahrzeug z. B. eine Schwelle überfahren, so fährt es erst den Hang hinauf und kippt dann über den Scheitel der Schwelle. Läge der Schwerpunkt weit vorn, so würde das Kippen früh und weich, läge er weit hinten, so würde es sehr spät und hart erfolgen. Für diesen Fall wäre also Kopflastigkeit von Vorteil.

Anders ist die Sache beim Überschreiten von Gräben. Liegt hier der Schwerpunkt weit vorn, so fällt das Fahrzeug in den Graben hinein, während es einen verhältnismäßig breiten Graben überschreiten kann, wenn der Schwerpunkt weit hinten liegt.

Um allen Erfordernissen einigermaßen gerecht zu werden, muß also der Schwerpunkt von Gleisketten-Geländefahrzeugen ungefähr in der Fahrzeugmitte liegen.

Die Gewichtsverlagerung beim Befahren von Steigungen durch Radfahrzeuge ist bereits früher behandelt worden (s. II. Kap. Abschn. C).

Hinterachsentlastung beim Bremsen. Beim Bremsen möchte infolge der Massenträgheit der Wagenkasten die anfängliche Geschwindigkeit beibehalten. Es treten somit genau die umgekehrten Verhältnisse auf wie beim Anfahren; im Schwerpunkt greift eine Massenkraft $-mb-$ an, der Wagen entlastet sich hinten um $\varDelta G$ und wird vorn um denselben Betrag zusätzlich belastet.

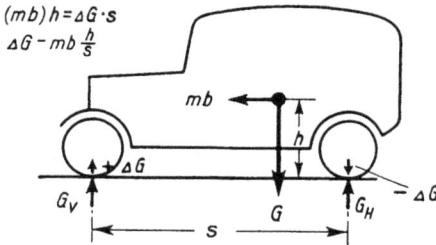

$$(m\,b)\,h = \varDelta G \cdot s$$
$$\varDelta G = m\,b\,\frac{h}{s}.$$

Abb. 139. Dynamische Vorderachsbelastung beim Bremsen.

Die Wirkung der Achsdruckverlagerung auf die Größe der Bremsverzögerung wird später behandelt (vgl. V. Kap. Abschn. C).

B. Kurvenfahren und Fliehkraft.

Fliehkraft. Wenn ein bewegter Körper auf eine kreisbogenförmige Bahn gezwungen wird, so möchte er infolge der Massenträgheit die ursprüngliche geradlinige Bewegung fortsetzen und an jeder Stelle des Bogens tangential abfliegen. Der Fliehkraft, welche dieses Abfliegen bewirken will, muß eine entsprechende Kraft entgegengesetzt werden, welche den Körper stets zum Krümmungsmittelpunkt hinzwingt.

Wie groß ist die Fliehkraft eines Körpers von der Masse m, welcher sich mit der Umfangsgeschwindigkeit v auf einem Kreisbogen vom Halbmesser r bewegen muß?

Wir betrachten die Stellung des Körpers in zwei aufeinanderfolgenden Zeitpunkten. Zur Zeit O hat er die (tangential gerichtete) Umfangsgeschwindigkeit v_0. Zur Zeit l ist er um den Winkel α bzw. den Bogen α_r fortgeschritten und hat jetzt die (wieder tangential gerichtete) Umfangsgeschwindigkeit v_0. Bei Drehung mit konstanter Drehzahl oder Winkelgeschwindigkeit ist die Geschwindigkeit v_1 gleich groß wie v_0, aber die Richtung hat sich geändert, und zwar um den zurückgelegten Drehwinkel α. Verschieben wir die beiden Geschwindigkeiten parallel zu sich selber und setzen sie zu einem Dreieck zusammen, so sehen wir, daß trotz der gleichen Größe der beiden Geschwindigkeiten zur Umwandlung von v_0 in v_1 die Geschwindigkeitsänderung $\varDelta v$ notwendig ist. Liegen nun die beiden betrachteten Zeit-

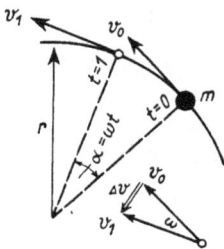

Abb. 140. Zur Berechnung der Fliehkraft.

punkte um eine Sekunde auseinander, so ist der am Radius Eins zurück-
gelegte Bogen je Sekunde gleich $\alpha r \cdot t = \omega$, und $\varDelta v$ ist die (Richtungs-)
Änderung der Geschwindigkeit in der Zeiteinheit. Nach
unsern Begriffsbestimmungen ist diese eine Beschleunigung; sie kann
völlig wie die bisher geübten Beschleunigungen behandelt werden, obwohl jene stets eine Geschwindigkeitsänderung nach der Größe, nicht
nach der Richtung bedeuteten.

Die Größe von $\varDelta v$ ergibt sich aus dem Geschwindigkeitsdreieck
Abb. 140. Bei kleinen Drehwinkeln kann dieses angenähert als recht-
winklig angesehen werden, dann ist $\dfrac{\varDelta v}{v} = \sin \omega \approx \omega$; $\varDelta v = v \omega$ [m/s²].

Da $v = \omega r$, kann geschrieben werden

$$\frac{\varDelta v}{1\,\text{s}} = b = v \omega = \omega r \omega = \omega^2 r$$

oder
$$= v \omega = v\,\frac{v}{r} = \frac{v^2}{r}\ [\text{m/s}^2].$$

Die Fliehkraft ist nach dem Newtonschen Grundgesetz gleich Masse
mal Beschleunigung, also

$$\boxed{C = m\,b = m\,\omega^2 r = m\,\frac{v^2}{r}}\ [\text{kg}].$$

Kurvenlage der Kraftfahrzeuge. a) Das Kraftrad ohne
Beiwagen. Um in der Kurve das Gleichgewicht der Kräfte zu erhalten,
muß das Rad so schräg gelegt
werden, daß die Resultierende R
aus Gewicht G und Fliehkraft C
durch den Berührungspunkt zwischen Rad und Fahrbahn geht.
Läge sie zwischen G und dem
Berührpunkt, so würde das Rad
umkippen, läge sie zwischen C
und dem Berührpunkt, so wäre
der gewünschte Kurvenhalbmesser nicht befahrbar und das Rad
würde sich aufrichten.

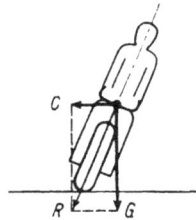

Abb. 141. Kraftrad in der
Kurve.

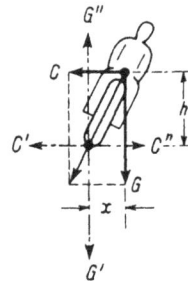

Abb. 142. Kräftespiel
beim Kurvenfahren.

Dabei ergibt sich die Frage: Wann rutscht das Rad weg?

Zur Verfolgung des Kräftespiels verschiebt man C und G in den
Berührpunkt. Das kann man ohne Änderung der Kraftverhältnisse tun,
wenn man gleichzeitig im Berührpunkt gleich große Gegenkräfte an-
bringt, so daß alle im Berührpunkt gedachten Kräfte sich gegenseitig
aufheben.

$$C' = C \qquad\qquad\qquad G' = G$$
$$C' = -C'' \qquad\qquad\quad G' = -G''$$

C und C'' sind ein Kräftepaar, welches das Rad aufrichten will,
C' versucht das Rad zum Wegrutschen zu bringen,
G und G'' sind ein Kräftepaar, welches das Rad umkippen will,
G' ruft den Adhäsions-Bodendruck hervor.

Im Gleichgewicht müssen die beiden Kräftepaare sich aufheben, also

$$G \cdot x = C \cdot h.$$

Der Bodendruck G' bewirkt gegen das Abrutschen eine seitliche Reibungskraft $\mu G'$, wenn μ der Haftreibungsbeiwert ist (auf trockener Straße $\mu = 0,6$); das Abrutschen beginnt also, wenn C' ebenso groß wird wie diese Haftkraft, also

Rutschbedingung:

$$C = \frac{m v^2}{r} = \mu G.$$

Auf überhöhten Straßen ist ein Wegrutschen nicht möglich, wenn die Geschwindigkeit so eingerichtet wird, daß die Resultierende R aus G und C gerade senkrecht zur Fahrbahn steht.

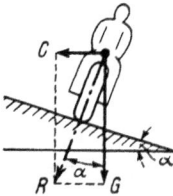

Abb. 143. Kurven-
fahrt auf überhöhter
Straße.

Aufgabe. Wie steil muß eine Kurve von $r = 50$ m überhöht sein, daß Radebene und Fahrbahnebene bei 70 km/h aufeinander senkrecht stehen?

$$v = \frac{V}{3,6} = \frac{70}{3,6} = 19{,}45 \text{ m/s} \qquad m = \frac{G}{g} \qquad C = \frac{m v^2}{r}$$

$$\frac{C}{G} = \tan \alpha = \frac{m v^2}{r G} = \frac{v^2}{r g} = \frac{19{,}45^2}{60 \cdot 9{,}81} = 0{,}771$$

$$\alpha = 37^0 \, 40'.$$

Aus der Zeichnung ist abzulesen Sitzschwere: Auf die Sitzfläche des Fahrers wirkt nicht G_1, sondern $G_1/\cos \alpha$; ist $G_1 = 70$ kg, so spürt er

$$\frac{70}{\cos 37^0 \, 40'} = 88{,}4 \text{ kg.}$$

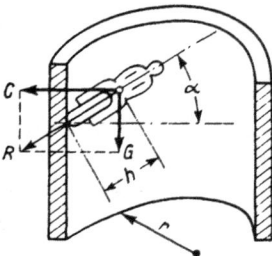

Abb. 144. Kraftradfahren auf
der senkrechten Wand.

Einen Grenzfall für die Gleichgewichts- und Rutschbedingungen stellt das auf Jahrmärkten öfters gezeigte Fahren auf der senkrechten Wand dar.

Aufgabe. 1. Mit welcher Mindestgeschwindigkeit muß man auf der senkrechten Wand fahren, um nicht abzurutschen? Der Haftreibungsbeiwert sei $\mu = 0,5$.

2. In welchem Winkel α steht das Rad zur Fahrbahnebene bei einer gegebenen Fahrgeschwindigkeit von 72 km/h?

Zu 1. In diesem Fall wird der Bodendruck nicht durch das Gewicht G, sondern durch die Fliehkraft C erzeugt. Der Bodendruck C ruft wiederum eine Haftkraft gegen das Abrutschen von der Größe μC hervor. Das Abrutschen beginnt, wenn

Rutschbedingung: $\qquad\qquad \mu C = G$,

das heißt mit $\mu = 0{,}5$ $\qquad\qquad\qquad C = 2\,gm$

$$\frac{m\,v^2}{r} = 2\,g\,m; \quad \frac{v^2}{rg} = 2; \quad v^2 = 2\cdot 8 \cdot 9{,}81 = 157; \quad v = \sqrt{157} = 12{,}52\ \text{m/s}$$

Mindestgeschwindigkeit $V = 3{,}6\,v = 45$ km/h.

Die Schräglage des Rades bei $v = 12{,}52$ m/s ergibt sich folgendermaßen:

Gleichgewichtsbedingung: $\quad C \cdot h \sin \alpha = G \cdot h \cdot \cos \alpha$
$$C = 2\,G$$
$$\operatorname{tang} \alpha = 0{,}5; \qquad \alpha = 26^0\ 40'$$

zu 2. entsprechend ist für $v = 20$ m/s $= 72$ km/h

Gleichgewichtsbedingung: $\quad C \cdot h \sin \alpha = G \cdot h \cos \alpha$
$$C = \frac{G\,v^2}{g\,r}$$
$$\operatorname{tang} \alpha = \frac{g\,r}{v^2} = \frac{981 \cdot 8}{400} = 0{,}197; \quad \alpha = 11^0\ 10'.$$

b) **Der Kraftwagen.** Für den Wagen gelten in Bezug auf Rutsch- und Gleichgewichtsbedingungen die gleichen Überlegungen wie für das Kraftrad.

Aufgabe. Wie steil muß eine Kurve von $r = 100$ m überhöht sein, damit die Insassen außer der Erhöhung der Sitzschwere nichts von der Kurve merken?

$$\operatorname{tg} \alpha = \frac{C}{G} \qquad \text{für } R \perp \text{Straße}$$
$$\operatorname{tg} \alpha = \frac{G}{g}\ \frac{v^2}{rG}$$
$$\alpha = ?$$

Das Körpergewicht der Insassen wächst scheinbar auf

$$R = \frac{G}{\cos \alpha} = \frac{70}{\cos \alpha} = ?$$

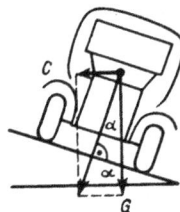

Abb. 145. Kraftwagen in der überhöhten Kurve.

Aufgabe: Bei welcher Fahrgeschwindigkeit rutscht oder kippt der nebenstehende Wagen in der Kurve?

a) auf bestem Beton? $\quad \mu = 0{,}8$
b) auf Glatteis? $\qquad\quad \mu = 0{,}25$

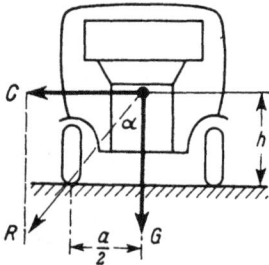

Abb. 146. Zur Ermittlung der Kipp- und Rutschbedingungen.

$$h = 0,8 \text{ m},$$
$$G = 1200 \text{ kg},$$
$$r = 50 \text{ m},$$
$$\frac{a}{2} = 0,65 \text{ m}.$$

Kippbedingung:

$$\tan \alpha = \frac{C}{G} = \frac{a/2}{h}$$

$$\tan \alpha = \frac{G/g \; v^2/r}{G} = \frac{v^2}{g \, r} = \frac{0,65}{0,8}$$

$$v^2 = \frac{9,81 \cdot 50 \cdot 0,65}{0,8} = 398; \quad v = \sqrt{398} = 19,96 \text{ m/s} = 71,8 \text{ km/h}$$

Rutschbedingung: $C = \mu G = \dfrac{G}{g} \dfrac{v^2}{r}$

$$v^2 = \mu g r = 9,81 \cdot 50 \, \mu = 491 \, \mu$$

Beton: $\mu = 0,8$ $\quad v^2 = 393$ $\quad\quad v = 19,82 \text{ m/s}$
$$V = 71,4 \text{ km/h}$$

Glatteis: $\mu = 0,25$ $\quad v^2 = 122,75$ $\quad\quad v = 11,09 \text{ m/s}$
$$V = 39,9 \text{ km/h}.$$

Der Ansatz $\operatorname{tg} \alpha = \dfrac{G}{G} = \dfrac{a/2}{h}$ für die Kippbedingung enthält eine erhebliche Vernachlässigung, weil sowohl die Zusammendrückung der Federn als auch der Reifen vernachlässigt ist. In Wirklichkeit wird die Achse eine schwache, der Wagenkasten eine erhebliche Neigung erfahren, die man nicht immer vernachlässigen darf (vgl. Aufgabe S. 118).

Die Größe der Wagenneigung hängt von der Weichheit der Reifen und Federn, dem Federabstand, der Schwerpunktshöhe und von der Konstruktion der Achse ab. Zur Betrachtung dieses letzten Einflusses sei die Reifeneindrückung zunächst vernachlässigt.

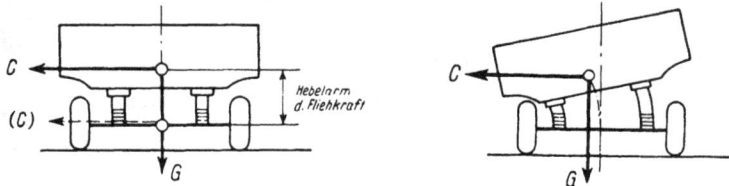

Abb. 147. Neigung des Wagenaufbaus in der Kurve; Starrachse.

a) Starrachse. Versucht man in Gedanken die Fliehkraft nach unten zu verschieben (gestrichelt), so findet man, daß sie auch in geringerer Höhe Neigungen des Wagenkastens hervorrufen kann. Erst in der Höhe der Federbefestigung auf der Achse ist keine Neigung mehr denkbar, weil Rad und Achse ein starres System zusammen bilden, das in sich keine Neigung zuläßt, sondern durch Querkräfte höchstens als Ganzes verschoben werden kann.

Beim Starrachsfahrzeug wird also in der Kurve die Neigung des Wagenkastens um einen Punkt vor sich gehen, der

> bei geringer Verdrehungssteifigkeit der Federn in der Höhe der Federbefestigung auf der Achse,
>
> bei sehr großer Verdrehungssteifigkeit der Federn in der Höhe der Federbefestigung am Wagenkasten

liegt.

Bei großer Verdrehungssteifigkeit der Federn kann man also die Kurvenneigung des Wagenkastens dadurch unterdrücken, daß man die Federenden hochzieht und in Höhe des Schwerpunkts am Wagenkasten anschlägt. Dann hat die Fliehkraft keinen Hebelarm, die Neigung des Wagenkastens ist Null (Schwebeachse von DKW).

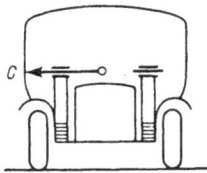

Abb. 148. Schwebeachse (DKW).

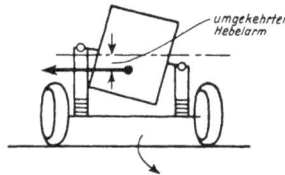

Abb. 149. Umkehrung der Neigung des Wagenaufbaus durch Federaufhängung oberhalb des Schwerpunkts des Aufbaus.

Würde man die Federbefestigung am Wagenkasten noch höher legen, so würde sich der Wagenkasten im umgekehrten Sinne neigen, also in die Kurve hinein, ähnlich wie das Kraftrad.

b) Pendelachse. Bei Pendelachsen kann sich der Wagenkasten nur um den Schnittpunkt der Halbachsen drehen, die Kurvenneigung

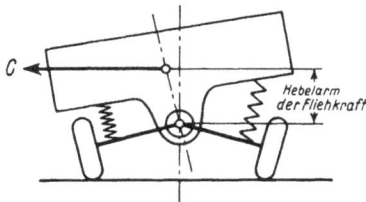

Abb. 150. Neigung des Wagenaufbaus in der Kurve; Pendelachse.

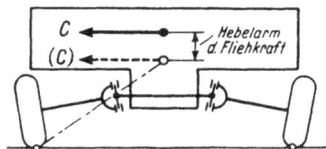

Abb. 151. Neigung des Wagenaufbaus in der Kurve; verkürzte Pendelachse.

ist also bei dieser Bauart sehr klein, am günstigsten bei der verkürzten Pendelachse, bei der die Gelenke nicht in der Fahrzeugmittellinie, sondern daneben liegen; der Drehpunkt des Wagenkastens liegt dann, wie

Versuche zeigen, auf dem Schnittpunkt Bodenberührpunkt-Gelenk mit der Fahrzeugmittellinie. Die hier meist verwandten Schraubenfedern setzen der Neigung keinen nennenswerten Biegewiderstand entgegen.

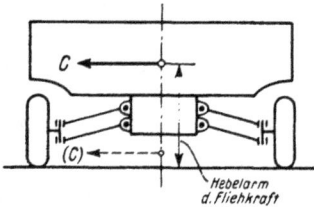

Abb. 152. Neigung des Wagenaufbaus in der Kurve; parallelgeführte Räder.

c) **Parallelgeführte Räder.** Versucht man wieder in Gedanken die Fliehkraft nach der Fahrbahn hin zu verschieben, so zeigt sich, daß sie auch bei geringstem Abstand von der Fahrbahn noch eine Neigung des Wagenkastens hervorrufen kann. Der Drehpunkt liegt also auf der Fahrbahn. Diese Bauart gibt bei sonst gleichen Bedingungen einen sehr großen Hebelarm für die Fliehkraft und damit eine große Kurvenneigung.

d) **Zusammengesetzte Systeme.** Ist z. B. die Hinterachse eine Pendelachse und sind die Vorderräder parallel geführt, so wird die Kurvenneigung sich auf eine Zwischenlage einstellen; also kleiner sein als bei parallel geführten Rädern allein und größer als bei der Pendelachse allein. Die dabei auftretenden Spannungen verwinden den Fahrzeugrahmen.

An den folgenden Aufgaben soll gezeigt werden, wie weit durch Vernachlässigung der Reifen- und Federeindrückung das Rechnungsergebnis verfälscht werden kann.

Aufgabe. Es ist durch Aufstellung der Gleichgewichtsbedingungen festzustellen, bei welcher Schwerpunktshöhe an einer Pendelachse mit verkürztem Pendel keine Kurvenneigung des Aufbaues eintreten kann.

Momentpunkt I. Gesamtsystem:

1. $C(y + r) = 2\,\Delta G(l + k + m)$

Momentpunkt II. Gefedertes System:

2. $Cy = 2\,\Delta A\,m$

Momentpunkt III. Ungefedertes System:

3. $\dfrac{C}{2}r - \Delta G l - \Delta A k = 0$.

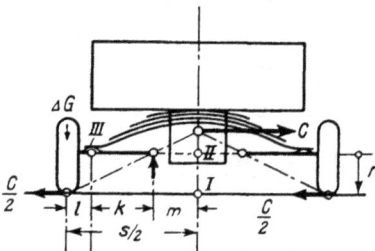

Abb. 153. Zur Berechnung des Hebelarmes der Fliehkraft; verkürzte Pendelachse.

Aus 3.

$$\Delta A = \frac{\dfrac{C}{2}r - \Delta G l}{k}$$

aus 2. und 3.

$$C \cdot y = 2\,m\,\frac{\dfrac{C}{2}r - \Delta G l}{k}$$

$$Cy = \frac{mr}{k}\,C - \frac{2\,m\,l}{k}\,\Delta G$$

aus 1.

$$\Delta G = \frac{C}{2} \frac{y+r}{l+k+m}$$

$$C\,y = \frac{m\,r}{k}\,C - \frac{2\,m\,l}{k}\left(\frac{C}{2}\,\frac{y+r}{l+k+m}\right)$$

$$y = \frac{m\,r}{k} - \frac{m\,l\,y}{k\,s/2} - \frac{r\,m\,l}{k\,s/2};\; y\left(1 - \frac{m\,l}{k\,s/2}\right) = \frac{m\,r}{k} - \frac{m\,r\,l}{k\,s/2}$$

$$y = \frac{k\,s/2 + m\,l}{k\,s/2} = \frac{m\,r\,s/2 - m\,r\,l}{k\,s/2};$$

$$y = \frac{m\,r\,(s/2 - l)}{k\,s/2 + m\,l} = \frac{m\,r\,(k+m)}{k^2 + k\,l + k\,m + m\,l} = \frac{m\,r\,(k+m)}{k\,(k+l) + m\,(k-l)}$$

$$y = \frac{m\,r}{(k+l)}$$

d. h. es tritt keine Kurvenneigung ein, wenn sich verhält $\dfrac{y}{m} = \dfrac{r}{k+l}$, wie gezeichnet.

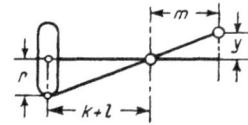

Abb. 154. Zur Berechnung des Hebelarms der Fliehkraft.

Der Drehpunkt des Wagenaufbaus liegt bei der verkürzten Pendelachse auf dem Schnittpunkt Senkrechte Mittelachse — Verbindungslinie von Radberührpunkt und Gelenkpunkt.

Aufgabe. Ein mit 20 Mann (auf unbefestigten Längsbänken) besetzter Lastkraftwagen ist in einer Kurve von $R = 45$ m Halbmesser bei einer Geschwindigkeit von weniger als 50 km/h umgeschlagen. Mehrere Tote und Schwerverletzte. Der Fall ist unter Berücksichtigung der Reifen- und Federeindrückung und der (falschen) Überhöhung der Kurve zu untersuchen.

Momentpunkt I. Gleichgewichtsbedingung:

$$G\,(s-x) - (K - \Delta K)\cdot 2\,s - C\cdot h = 0$$

die Abstände

$$x = r\,\mathrm{tg}\,(\beta - \alpha) + v \sin\left(\beta - x + \frac{\gamma}{2}\right) + u \sin(\gamma + \beta - \alpha)$$

und

$$h = r - s \sin\alpha + v \cos\left(\beta - x + \frac{\gamma}{2}\right) + u \cos(\gamma + \beta - \alpha)$$

werden am besten nicht rechnerisch, sondern durch eine genaue Zeichnung bestimmt. Vor dem Aufzeichnen müssen die Winkel der Achsneigung β und der Wagenkastenneigung γ berechnet werden.

Die zusätzliche Reifeneindrückung, bewirkt durch ΔK ist (s. Abb. 155) $s \sin \beta$; sie ist gleich der Kraft ΔK mal der Reifenkonstante c_r

$$s \cdot \sin \beta = \Delta K\, c_r; \quad \sin \beta = \frac{\Delta K \cdot c_r}{s}$$

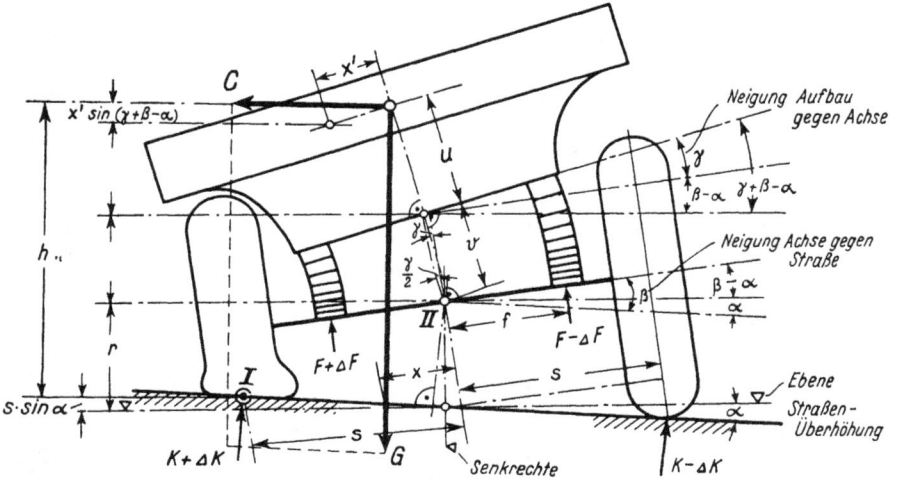

Abb. 155. Neigung des Wagenaufbaus unter Berücksichtigung der Reifeneindrückung; zur Aufgabe.

entsprechend ist die zusätzliche Federeindrückung, bewirkt durch ΔF, gleich $f \sin \gamma$, also $f \sin \gamma = \Delta F c_f$; $\sin \gamma = \dfrac{\Delta F\, c_f}{f}$. Das Kippen beginnt in dem Augenblick, wo $K - \Delta K = 0$, das heißt das kurveninnere Rad löst sich vom Boden; dann ist $\Delta K = K = \dfrac{G}{2}$.

Kippbedingung: $G(s - x) = C \cdot h$

$$s - x = \frac{v^2}{g \varrho}\, h$$

$$v = \sqrt{g \varrho\, \frac{s - x}{h}}.$$

An der Kippgrenze ist, da $\Delta K = \dfrac{G}{2}$

$$\sin \beta = \frac{\Delta K \cdot c_r}{s} = \frac{G r}{2 \delta}$$

$$\sin \gamma = \frac{\Delta F\, c_f}{f}.$$

ΔF wird aus einem Gleichgewichtsansatz um den Momentpunkt II bestimmt.

$$(F + \varDelta F) f - (F - \varDelta F) f + (K + \varDelta K)(s - r \sin \beta)$$
$$- (K - \varDelta K)(s + r \sin \beta) = 0$$

$$2 \varDelta F f + 2 \varDelta K s - 2 K r \sin \beta = 0$$

da $\varDelta K = K = \dfrac{G}{2}$ $2 \varDelta F f + G(s - r \sin \beta) = 0$

$$\varDelta F = G \frac{s - r \sin \beta}{2 f}$$

also $\sin \gamma = G \dfrac{(s - r \sin \beta) C_f}{2 f^2}.$

Damit sind die Grundlagen für die Zahlenrechnung hergestellt.

Gesamtgewicht $G = 1975 + 1350 = 3325$ kg

normalbelasteter Reifenhalbmesser $r = 400$ mm $= 0,400$ m
$$v = 575 \text{ mm} = 0,575 \text{ m}$$
$$u = 250 \text{ mm} = 0,250 \text{ m}$$

Schwerpunktshöhe in Ruhelage $r + v + u = \qquad 1,225$ m

halbe Spurweite $s = 0,75$ m $= 75$ cm

halber Federabstand $f = 0,50$ m $= 50$ cm

Federkonstante $C_f = \dfrac{1}{200 \cdot 100} \dfrac{\text{m Eindrückung}}{\text{kg Belastung}}$

Reifenkonstante $C_r = \dfrac{1}{830 \cdot 100} \dfrac{\text{m}}{\text{kg}}$

Um festzustellen, welche Vernachlässigungen bei dieser Rechnung zulässig sind, wird zunächst angenommen:

1. Näherung: Reifen- und Federeindrückung $= 0$, Straßenüberhöhung $= 0$, das heißt $x = 0$; $h = r + v + u$. Eine Verschiebung der Personen auf dem Wagen und damit eine Schwerpunktsverschiebung soll nicht eintreten.

Dann gilt die Kippbedingung:

$$G s = C (r + v + u) = \frac{G}{g} \frac{v^2}{\varrho} (r + v + u)$$

$$v^2 = \frac{g \varrho s}{r + v + u}; \quad v = \sqrt{\frac{9,81 \cdot 45 \cdot 0,75}{1,225}}$$

$$v = 16,45 \text{ m/s} \quad \boxed{V_{Kr} = 59,2 \text{ km/h}}.$$

Rutschen bei: $G \cdot \mu \lessgtr C$

Haftkraft $G \cdot \mu = 3325 \cdot 0,65 = 2160$ kg

Fliehkraft $C = \dfrac{3325}{9,81} \cdot \dfrac{16,45^2}{45} = 2035$ kg. Kein Rutschen!

Damit ist das Umkippen bei einer Geschwindigkeit unter 50 km/h nicht erklärt. Es soll deshalb die Reifen- und Federeindrückung berücksichtigt, eine Schwerpunktverschiebung aber nicht angenommen werden.

2. Näherung: Überhöhung $\alpha = 0$

$$\sin \beta = 0,0267 \qquad \beta = 1^0\ 30'$$
$$\sin \gamma = 0,2460 \qquad \gamma = 14^0\ 15'$$
$$\overline{\qquad\qquad\qquad\qquad \beta + \gamma = 15^0\ 45'.}$$

Damit erhält man bei genauer Aufzeichnung $x = 0,165$ m
$$h = 1,210 \text{ m}$$

Kippbedingung: $v^2 = \dfrac{g\varrho\,(s-x)}{h}$; $v = \sqrt{\dfrac{9,81 \cdot 45 \cdot 0,585}{1,210}}$

$$v = 14,6 \text{ m/s} \quad \boxed{V_{Kr} = 52,5 \text{ km/h}}$$

Fliehkraft: $C = \dfrac{3325}{9,81}\dfrac{14,6^2}{45} = 1600$ kg. \qquad Keine Rutschgefahr!

Da übereinstimmend ausgesagt war, die Geschwindigkeit sei zwischen 40 und 50 km/h gewesen, ist auch diese Lösung noch nicht ganz befriedigend. Nach den Aussagen ist anzunehmen, daß bei der heftigen Neigung des Wagenkastens die Bänke gerutscht und die Leute aufgesprungen sind. Nimmt man als Grenzfall, alle Mann seien auf die linke Hälfte der Ladefläche gerutscht, so erhält man

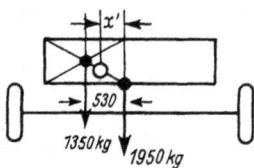

Abb. 156. Zur Aufgabe: Verschiebung der Last durch die Fliehkraft.

$$\frac{x'}{530} = \frac{1350}{3325} \qquad x' = 0,215 \text{ m}$$

$$x' \cos (\gamma + \beta) = 0,207$$

$$x' \sin (\gamma + \beta) = 0,058$$

$$G\,(s - x - x' \cos (\gamma + \beta)) = C\,(h - x' \sin (\gamma + \beta))$$

$$\frac{v^2}{g\varrho} \cdot 1,152 = 0,378$$

$$v = \sqrt{\frac{9,81 \cdot 45 \cdot 0,378}{1,152}} = 12,04 \text{ m/s} \quad \boxed{V_{Kr} = 43,4 \text{ km/h}}.$$

Das Ergebnis zeigt, daß die anfänglichen Vernachlässigungen in diesem Fall nicht statthaft sind und für das Verhalten des Fahrers ein ganz falsches Bild ergeben hätten. Er erhielt eine hohe Gefängnisstrafe.

c) Die Beiwagenmaschine. Infolge der Eigenart der Beiwagenmaschine, die eine dreieckige Bodenabstützung hat, und bei der die zwei hintereinander liegenden Räder gebremst werden können, nicht aber das Beiwagenrad, bewirken die Massenkräfte Lenkbeeinflussungen.

Beim Anfahren will der Beiwagen infolge der Massenträgheit zurückbleiben, ebenso beim Beschleunigen; ist der Beiwagen rechts, so zieht die Maschine nach rechts, beim Bremsen umgekehrt.

Wird erst Gas weggenommen und später ausgekuppelt, so verringert sich der Widerstand am Rad durch Wegfall des bremsenden Motors; ist der Beiwagen rechts, so zieht die Maschine nach rechts, wenn der Fahrer nicht sofort in der Lenkung gegenhält.

Diese Eigenschaften können auch zur Kurventechnik ausgenutzt werden (Beispiele für Beiwagen rechts):

Fährt man in eine Rechtskurve, so erhält man ein zusätzliches Drehmoment in der Richtung der Krümmung, wenn man in der Kurve Gas gibt.

Fährt man eine Linkskurve, so erhält man ein zusätzliches Drehmoment im Sinne der Krümmung, wenn man Gas wegnimmt bzw. bremst.

Die dreieckige Stabilitätsfläche der Beiwagenmaschine bewirkt ferner eine ungleiche Kippsicherheit in Rechts- und Linkskurven.

Aufgabe. Ein Fahrer ist in einer Rechtskurve verunglückt. Er und der Beifahrer fühlen sich unschuldig. Sie sagen aus: »Wir sind dieselbe Strecke hin- und zurückgefahren. Auf dem Hinweg haben wir dieselbe Kurve ohne Schaden mit etwa 60 km/h genommen, auf dem Rückweg sind wir bei etwa 45 km/h hinausgetragen worden.« Beide haben keine Übung mit Beiwagenmaschinen. Der Beifahrer hat in den Kurven nicht durch Hinauslehnen Hilfe geleistet.

Straße trocken, griffig. Kurvenhalbmesser $R = 50$ m.
Gesamtschwerpunkt:

$$\frac{y}{0,150} = \frac{100}{270}; \quad y = 0,15 \frac{100}{270} = 0,055 \text{ m}$$

$$\frac{x}{0,4} = \frac{100}{270}; \quad x = 0,4 \frac{100}{270} = 0,15 \text{ m}.$$

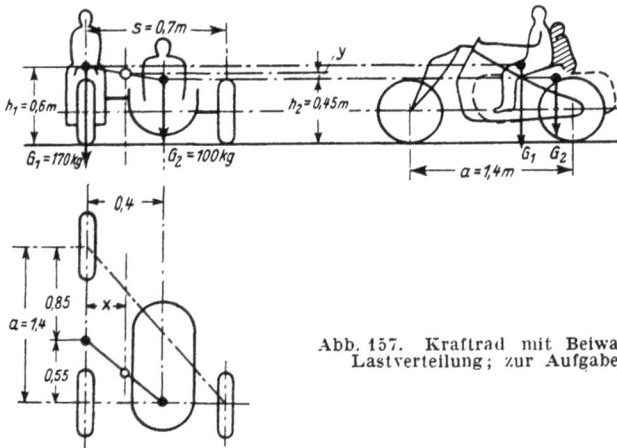

Abb. 157. Kraftrad mit Beiwagen; Lastverteilung; zur Aufgabe.

Gleichgewichtsbedingung für Rechtskurve. Die Maß-verhältnisse werden genau aufgezeichnet, Abb. 158. Der Kurvenmittel-punkt liegt auf der Verlängerung Hinterrad-Beiwagenrad in 50 m Ab-stand vom Hinterrad. Die Fliehkraft wirkt im Gesamtschwerpunkt. Die Richtung wird berechnet.

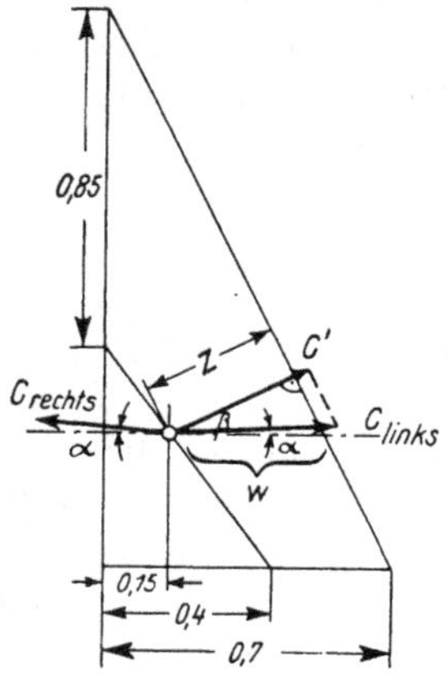

$$\frac{0,34}{50-0,15} = \sin \alpha = \frac{0,34}{49,85} = 0,0068; \ \alpha = 25'.$$

Das Fahrzeug kippt um die beiden hinter-einander liegenden Räder.

Kippbedingung: Kippmoment = Aufricht-moment.

$$C \cos \alpha \, (h_1 - y) = G \cdot x$$

$$\frac{G}{g} \frac{v^2}{\varrho} \cos \alpha \, (0,6 - 0,055) = G \cdot 0,15; \ \cos \alpha \approx 1$$

$$v^2 = \frac{9,81 \cdot 50 \cdot 0,15}{0,545}$$

$$v = \sqrt{135} = 11,6 \text{ m/s} = 41,8 \text{ km/h}.$$

Abb. 158. Kraftrad mit Bei-wagen; Angriffspunkt und Richtung der Fliehkraft.

Gleichgewichtsbedingung für Linkskurve. Das Fahrzeug kippt um die Verbindungslinie Vorderrad-Beiwagenrad.

$$\frac{0,34}{50 + 0,15} = \sin \alpha = 0,0068; \ \cos \alpha \approx 1.$$

Kippbedingung: $\quad C'(h_1 - \gamma) = G \cdot z \qquad$ $z = 0,335$ aus Zeichnung
$$w = 0,375 \quad » \qquad »$$

$$C' = C \cos \beta = C \cdot \frac{z}{w} = C \frac{33,5}{37,5} = 0,894 \, C$$

$$0,894 \frac{G}{g} \frac{v^2}{\varrho} (0,6 - 0,055) = G \cdot 0,335$$

$$v^2 = \frac{9,81 \cdot 50 \cdot 0,335}{0,545 \cdot 0,894}$$

$$v = \sqrt{337} = 18,35 \text{ m/s} = 66 \text{ km/h}.$$

Rutschbedingung: $\qquad G \mu < C$

$$G \mu = 270 \cdot 0,65 = 175,5 \text{ kg}$$

$$C_{\text{Rechtskurve}} = \frac{270}{9,81} \frac{135}{50} = 74,4 \text{ kg} \qquad \text{keine Rutschgefahr!}$$

$$C_{\text{Linkskurve}} = \frac{270}{9,81} \frac{377}{50} = 208 \text{ kg} \qquad \text{Rutschen!}$$

Rutschgrenze bei

$$\frac{m\,v^2}{\varrho} = G\,\mu$$

$$v^2 = \varrho\,\mu\,g = 50 \cdot 0{,}65 \cdot 9{,}81 = 319 \text{ m}^2/\text{s}^2$$

$$v = \sqrt{319} = 17{,}85 \text{ m/s} = 64{,}3 \text{ km/h}.$$

C. Versuchsmäßige Ermittlung der Schwerpunktlage.

a) K r a f t r a d. Die Ermittlung der Schwerpunktlage eines Kraftrades ist verhältnismäßig einfach. Man hängt das Rad an verschiedenen Punkten nacheinander auf. Es stellt sich jeweils so ein, daß der Schwer-

Abb. 159. Ermittlung des Schwerpunkts eines Kraftrades durch Aufhängen.

punkt senkrecht unter dem Aufhängepunkt liegt. Diese Senkrechte wird jeweils durch einen Faden oder mit Farbe markiert. Der Schnittpunkt mindestens zweier solcher Senkrechten ergibt den Schwerpunkt.

b) K r a f t w a g e n. Der A b s t a n d des Schwerpunktes von den Achsen kann durch Wiegen der Achsdrücke leicht bestimmt werden: Ist die Achslast z. B. vorne $G_v = 650$ kg, hinten $G_h = 850$ kg, so ergibt sich $G = 1500$ kg.

Momentpunkt I   Momentpunkt II

$$G_H \cdot s = G \cdot a \qquad\qquad G_V \cdot s = G\,(s - a)$$

$$a = s\,\frac{G_H}{G} \text{ oder}$$

$$\frac{a}{s} = \frac{G_H}{G},$$

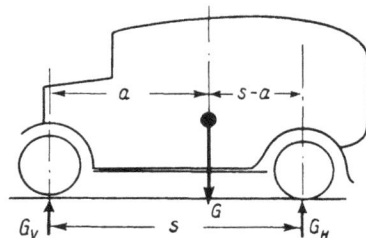

Abb. 160. Abstand des Schwerpunkts eines Kraftwagens von den Achsen.

d. h. der Radstand wird durch den Schwerpunktsabstand im umgekehrten Verhältnis der Achslasten geteilt; oder:

$$\frac{\text{Vorderer Schwerpunktsabstand}}{\text{Radstand}} = \frac{\text{Hinterachslast}}{\text{Gesamtgewicht}}.$$

Schwieriger ist die Bestimmung der Höhe des Schwerpunkts. Zur versuchsmäßigen Ermittlung ist ein Kran, eine Kranwaage oder ein Federdynamometer und eine Wasserwaage mit Winkelmesser nötig.

Versuchsdurchführung. Am Fahrzeug werden die Federn unterblockt. Dann wird das Fahrzeug vorn oder hinten im Kran angehoben; bei verschiedenen Anhubwinkeln wird die Hubkraft am Dynamometer gemessen. Bei Vorhandensein einer Fuhrwerkswaage oder von Raddruckmessern wird der Achsdruck vorn und hinten in bekannter Weise bestimmt. Sind diese Geräte nicht vorhanden, so wird der Wagen in beiden gezeichneten Anordnungen angehoben und die Meßwerte in einer Kurve aufgetragen.

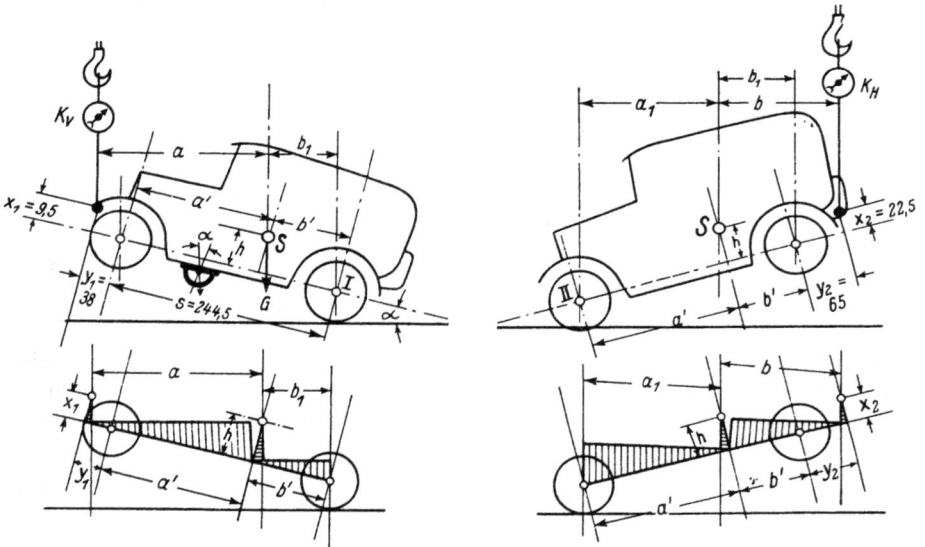

Abb. 161 u. 162. Ermittlung der Schwerpunktshöhe eines Kraftwagens durch Aufhängen. Maßbezeichnungen zur Ableitung der Berechnungsformeln.

$a = (a' + y_1) \cos \alpha + h \sin \alpha - r_1 \sin \alpha$

$b_1 = b' \cos \alpha - h \sin \alpha.$

Momentpunkt I:

$$G b_1 = K_V \cdot (a + b_1)$$

$G (b' \cos \alpha - h \sin \alpha)$

$= K_V [(a' + y_1) \cos \alpha + b' \cos \alpha - x_1 \sin \alpha]$

$- G h \sin \alpha$

$= K_V [(a' + y_1 + b') \cos \alpha - x_1 \sin \alpha]$

$- G b' \cos \alpha$

$$\boxed{h = \operatorname{ctg} \alpha \left[b' - \frac{K_V}{G} (a' + b' + y_1) \right] + \frac{K_V}{G} x_1}$$

$b = (b' + y_2) \cos \alpha + h \sin \alpha - x_2 \sin \alpha$

$a_1 = a' \cos \alpha - h \sin \alpha$

Momentpunkt II:

$$G a_1 = K_{II} (a_1 + b)$$

$G (a' \cos \alpha - h \sin \alpha)$

$= K_{II} [(b' + y_2) \cos \alpha + a' \cos \alpha - x_2 \sin \alpha]$

$- G h \sin \alpha$

$= K_{II} [(b' + y_2 + a') \cos \alpha - x_1 \sin \alpha]$

$- G a' \cos \alpha$

$$\boxed{h = \operatorname{ctg} \alpha \left[a' - \frac{K_{II}}{G} (a' + b' + y_2) \right] + \frac{K_{II}}{G} x_2}$$

Um die Empfindlichkeit des Verfahrens zu zeigen, sind die Hub-kräfte für verschiedene Schwerpunktshöhen unten berechnet und in die Kurven Abb. 163/164 gestrichelt eingetragen. Um große Gewichts-differenzen bei verschiedenen Anhubwinkeln zu bekommen, darf der Aufhängepunkt nicht in oder in der Nähe der Verbindungslinie Boden-berührpunkt-Schwerpunkt liegen.

Beispiel:

1. Meßwerte (mit 4 Insassen).

a	K_H	a	K_H
3^0	721 kg	3^0	800 kg
20^0	685 »	20^0	776 »
30^0	665 »	27^0	767 »

2. Auftragung der Meßwerte.

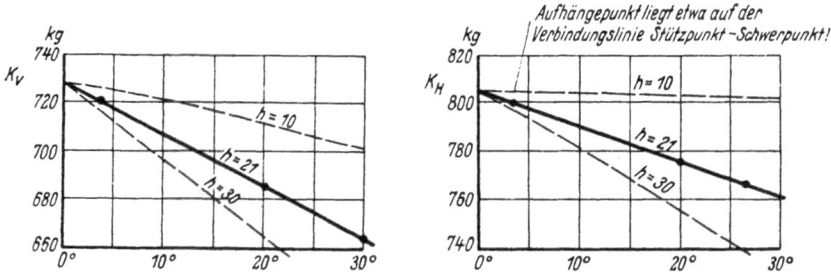

Abb. 163 u. 164. Auftragung der Meßwerte zur Ermittlung der Schwerpunktshöhe. Gestrichelte Kurven: Berechnete Werte für andere Schwerpunktshöhen bei gleichen Aufhängepunkten.

daraus $\quad K_{V_0} = 726$ kg $\qquad\qquad K_{H_0} = 804$ kg.

3. Berechnung des Schwerpunktsabstandes.

$$K_{V_0} \cdot (a' + b' + y_1) = G_V \cdot (a' + b')$$

$$G_V = 726\, \frac{282,5}{244,5} = 840\ \text{kg}$$

$$a' = \frac{G_H}{G}\,(a' + b') = \frac{1017}{1867}\,244,5 = 133,8$$

$$K_{H_0}(a' + b' + y_2) = G_H \cdot (a' + b')$$

$$G_H = 804\, \frac{309,5}{244,5} = 1017\ \text{kg}$$

$$b' = \frac{G_H}{G}\,s = \frac{840}{1867}\,244,5 = 110,7$$

4. Berechnung der Schwerpunktshöhe aus Kurvenpunkten.

α	$\cotg\alpha$	K_V	h
10^0	5,671	706	5,671 (110,7 — 107,6) + 3,61 = 21,19
20^0	2,747	685	2,747 (110,7 — 104,3) + 3,5 = 21,08
30^0	1,732	664	1,732 (110,7 — 101,1) + 3,4 = 20,02

α	K_H	h
10^0	790	5,671 (133,8 — 131,8) + 9,56 = 20,90
20^0	776	2,747 (133,8 — 129,8) + 9,40 = 21,76
30^0	762	1,732 (133,8 — 127,0) + 9,22 = 20,99

Schwerpunktshöhe über Radmitte (mit 4 Insassen) Mittelwert $h = 20,99$ mm.

5. Rechnungswerte für andere Schwerpunktshöhe.

$$K_V = G\,\frac{b' - h\,\mathrm{tg}\,\alpha}{(a' + b' + y_1) - x_1\,\mathrm{tg}\,\alpha} \qquad\qquad K_H = G\,\frac{a' - h\,\mathrm{tg}\,\alpha}{(a' + b' + y_2) - x_2\,\mathrm{tg}\,\alpha}$$

h	$\alpha =$	0	10	20	30^0	$\alpha =$	0	10	20	30^0
21	$K_V =$	728	707	686	661	$K_H =$	803	792	776	761
10		728	721	711	703		803	803	803	801
30		728	696	664	626		803	781	757	730

Vgl. gestrichelte Kurven, Abb. 163 und 164.

V. Die Bremsen des Kraftfahrzeugs.

A. Bauarten von Kraftwagenbremsen.

Nach dem Gesetz müssen Kraftfahrzeuge zwei voneinander unabhängige Bremsen haben, von denen die eine feststellbar sein muß. Diese, die Handbremse, dient jedoch dem Fahrer fast nur als Haltebremse und zu gelegentlicher Aushilfe, so daß die Fahrsicherheit allein von der fast ausnahmslos auf alle Räder wirkenden Fußbremse abhängt. Die folgenden Darlegungen beziehen sich daher im wesentlichen auf Fußbremsen.

Die Kraftwagenbremsen können zunächst eingeteilt werden nach der Art der Krafterzeugung. Bei Fußkraftbremsen wird nur die vom Fahrer ausgeübte Muskelkraft aufgewandt, mechanisch oder hydraulisch übersetzt, und durch Gestänge, Seile oder Flüssigkeit auf die Bremsbacken übertragen. Bei Hilfskraftbremsen wird die vom Fahrer ausgeübte Kraft durch Hilfskräfte verstärkt; entweder in den selbstverstärkenden Bremsen, durch Reibungskräfte zwischen Bremsbacken und Bremstrommel, oder in den hilfskraftbetätigten Bremsen durch den Unterdruck im Saugrohr des Motors, oder durch besonders hergestellte Druckluft. Druckluftbremsen, welche vom Fahrer keinen Kraftaufwand, sondern nur die Steuerung der Bremskraft verlangen, sind entsprechend als Fremdkraftbremsen zu bezeichnen. Als Fremd-kraftzusatzbremse wirkt auch die nur bei wenigen Ausführungen angewandte Motorbremse, sowie die in letzter Zeit mehrfach angeregte Bremsung mit Hilfe des (zum Bremsen künstlich vergrößerten) Luftwiderstandes. Eine weitere Unterscheidung ergibt sich aus der Bauart der Bremse selbst; diese kann als Innenband-, Außenband-, Innen- oder Außenbackenbremse ausgebildet sein.

Die nach den Typentafeln des RDA 1938 zusammengestellten Abbildungen zeigen die Verteilung der Bauarten auf die Kraftfahrzeuge nach dem abzubremsenden Höchstgewicht und der Höchstfahrgeschwindigkeit. Die Personenwagen (Abb. 165) weisen eine ganz klare Trennung auf: Mittelgroße Fahrzeuge arbeiten fast ausschließlich mit Öldruckbremsen, große Wagen benutzen den Unterdruck des Motors als Hilfskraft zur mechanischen oder hydraulischen Bremse; kleine Wagen verwenden die mechanische Bremse mit Gestänge oder Seilübertragung. Die Grenze zwischen kleinen und mittleren Wagen ist vorwiegend durch Preisrücksichten bestimmt, die Grenze zwischen hydraulischen und

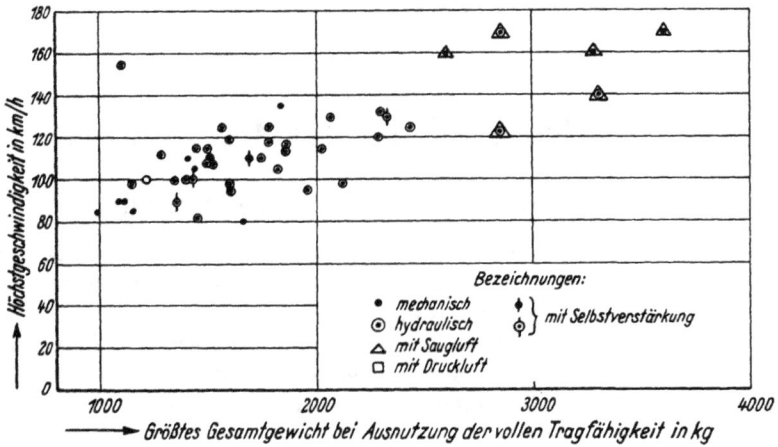

Abb. 165. Bauarten der Bremsen der deutschen Pkw. 1938.

Hilfskraftbremsen jedoch ergibt sich aus technischen Notwendigkeiten. Sie liegt etwa bei einem Gesamtgewicht von 2500 kg für Personenwagen. Die für schnelle Fahrzeuge erforderliche Bremskraft am Radumfang, welche nach den gesetzlichen Vorschriften (Mindestverzögerung 3,5 m/s²) mindestens einem Drittel des Gesamtgewichts entsprechen muß, ließe sich bei der begrenzten Fußkraft des Fahrers (etwa 60 kg) nur durch sehr hohe Übersetzung unter voller Ausnutzung des ebenfalls begrenzten Fußhebelwegs (120 bis 180 mm) erreichen. Dabei ergäben sich mehrere gewichtige Nachteile: Großer Kraftaufwand, geringe Feinfühligkeit beim Bremsen, sehr häufiges Nachstellen der Bremsen.

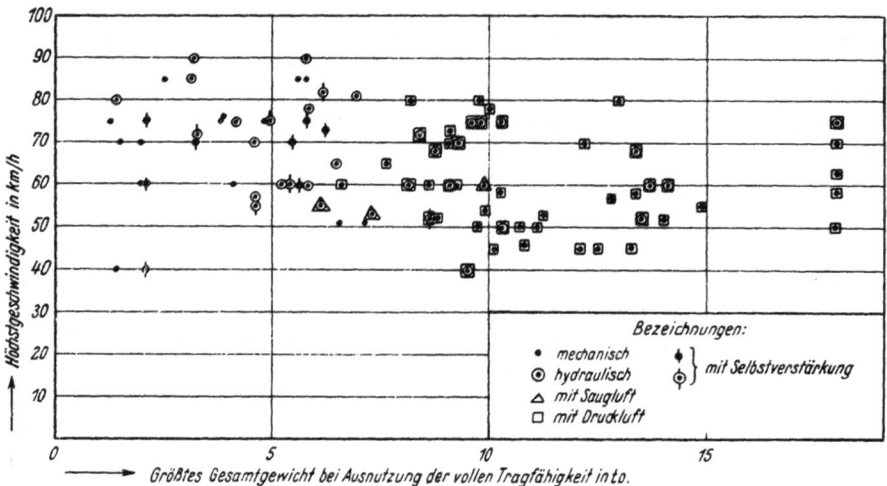

Abb 166. Bauarten der Bremsen der deutschen Lkw. und Omnibusse 1938.

Abb. 166 zeigt für Lieferwagen, Lastwagen und Omnibusse ein ähnliches, wenn auch nicht ebenso scharfes Bild. Unter 7 t Gesamtlast hat neben der mechanischen und hydraulischen Bremse auch die selbstverstärkende Bremse ein beachtliches Anwendungsgebiet. Zwischen 6 und 8 t tritt die Unterdruckbremse auf, bei größeren Gesamtgewichten beherrscht die Druckluftbremse das Feld. Die Druckluftbremse gestattet größere Kraftwirkung (Druck 4—5 atü) gegenüber dem in begrenzter Höhe zur Verfügung stehenden Unterdruck (0,4 bis 0,7 at), ferner ist die Verbreitung der Druckluftbremse durch die Vermehrung des Dieselantriebs begünstigt worden, bei welchem kein nennenswerter Unterdruck zur Verfügung steht.

B. Berechnung der Bremsübersetzung.

a) Bremsen mit Selbstverstärkung.

Bei den normalen Innenbackenbremsen wirkt die Reibung verstärkend auf die Anpressung des einen, vermindernd auf die des andern Backens. Eine gewisse Selbstverstärkung der Bremswirkung in einer Drehrichtung wird also bereits dadurch erzielt, daß die Anpreßkraft gleichsinnig auf beide Backen übertragen wird. In ähnlicher Weise wirken auch die Innenbandbremsen. Eine größere Verstärkung wird erzielt, wenn die Reibung des einen Backens zur Anpressung des andern mit herangezogen wird. Solche Bremsen unterscheiden sich grundsätzlich von normalen Zweibackenbremsen dadurch, daß die beiden Backen gelenkig miteinander, aber nicht fest mit dem Bremsträger verbunden sind. In Deutschland haben sich nur die in beiden Fahrtrichtungen gleich wirksamen Zweibackenbremsen mit Selbstverstärkung durchsetzen können. Die Verwendung dieser Bremsenart ist heute fast nur auf Lastwagen beschränkt. Die Selbstverstärkung ist sehr vom Reibungszustand zwischen Bremsbelag und Trommel (Feuchtigkeit, Verrostung, Verölung) abhängig. Der Fahrer hat bei veränderlichem Reibungsbeiwert kein sicheres Gefühl für die Stärke der eingeleiteten Bremswirkung; andererseits ist diese Bremse sehr einfach und verhältnismäßig billig.

Zum Vergleich der Bremswirkung der selbstverstärkenden Bremsen mit der Wirkung der gewöhnlichen werden die Gleichgewichtsbedingungen für die an den Bremsbacken wirksamen Kräfte aufgestellt.

1. Normale Innenbackenbremse. Die am Schlüsselhebel angreifende Kraft K' bewirkt ein Kräftepaar KK am Bremsschlüssel, welches die Backen auseinanderspreizt und um die Punkte I und II dreht. Dabei legt sich der Bremsbelag gegen die umlaufende Trommel an, mit Drücken p, die auf die ganze Belagfläche verteilt sind. Statt dieser Drücke rechnet man der Einfachheit halber mit einer mittleren Bremsbackenkraft P_1 bzw. P_2, welcher dieselbe Wirkung beigelegt wird. Diese

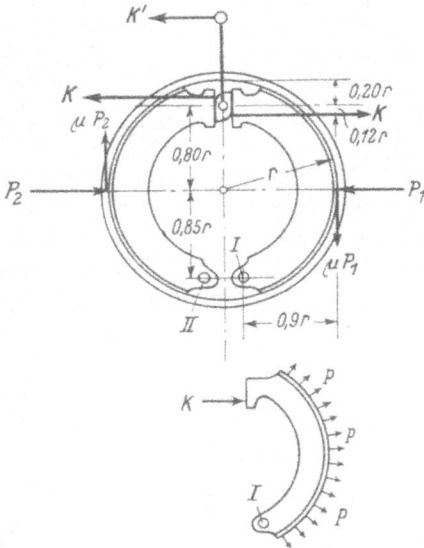

Abb. 167. Kräfte an einer normalen Innen-backenbremse mit angenommenen Maß-verhältnissen.

mittlere Anpreßkraft bewirkt eine Reibungskraft μP in Umfangsrichtung, deren Größe ein bestimmter Bruchteil der senkrecht zur Druckfläche wirkenden Anpreßkraft ist. μ heißt Reibungsbeiwert.

Rechter Bremsbacken. Momentpunkt I:

$$K \cdot 1{,}53\,r - P_1 \cdot 0{,}85\,r + \mu\,P_1 \cdot 0{,}9\,r = 0$$

$$r\,P_1\,(0{,}85 - 0{,}9\,\mu) = r\,K \cdot 1{,}53$$

$$P_1 = K\,\frac{1{,}53}{0{,}85 - 0{,}9\,\mu}$$

Linker Bremsbacken. Momentpunkt II:

$$K \cdot 1{,}77\,r - P_2 \cdot 0{,}85\,r - \mu\,P_2 \cdot 0{,}9\,r = 0$$

$$r\,P_2\,(0{,}85 + 0{,}9\,\mu) = r\,K \cdot 1{,}70$$

$$P_2 = K\,\frac{1{,}70}{0{,}85 + 0{,}9\,\mu}\,.$$

Das gesamte Bremsmoment an der Trommel ist

$$\mathfrak{M}_b = \mu\,r\,(P_1 + P_2) = \mu\,r\,K\left(\frac{1{,}53}{0{,}85 - 0{,}9\,\mu} + \frac{1{,}70}{0{,}85 + 0{,}9\,\mu}\right).$$

Mit $\mu = 0{,}3$ ergibt sich zahlenmäßig

$$\mathfrak{M}_b = \mu\,r\,K\left(\frac{1{,}53}{0{,}58} + \frac{1{,}70}{1{,}12}\right)$$

$$\mathfrak{M}_b = \mu\,r\,K\,(2{,}64 + 1{,}52) = 4{,}16\,\mu\,r\,K.$$

2. Bremse mit gleichsinniger Anpressung.

$$K \cdot 1{,}70\,r - P \cdot 0{,}85\,r + \mu\,P \cdot 0{,}9\,r = 0$$

$$P\,r\,(0{,}85 - 0{,}9\,\mu) = 1{,}70\,K\,r$$

$$P = K\,\frac{1{,}70}{0{,}85 - 0{,}9\,\mu}$$

$$\mathfrak{M}_b = \mu\,r \cdot 2\,P = \mu\,r\,K\,\frac{2 \cdot 1{,}70}{0{,}85 - 0{,}9\,\mu} \qquad \text{mit } \mu = 0{,}3$$

$$\mathfrak{M}_b = \mu\,r\,K\,\frac{3{,}40}{0{,}85 - 0{,}27} = \mu\,r\,K \cdot 5{,}86.$$

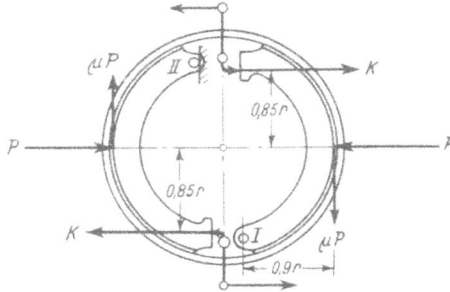

Abb. 168. Kräfte an einer Innenbackenbremse mit gleichsinniger Anpressung der Bremsbacken; Maßverhältnisse entsprechend Abb. 168.

3. Bremse mit Selbstverstärkung.

Rechter Bremsbacken. Momentpunkt I:

$$K \cdot 1,70\,r - P_1 \cdot 0,85\,r + \mu\,P_1 \cdot 0,9\,r = 0$$

$$P_1\,r\,(0,85 + 0,9\,\mu) = 1,70\,K\,r$$

$$P_1 = K\,\frac{1,70}{0,85 - 0,9\,\mu}.$$

An dem linken Bremsbacken greift die Kraft K an, nur ist sie um den halben Kreisumfang verschoben, und außerdem die Reibungskraft $\mu\,P$ am Halbmesser $0,85\,r$, also $\dfrac{\mu\,P}{0,85}$.

Linker Bremsbacken. Momentpunkt II:

$$\left(K + \frac{\mu\,P_1}{0,85}\right) \cdot 1,7\,r - P_2 \cdot 0,85\,r + \mu\,P_2 \cdot 0,9\,r = 0$$

$$P_2\,r\,(0,85 + 0,9\,\mu) = \left[K + \frac{\mu}{0,85}\left(K\,\frac{1,70}{0,85 - 0,9\,\mu}\right)\right] \cdot 1,7\,r$$

$$= K \cdot 1,7\,r\left[1 + \frac{\mu}{0,85}\,\frac{1,7}{0,85 - 0,9\,\mu}\right]$$

$$P_2 = K\,\frac{1,7}{0,85 + 0,9\,\mu}\left[1 + \frac{\mu}{0,85}\,\frac{1,7}{0,85 - 0,9\,\mu}\right].$$

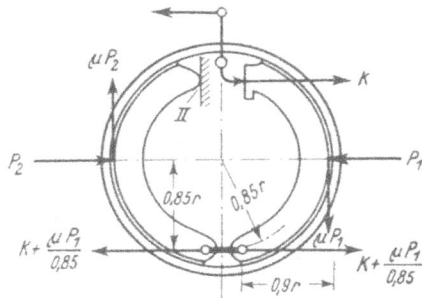

Abb. 169. Kräfte an einer Innenbackenbremse mit Selbstverstärkung. Maßverhältnisse entsprechend Abb. 167 und 168.

Bremsmoment:

$$\mathfrak{M}_b = \mu\,r\,(P_1 + P_2) = \mu\,r\,K\,\frac{1{,}7}{0{,}85 - 0{,}9\,\mu}\left[2 + \frac{\mu}{0{,}85}\,\frac{1{,}7}{0{,}85 - 0{,}9\,\mu}\right]$$

mit $\mu = 0{,}3$

$$\mathfrak{M}_b = \mu\,r\,K\,\frac{1{,}7}{0{,}58}\left[2 + \frac{0{,}353 \cdot 1{,}7}{0{,}58}\right] = \mu\,r\,K \cdot 2{,}93\,[2 + 1{,}035]$$

$$\mathfrak{M}_b = 8{,}89\,\mu\,r\,K.$$

Das gesuchte Verhältnis der Bremswirkungen der drei Bremsbauarten ist somit angenähert

$$4{,}16 : 5{,}86 : 8{,}89$$

oder

$$1 \;\; : 1{,}41 : 2{,}13.$$

b) Berechnung der Kraftübersetzung vom Fußhebel bis zum Rad.

Zur Berechnung der Bremskräfte zwischen Reifen und Straße müssen alle Maße der Kraftübertragung bekannt sein. In untenstehenden Berechnungen ist außerdem angenommen, daß alle Hebel in ihrer vollen Länge wirksam sind, also senkrecht zur Kraftrichtung stehen.

1. Mechanische Bremsen. Werden die entstehenden Drehmomente verfolgt, beginnend mit der Fußkraft P^{I}, so ist abzulesen:

$$P^{\mathrm{I}}a = 2\,K^{\mathrm{II}}b$$
$$K^{\mathrm{II}}c = 2\,K^{\mathrm{I}}d$$
$$K^{\mathrm{I}}e = 2\,Kf$$
$$2\,Kg = 2\,Ph.$$

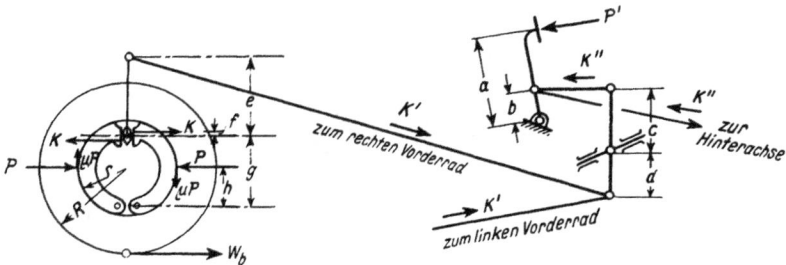

Abb. 170. Kräfte an einer mechanischen Vierradbremse. Zwischen den beiden Kräften K'', K, und P ist jeweils Kraftausgleich angenommen.

Mit Hilfe dieser Gleichungen kann die mittlere Anpreßkraft der Bremsbacken P durch die Fußkraft P^{I} ausgedrückt werden. Es ist nämlich:

$$P = K\,\frac{g}{h};\quad K = \frac{e}{2f}\,K^{\mathrm{I}}$$

$$P = \frac{g}{h}\,\frac{e}{2f}\,K^{\mathrm{I}};\quad K^{\mathrm{I}} = \frac{c}{2d}\,K^{\mathrm{II}}$$

$$P = \frac{g}{h} \cdot \frac{e}{2f} \cdot \frac{c}{2d} \, K^{II}; \quad K^{II} = \frac{a}{2b} \, P^{I}$$

$$P = \frac{a\,c\,e\,g}{2\,b \cdot 2\,d \cdot 2\,f \cdot h} \, P^{I}$$

oder für ein Rad

$$\boxed{2\,P = \frac{a\,c\,e\,g}{4\,b\,d\,f\,h} \, P^{I}}.$$

Der Bruch $\frac{a\,c\,e\,g}{4\,b\,d\,f\,h}$ stellt also die Kraftübersetzung vom Fußhebel zu einer Bremstrommel dar.

Am Berührpunkt von Reifen und Straße entsteht die Bremskraft W_b. Diese ergibt sich aus

$$W_b \cdot R = 2\,P\,\mu\,r \text{ zu}$$

(für ein Rad)

$$W_b = 2\,P \cdot \frac{\mu\,r}{R}.$$

Für beide Vorderräder also

$$2\,W_b = 2\,\mu \cdot \frac{r}{R} \cdot \frac{a\,c\,e\,g}{4\,b\,d\,f\,h} \, P^{I}$$

$$\boxed{2\,W_b = \mu \cdot \frac{r}{R} \cdot \frac{a\,c\,e\,g}{b\,d\,f\,h} \cdot \frac{P^{I}}{2}}.$$

Zahlenbeispiel:
$a = 260$ mm $\qquad b = 35$ mm $\qquad c = d$
$e = 82 \qquad\qquad f = 16$
$g = 195 \qquad\qquad h = 100$
$r = 115 \qquad\qquad R = 316$
$P = 50$ kg $\qquad\quad \mu = 0,3$

$$2\,P = \frac{260 \cdot 82 \cdot 195}{4 \cdot 35 \cdot 16 \cdot 100} \, P^{I} = 18,55 \, P^{I}.$$

Zwei Vorderräder

$$2\,W_b = 0,3 \, \frac{115}{316} \, \frac{260 \cdot 82 \cdot 195 \cdot 50}{35 \cdot 16 \cdot 100 \cdot 2} = 4,06 \, P^{I} = 203 \text{ kg}.$$

Bei einem Wagengesamtgewicht von $G = 1200$ kg und gleicher Bremskraftübersetzung zu Vorder- und Hinterrädern ist die bei voller Belastung erreichbare Verzögerung durch Bremsen allein

$$b = \frac{4\,W_b}{m} = \frac{4\,W_b}{G} \, g = \frac{2 \cdot 203 \cdot 9,81}{1200} = 3,33 \text{ m/s}^2,$$

wenn die Haftfähigkeit der Räder dafür ausreicht.

Die Wegübersetzung vom Fußhebelweg s zum Anlegeweg eines Bremsbackens x muß sich umgekehrt verhalten wie die Kraftübersetzung, da beide ja von derselben Hebelübersetzung herrühren. Also

$$\frac{P^{\mathrm{I}}}{8\,P} = \frac{x}{s} \quad \text{oder} \quad x = s\,\frac{1}{8 \cdot 9{,}275}.$$

Läßt man also einen toten Weg am Bremsfußhebel von 80 mm zu, so darf das Spiel zwischen Bremsbacken und Bremstrommel bei gelöster Bremse nicht größer sein als $x = \dfrac{80}{74{,}1} = 1{,}08$ mm.

2. Öldruckbremse.

Es ist

$$\left.\begin{array}{l} P^{\mathrm{I}}\,a = P^{\mathrm{II}}\,b \\[4pt] p = \dfrac{P^{\mathrm{II}}}{F} \\[6pt] K = p \cdot f \\[6pt] K \cdot c = P \cdot d \end{array}\right\} \text{ also: } P = \frac{c}{d}\,K = \frac{c}{d} \cdot p\,f = \frac{c}{d}\,\frac{f}{F}\,P^{\mathrm{II}} = \frac{c}{d}\,\frac{a}{b}\,\frac{f}{F}\,P^{\mathrm{I}}$$

$$\boxed{P = \frac{a \cdot c}{b \cdot d}\,\frac{f}{F}\,P^{\mathrm{I}}}$$

$$2\,W_b = 4\,\mu\,\frac{r}{R}\,\frac{a \cdot c}{b \cdot d}\,\frac{f}{F}\,P^{\mathrm{I}}$$

ein Rad: $W_b = 2\,P\,\mu\,\dfrac{r}{R}.$

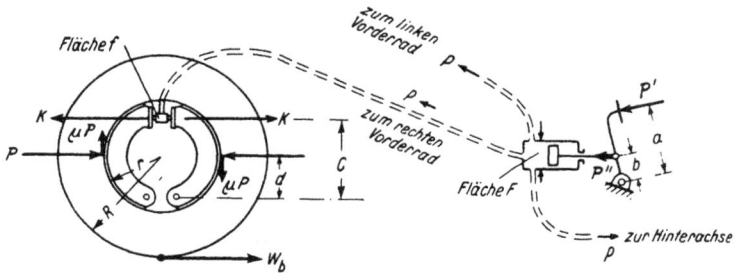

Abb. 171. Kräfte an einer hydraulischen Vierradbremse.

Die Öldruckbremse hat also — vgl. die entsprechenden Formeln der mechanischen Bremsen — bei gleichen Bremszylinderdurchmessern $F = f$ eine hydraulische Übersetzung von $1:4$ beim vierradgebremsten Wagen.

Zahlenbeispiel: $a = 252$ $r = 135$ $d = 100$ $P^{\mathrm{I}} = 50$ kg
$\qquad\qquad\qquad\; b = 53$ $c = 190$ $R = 320$ $\mu = 0{,}3$

$$P = \frac{252 \cdot 190}{53 \cdot 100}\,\frac{1}{1}\,P^{\mathrm{I}} = 9{,}04\,P^{\mathrm{I}}.$$

Zwei Vorderräder

$$2\,W_b = 4 \cdot 0{,}3\,\frac{135}{320} \cdot 9{,}04\,P^{\mathrm{I}} = 4{,}58\,P^{\mathrm{I}} = 229 \text{ kg.}$$

Bei einem Wagengesamtgewicht von 1350 kg und gleicher mechanischer und hydraulischer Übersetzung zu Vorder- und Hinterrädern ist die erreichbare Verzögerung ohne Luftwiderstand

$$b = \frac{4\,W_b}{G}\,g = \frac{2\cdot 229}{1350}\cdot 9{,}81 = 3{,}33 \text{ m/s}^2,$$

wenn die Haftfähigkeit der Räder für die Kräfte W_b ausreicht.

3. Unterdruck-Hilfskraftbremse.

Ohne Hilfskraft:

$$\left.\begin{aligned}
P^\mathrm{I}\,a &= P^\mathrm{II}\,b\\
P^\mathrm{II}\,c &= P^\mathrm{III}\,d\\
P^\mathrm{III}\,e &= 4\,P^\mathrm{IV}\,g\\
P^\mathrm{IV}\,h &= 2\,K\,i\\
K\,k &= P\,l
\end{aligned}\right\}
\begin{aligned}
P &= \frac{k}{l}\,K = \frac{k}{l}\cdot\frac{h}{2\,i}\,P^\mathrm{IV} = \frac{k}{l}\cdot\frac{h}{2\,i}\cdot\frac{e}{4\,g}\,P^\mathrm{III} =\\[2mm]
&= \frac{k\cdot h\cdot e\cdot c}{l\cdot 2\,i\cdot 4\,g\cdot d}\,P^\mathrm{II} = P = \frac{k\cdot h\cdot e\cdot c\cdot a}{l\cdot 2\,i\,4\,g\cdot d\cdot b}\,P^\mathrm{I}.
\end{aligned}$$

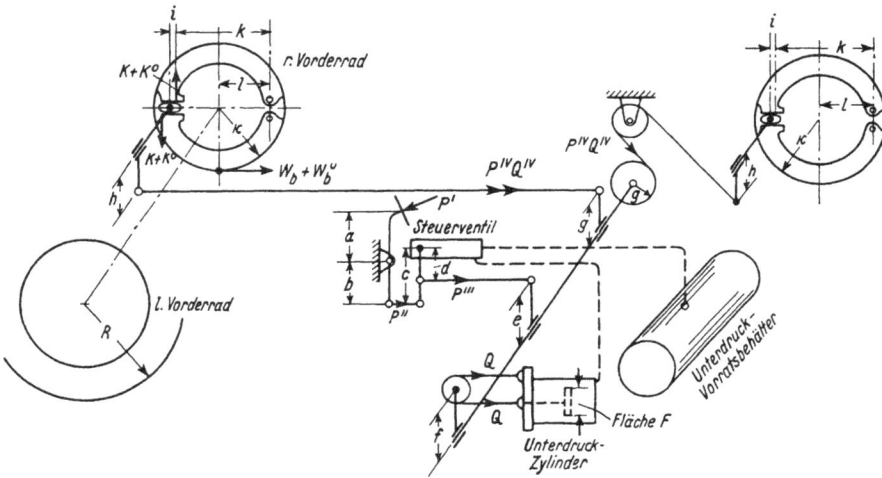

Abb. 172. Kräfte an einer mechanischen Bremse mit Unterdruck-Hilfskraft-Einrichtung.

Hilfskraft:

$$\left.\begin{aligned}
Q &= p\,F\,\eta\\
2\,Q\,f &= 4\,Q^\mathrm{IV}\,g\\
Q^\mathrm{IV}\,h &= 2\,K^0\,i\\
K^0\,k &= P^0\,l
\end{aligned}\right\}$$
Wirkungsgrad der Unterdruckeinrichtung $\eta = 0{,}9$

$$P^0 = \frac{k}{l}\,K^0 = \frac{k\cdot h}{l\cdot 2\,i}\,Q^\mathrm{IV} = \frac{k\cdot h\cdot 2\,f}{l\cdot 2\,i\cdot 4\,g}\,Q = \frac{k\cdot h\cdot 2\,f}{l\cdot 2\,i\cdot 4\,g}\,p\,F\,\eta.$$

Ohne Hilfskraft: $W_b = \dfrac{2\,P\,\mu\,r}{R}$ (ein Rad)   Hilfskraft: $W_b{}^0 = \dfrac{2\,P^0\,\mu\,r}{R}.$

$$W_b = \frac{a\,c\,e\,h\,k}{b\,d\,g\,i\,l}\,\frac{P^\mathrm{I}}{4}\,\mu\,\frac{r}{R}.$$

Mit Hilfskraft:

$$W_b + W_b{}^0 = \frac{a\,c\,e}{b\,d\,g}\left[\frac{h\,k}{i\,l}\right]\frac{P^{\mathrm{I}}}{4}\,\mu\,\frac{r}{R} + \frac{f}{g}\left[\frac{h\,k}{i\,l}\right]\frac{p\,F\,\eta}{2}\,\mu\,\frac{r}{R}$$

$$W_b + W_b{}^0 = \mu\,\frac{r}{R}\left[\frac{h\,k}{i\,l}\right]\left\{\frac{a\,c\,e}{b\,d\,g}\,\frac{P^{\mathrm{I}}}{4} + \frac{f}{g}\,\frac{p\,F\,\eta}{2}\right\}.$$

Aufgabe. Ein Fahrer weicht einem plötzlich nach links einbiegen-
den vor ihm befindlichen Fahrzeug rechts aus. Dabei streift er diesen
Wagen, kommt auf den Bürgersteig und verletzt in 10 m Abstand von
der Zusammenstoßstelle eine Fußgängerin schwer. Der Fahrer behauptet,
bei dem Zusammenstoß sei seine Unterdruckbremse beschädigt worden,
sonst hätte er den zweiten Unfall vermeiden können. Beim Zusammenstoß hat er eine sicher bezeugte Fahrgeschwindigkeit von 25 km/h.

Konnte er bei unwirksamem, bzw. bei wirksamem Unterdruckteil
der Bremse (nach obigem Schema) den zweiten Unfall vermeiden?
Gesamtgewicht des Wagens 2800 kg.

$a = 340 \quad c = 140 \quad e = \ 55 \quad g = \ 60 \quad i = \ 18 \quad l = 200 \quad r = 225\,[\text{mm}]$
$b = 142 \quad d = \ 90 \quad f = 155 \quad h = 160 \quad k = 365 \qquad\qquad\quad R = 418$

$$\mu = 0{,}3, \quad F = \frac{\pi}{4}\cdot 10^2\,[\text{cm}^2], \quad p = 0{,}4\left[\frac{\text{kg}}{\text{cm}^2}\right], \qquad \eta = 0{,}9,\, P^{\mathrm{I}} = 50\,[\text{kg}].$$

Bremskraft ohne Hilfskraft:

$$4\,W_b = \frac{340\cdot 140\cdot 55\cdot 160\cdot 365}{142\cdot 90\cdot 60\cdot 18\cdot 200}\,P^{\mathrm{I}}\cdot 0{,}3\,\frac{225}{418}$$

$$4\,W_b = 55{,}2\,P^{\mathrm{I}}\cdot 0{,}1615 = 445\,[\text{kg}].$$

Verzögerung: $b = \dfrac{445\cdot 9{,}81}{2800} = 1{,}56\,[\text{m/s}^2].$

Bremskraft mit Hilfskraft:

$$4\,W_b{}^0 + 4\,W_b = \frac{160\cdot 365}{18\cdot 200}\left\{2\,\frac{155}{60}\,0{,}4\cdot 0{,}9\,\frac{\pi}{4}\,10^2\right\}0{,}1615 + 445$$

$$4\,W_b{}^0 + 4\,W_b = 16{,}2\cdot 146\cdot 0{,}165 + 445 = 390 + 445\,[\text{kg}].$$

Verzögerung: $b + b^0 = \dfrac{835\cdot 9{,}81}{2800} = 2{,}93\,[\text{m/s}^2].$

Bremsweg aus $25\,\text{km/h} = 6{,}95\,\text{m/s};\quad s = \dfrac{v^2}{2\,b} = \dfrac{6{,}95^2}{2\,b} = \dfrac{24{,}1}{b}$

ohne Hilfskraft $s \ = 15{,}45$ m,
mit Hilfskraft $s_0 = \ \ 8{,}32$ m.

Schreckzeit ist nicht anzurechnen, da der Fahrer schon beim Zusammenstoß mit dem Wagen den Fuß auf der Bremse hatte.

4. Druckluft-Fremdkraftbremse.

$$\left.\begin{array}{l} P^{\mathrm{I}} = p\,F\,\eta \\ P^{\mathrm{I}} \cdot a = 2\,K \cdot b \\ K \cdot c = P \cdot d \end{array}\right\} \quad P = \frac{c}{d}\,K = \frac{c}{d}\,\frac{a}{2b}\,P^{\mathrm{I}} = \frac{c \cdot a}{d \cdot 2b}\,p\,F\,\eta$$

$$\boxed{P = \frac{a\,c}{2\,b\,d}\,p\,F\,\eta}$$

$$W_b = 2\,P\,\mu\,\frac{r}{R} \qquad \boxed{W_b = \frac{a\,c}{b\,d}\,p\,F\,\eta\,\mu\,\frac{r}{R}}.$$

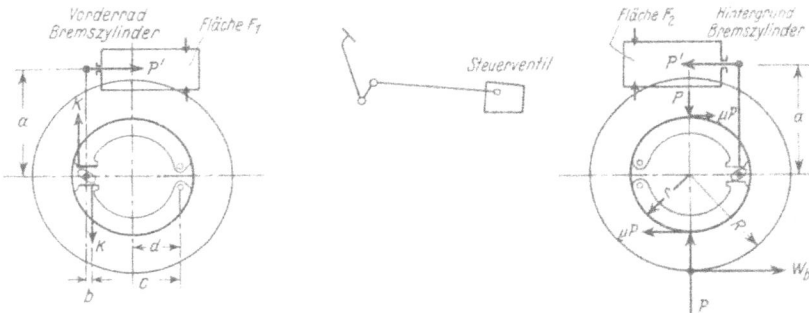

Abb. 173. Kräfte an einer Druckluft-Fremdkraftbremse. Für jedes Rad sind Einzel-Brems-
zylinder angenommen.

Zahlenbeispiel: $a_1 = 250$ $b_1 = 12{,}5$ $c_1 = 405$ $d_1 = 205$

$\qquad\qquad\qquad a_2 = 195$ $b_2 = 17$ $c_2 = 380$ $d_2 = 190$

$G = 13000$ kg $p = 5$ atü $= 0{,}9$ $r = 250$ $R = 562$

$$F_1 = \frac{7{,}5^2\,\pi}{4} \qquad F_2 = \frac{12^2\,\pi}{4} \qquad \text{je Rad ein Bremszylinder}$$

Vorderrad $\quad P_V = \dfrac{250 \cdot 405}{2 \cdot 12{,}5 \cdot 205} \cdot 5 \cdot \dfrac{7{,}5^2\,\pi}{4} \cdot 0{,}9 = 3930$ kg

Hinterrad $\quad P_H = \dfrac{195 \cdot 380}{2 \cdot 17 \cdot 190} \cdot 5 \cdot \dfrac{12^2\,\pi}{4} \cdot 0{,}9 = 5840$ kg.

Bremskraft an den Rädern

$$2\,W_{bV} + 2\,W_{bH} = 4\,P_V\,\mu\,\frac{r}{R} + 4\,P_H\,\mu\,\frac{r}{R} \qquad \mu\,\frac{r}{R} = 0{,}3\,\frac{250}{562} = 0{,}1335$$

$$= 0{,}1335\,(15\,720 + 23\,360) = 0{,}1335 \cdot 39\,080$$

$$2\,W_{bV} + 2\,W_{bH} = 5220 \text{ kg.}$$

Erreichbare Bremsverzögerung durch Bremsen allein:

$$b = \frac{2\,W_{bV} + 2\,W_{bH}}{G}\,g = \frac{5220}{13\,000}\,9{,}81 = 3{,}94 \text{ m/s}^2.$$

C. Größte erreichbare Bremsfähigkeit. Dynamische Achsbelastung.

In den bisherigen Betrachtungen ist stets diejenige Bremskraft ermittelt worden, welche am Radumfang erzielt werden kann, **ohne Rücksicht darauf, ob diese Kräfte auch an die Straßenoberfläche übertragbar sind.** Die Ermittlung der Bremsfähigkeit von Kraftfahrzeugen darf aber nicht nur von der bisherigen Feststellung ausgehen: „Welche Bremskraft am Radumfang ist erzielbar beim Aufwand der Fußkraft und anderer Kräfte?", sondern sie muß auch die weitere Frage »Welche Bremskräfte sind wirksam auf die Straßenoberfläche übertragbar?« beantworten.

Wird die Bremskraft am Radumfang zu groß, so blockieren die Räder und das Fahrzeug rutscht. Nach übereinstimmender Ansicht ist aber die Bremswirkung am größten bei oder **etwas unterhalb der Gleitgrenze** der Reifen. Die stärkste Bremswirkung ist also zu erwarten, wenn die von der Bremse auf den Radumfang übertragenen Kräfte gerade der Haftfähigkeit der Reifen am Boden entsprechen. Die Haftfähigkeit selbst wächst mit der Belastung der Räder.

Änderung der Radbelastung während des Bremsens. Bei einem Fahrzeug mit mechanischer Bremse sei die erzielbare Bremskraft bei einem Gesamtgewicht von $G = 1400$ kg:

$$\text{Vorderräder} \quad 2\,W_{bV} = 350 \text{ kg,}$$
$$\text{Hinterräder} \quad 2\,W_{bH} = 350 \text{ kg.}$$

Die erreichbare Verzögerung durch Bremsen allein ist also ($e = 1{,}05$)

$$b = \frac{2\,W_{bV} + 2\,W_{bH}}{e \cdot G}\,g = \frac{700}{1{,}05 \cdot 1400}\,9{,}81 = 4{,}67 \text{ m/s}^2.$$

Dazu kommt die Verzögerung durch den Rollwiderstand

$$b_{\text{roll}} = \frac{\alpha\,G}{e\,G \cdot 1000}\,g = \frac{\alpha\,g}{e} = \frac{0{,}020 \cdot 9{,}81}{1{,}05} = 0{,}187 \text{ m/s}^2.$$

Ferner wirkt verzögernd der Motor, wenn die Drossel geschlossen ist

$$\mathfrak{M}_{\text{mot}} = (1 - \eta_{\text{mot}})\,\frac{\mathfrak{M}_n}{\eta_{\text{mot}}} \qquad\qquad P_{\text{mot}} = \frac{2{,}78 \cdot \ddot{u}}{R} = \frac{2{,}78 \cdot 5}{0{,}35} = 39{,}8 \text{ kg,}$$

$$V_H = 2\,\text{l} \qquad \ddot{u} = 5 \qquad\qquad \text{da}$$

$$N_n = 35\,\text{PS} \qquad R = 0{,}35\,\text{m} \qquad \mathfrak{M}_{\text{mot}} = 0{,}25\,\frac{8{,}36}{0{,}75} = 2{,}78 \text{ mkg}$$

$$n_n = 3000 \qquad \eta_{\text{mot}} = 0{,}75$$

$$\mathfrak{M}_e = 716\,\frac{35}{3000} = 8{,}36 \text{ mkg} \qquad b_{\text{mot}} = \frac{39 \cdot 8}{e \cdot G}\,g = 0{,}265 \text{ m/s}^2.$$

Das ergibt eine am Treibrad wirksame verzögernde Kraft

$$P_{\text{mot}} = 39{,}8 \text{ kg}$$
$$b_{\text{mot}} = 0{,}265 \text{ m/s}^2.$$

Ferner wirkt verzögernd der Luftwiderstand $W_L = 0,0052\, F V^2$ $(F = 2\ \text{m}^2)$

$$b_L = \frac{W_L}{eG}\, g = \frac{0,0104 \cdot 9,81}{1,05 \cdot 1400}\, V^2 = \frac{0,0695}{1000}\, V^2.$$

Also bei $V = 80$ km/h $b_L = \dfrac{0,0695}{1000}\, 6400 = 0,444\ \text{m/s}^2.$

Die Gesamtverzögerung ist also bei nicht abgekuppeltem Motor und geschlossener Drossel unter Vernachlässigung des ebenfalls bremsenden Getriebewiderstands

bei $V = 80$ km/h $\qquad\qquad\qquad V = 10$ km/h

$$b = 4,670$$
$$b_{\text{roll}} = 0,187$$
$$b_{\text{mot}} = 0,265$$
$$\underline{b_L = 0,444} \qquad\qquad\qquad \underline{b_L \approx 0}$$
$$b_{\text{gesamt}} = 5,566\ \text{m/s}^2 \qquad\qquad b_{\text{gesamt}} = 5,122\ \text{m/s}^2.$$

Diese Verzögerung bewirkt eine Mehrbelastung der Vorderräder und eine Entlastung der Hinterräder, weil der Aufbau infolge seiner Massenträgheit sich mit der anfänglichen Geschwindigkeit weiterbewegen will.

Ist die Vorderachsbelastung des ruhenden Wagens $G_v = 630$ kg, die Hinterachsbelastung $G_h = 770$ kg,

d. h. $\qquad \dfrac{a}{s} = \dfrac{1650}{3000} = 0,55 \qquad\qquad \begin{aligned} r + h &= 0,8 \ \text{m} \\ x &= 0,15 \ \text{m,} \end{aligned}$

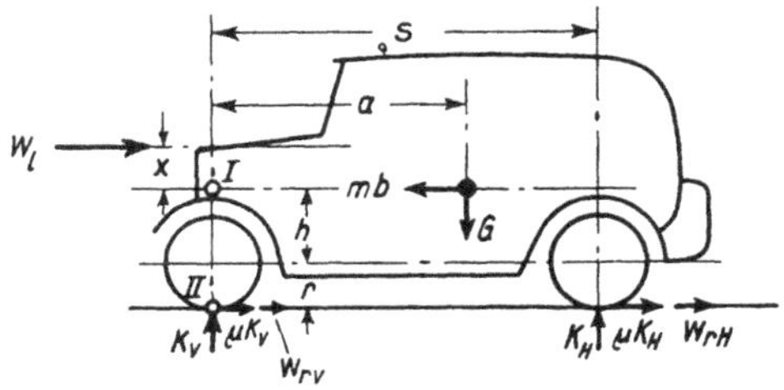

Abb. 174. Zur Berechnung der Achsbelastungen beim Bremsen.

so ergibt sich folgende dynamische Achsbelastung beim Bremsen:

Momentpunkt II

bei 80 km/h $\qquad\quad -K_H \cdot s + G \cdot a - m\, b\, (h + r) + W_L\, (x + h + r) = 0$

$W_L = 0,0052 \cdot 2 \cdot 80^2$
$\quad = 66,5$

$$K_H \cdot s = 1400 \cdot 1,65 - \frac{1400}{9,81} \cdot 5,566 \cdot 0,8 + 66,5 \cdot 0,95$$

$$= \quad 2310 \qquad - \qquad 636 \qquad + 63 = 1737$$

$$K_H = \frac{1737}{3} = 579 \ \text{kg}$$

$$K_V = G - 579 = 821 \ \text{kg.}$$

Die Achslastverteilung hat sich also mehr als umgekehrt. Wenn die Straße gut und der Haftreibungsbeiwert zwischen Reifen und Straße $\mu = 0,6$ ist, so könnte man mit diesen Achsdrücken theoretisch

an der Vorderachse $\quad 821 \cdot 0,6 = 492,6 \text{ kg},$

an der Hinterachse $\quad 579 \cdot 0,6 = 347,4 \text{ kg}$

Bremskraft übertragen. Infolge der gleichen Bremsübersetzung nach vorn und hinten müßten bei voller Bremsung — wie vorhin angenommen — an der Hinterachse (Treibachse) folgende Kräfte übertragen werden:

durch Bremsen allein	350,0 kg
durch Rollwiderstand	11,5 »
durch Motorwiderstand . . .	39,8 »
	401,3 kg

an der Vorderachse

durch Bremsen allein	350,0 kg
durch Rollwiderstand	16,4 »
	366,4 kg

Der Luftwiderstand greift nicht an den Rädern, sondern am Aufbau an.

Bei voller Bremsbetätigung würden mit $\mu = 0,6$ die Hinterräder blockieren, weil die verzögernde Kraft (401,3 kg) die Haftkraft (347,4 kg) übersteigt. An den Vorderrädern ist die verzögernde Kraft 366,4 kg, die Haftkraft aber 492,6 kg, so daß die Bremskraftübersetzung ohne Rutschgefahr nach den Vorderrädern hin größer sein könnte.

Um die Blockiergrenze nicht zu überschreiten, darf die verzögernde Kraft an den Hinterrädern die Haftkraft höchstens erreichen, nicht aber übersteigen. Die durch Bremsen allein aufgebrachte Umfangskraft an den Hinterrädern darf zur Vermeidung des Blockierens nur etwa $347,4 - 11,5 - 39,8 = 296,1 \text{ kg}$ betragen.

Infolge gleicher Bremsübersetzung vorn und hinten kann also auch vorn die durch Bremsen allein aufgebrachte Umfangskraft nur 296,1 kg betragen. Die gesamte verzögernde Kraft ist dann

Hinterachse	347,4 kg	Vorderachse Bremsen allein	296,1 kg
		Rollwiderstand	16,4 »
			312,5 kg

Bei $W_L = 0$ ist dann an der Blockiergrenze nur

$$b = \frac{347,4 + 312,5}{1,05 \cdot 1400} \cdot 9,81 = 4,405 \text{ m/s}^2$$

statt 5,122 m/s² und der dynamische Hinterachsdruck

$$K_H = 1400 \cdot 0,55 - \frac{1400}{9,81} \cdot 4,405 \cdot 0,8 = 602 \text{ kg}.$$

Die Bremskraftübersetzung nach den Vorderrädern könnte das

$$\frac{\mu\,K_V - \alpha\,K_V}{296,1} = \frac{492,6 - 16,4}{296,1} = \frac{476,2}{296,1} = 1,6\,\text{fache betragen.}$$

Gegenüber dieser theoretisch besten Ausnutzung ist diese Bremse mit gleicher Bremsübersetzung vorn und hinten auf einer Straße mit $\mu = 0,6$ nur zu etwa $\dfrac{296,1 + 296,1}{0,6 \cdot 296,1 + 296,1} = \dfrac{592,2}{772,3} = 76,6\,\%$ ausnutzbar.

Aufgabe. Es ist dieselbe Überlegung für eine glatte nasse Straße mit $\mu = 0,2$ durchzuführen.

Da man bei der obigen Berechnungsweise auf Probieren angewiesen ist, wird mit dem vorigen Bild ein besserer Ansatz entwickelt.

Momentpunkt I:

$$-\,K_{II} \cdot s + G\,a - (\mu + \alpha)\,(K_V + K_{II})\,(r + h) + W_L\,x = 0.$$

In diesem Ansatz ist — wie oben — das Motorbremsmoment und das Bremsmoment des Getriebewiderstandes vernachlässigt. Ferner ist die Rückwirkung der am Rad angreifenden bremsenden Kräfte — welche die Hinterachse entlasten — und der am Rad wirkenden Trägheitskräfte der rotierenden Teile — welche die Vorderachse entlasten — vernachlässigt.

Damit ist also

$$K_H = G\,\frac{a - (\mu + \alpha)\,(r + h)}{s} + W_L\,\frac{x}{s} \qquad\qquad \begin{aligned} \mu &= 0,2 \\ \alpha &= 0,02 \\ W_L &\approx 0 \end{aligned}$$

$$K_{II} = 1400\,\frac{1,65 - 0,22 \cdot 0,8}{3} = 1400\,\frac{1,65 - 0,176}{3} = 688\,\text{kg}$$

$$K_V = 1400 - 688 = 712\,\text{kg}.$$

Die an den Hinterrädern übertragbare Bremskraft ist demnach

$$K_H \cdot \mu - P_{rH} - P_{\text{mot}} = 137,6 - 0,02 \cdot 688 - 39,8 = 84,1\,\text{kg}.$$

An der Vorderachse wird dann übertragen $84,1 + 0,02 \cdot 712 = 98,3\,\text{kg}$ und die erreichbare Verzögerung ist

$$b = \frac{137,6 + 98,3}{1,05 \cdot 1400}\,9,81 = \frac{235}{1,05 \cdot 1400}\,9,81 = 1,577\,\text{m/s}^2.$$

An der Vorderachse wäre übertragbar $712 \cdot 0,2 - 712 \cdot 0,02 = 142,4\,\text{kg}$

$$ - 14,2\,»$$

$$ \overline{128,2\,\text{kg}}$$

also könnte die Bremskraftübersetzung nach vorn um das $\dfrac{128,2}{84,1} = 1,52$-fache größer sein. Die Ausnutzung der Bremse bei gleicher Bremskraftübersetzung vorn und hinten auf einer Straße mit $\mu = 0,2$ ohne Auskuppeln ist demnach etwa

$$\eta_{\text{Bremse}} = \frac{84,1 + 84,1}{84,1 + 84,1 \cdot 1,52} = \frac{168,2}{212,1} = 79,4\,^0/_0.$$

Auch diese Rechnung ist natürlich ungenau, da jeweils mit der Verzögerung sich der dynamische Achsdruck ändert. Die theoretisch vollständige Ausnutzung der Haftfähigkeit zum Bremsen ist deswegen nicht möglich und wird nicht angestrebt, weil dabei das Fahrzeug nicht mehr spurt.

Bei den vorliegenden Rechnungen ist vorausgesetzt, daß die Spiele vom gelösten Zustand der Bremse bis zum Anlegen der Bremsbacken an der Bremstrommel vorn und hinten gleich sind.

In Wirklichkeit werden oft (bei Bremsen ohne Bremsausgleich) die Spiele an den Vorderrädern knapper eingestellt, wobei sich ein früheres Einsetzen der Vorderradbremsung ergibt. Die obigen Überlegungen zeigen jedoch, daß die Ausnutzung der Bremse dadurch nicht verbessert werden kann, weil ja die Übersetzung dieselbe geblieben ist.

D. Messung der Bremsfähigkeit.

Zur Messung der Bremsfähigkeit kann zunächst der Bremsweg bei einer bekannten Anfangsgeschwindigkeit gemessen werden. Die genaue Messung des Weges erfordert eine genaue Feststellung des Bremsbeginns, der meistens aus den sichtbaren Spuren nicht einwandfrei ermittelbar ist. Er muß deswegen durch besondere Versuchseinrichtungen — z. B. durch das Schußverfahren, s. später — bestimmt werden. Außerdem ist die Ermittlung der Anfangsgeschwindigkeit ungenau und erfordert geeichte Geschwindigkeitsmesser. Weil daher diese Messungen umständliche Vorkehrungen am Kraftfahrzeug verlangen und bei der Vornahme durch Ungeschulte leicht zu Fehlergebnissen führen, hat die Gesetzgebung bisher[1]) nicht den größtzulässigen Bremsweg, aus einer bestimmten Anfangsgeschwindigkeit, vorgeschrieben, sondern die mindestzulässige Bremsverzögerung. Hierfür gibt es leicht zu handhabende Geräte — z. B. den Siemens-Bremsmesser, s. später — welche keine Vorbereitungen am Fahrzeug und keine Beachtung meßtechnischer Feinheiten erfordern. Man kann vom Bremsweg auf die Bremsverzögerung schließen und umgekehrt, mit den Formeln (II. Kap. 1. Abschn.):

$$s = \frac{v^2}{2\,b}\ [\text{m}] \qquad\qquad b = \frac{v^2}{2\,s}\ [\text{m/s}^2].$$

---

[1]) Erst die StVZO vom 1. 1. 1938 stützt sich auf die Messung des Bremsweges zur Berechnung der mittleren Bremsverzögerung.

Dabei ist aber zu beachten, daß diese Gleichungen nur für gleichbleibende Beschleunigung und Verzögerung gelten. Die Verzögerung beim Bremsen ist aber nur in erster Näherung gleichbleibend, und zwar treten Veränderungen auf

1. wegen der mit der Geschwindigkeit veränderlichen Verzögerung durch den Luftwiderstand,

2. wegen der ungleichen Betätigung durch den Fahrer,

3. wegen der Erwärmung der Bremsen während der Betätigung, wodurch der Reibungsbeiwert zwischen Bremsbelag und Trommel abnimmt.

Beispiel. Es seien drei verschiedene zeitliche Verläufe der Verzögerung gegeben, bei denen der zeitliche Mittelwert der Verzögerung gleich ist. Wie groß sind die zugehörigen Zeiten, Geschwindigkeiten und Wege bis zum Stillstand des Wagens bei einer Anfangsgeschwindigkeit von $v_0 = 20$ m/s?

$$\text{Konstant (I)} \quad -b_{\mathrm{I}} = 5 \text{ m/s}^2 \qquad T = 4$$
$$\text{steigend (II)} \quad -b_{\mathrm{II}} = 4 + xt \qquad x = \frac{2}{T} = 0{,}5$$
$$\text{fallend (III)} \quad -b_{\mathrm{III}} = 6 - xt$$

$$\boxed{\begin{array}{c} v_2 = 0 \\ T = 4 \text{ s} \end{array}}$$

$$v_{\mathrm{I}} = -b_{\mathrm{I}}t + v_0 \qquad\qquad v_{\mathrm{I}} = 20 - 5t$$

$$v_{\mathrm{II}} = -4t - x\frac{t^2}{2} + v_0 \qquad v_{\mathrm{II}} = 20 - 4t - \frac{0{,}5\,t^2}{2}$$

$$v_{\mathrm{III}} = -6t + x\frac{t^2}{2} + v_0 \qquad v_{\mathrm{III}} = 20 - 6t + \frac{0{,}5\,t^2}{2}$$

$$\boxed{t = 2 \text{ s}}$$

$$v_{\mathrm{I}} = 20 - 10 \qquad\quad = 10 \text{ m/s}$$
$$v_{\mathrm{II}} = 20 - 8 - 1 = 11 \text{ m/s}$$
$$v_{\mathrm{III}} = 20 - 12 + 1 = 9 \text{ m/s.}$$

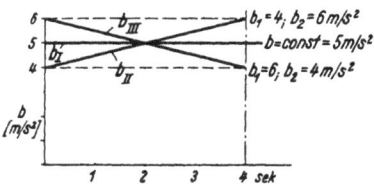

Abb. 175. Bremsverzögerungen mit gleicher mittlerer Verzögerung, aber verschiedenem Verzögerungsverlauf.

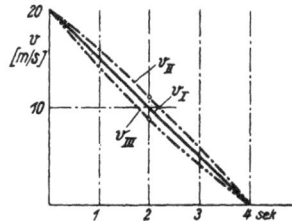

Abb. 176. Geschwindigkeitsverlauf zu den Verzögerungen der Abb. 175.

Es müssen also auch die Wege ungleich sein, und zwar ist der Bremsweg bei steigender Verzögerung am größten, bei fallender Verzögerung
am kleinsten, weil entsprechend der Mittelwert der Geschwindigkeit
während der Zeit von 4 s $v_{\mathrm{II}\,m}$ am größten, $v_{\mathrm{III}\,m}$ am kleinsten ist, was
ohne Rechnung aus Abb. 176 ersichtlich.

Wenn der wirkliche Verlauf der Verzögerung fallend ist, wie es am
wahrscheinlichsten (Luftwiderstand, Bremsenerwärmung), so wird mit
der Formel $b = \dfrac{v^2}{2\,s}$ die mittlere Verzögerung zu groß berechnet, weil
s kleiner ist als es der gleichbleibenden Verzögerung entspräche.

Könnte man den wirklichen Mittelwert der Verzögerung messen,
so würde man mit der Formel $s = \dfrac{v^2}{2\,b}$ den Bremsweg bei fallendem
Verlauf der Verzögerung zu groß berechnen, weil bei fallender Verzögerung der Bremsweg kleiner wird als bei konstanter Verzögerung.

Anwendung des Pendels zur Verzögerungsmessung. Bei
Verzögerung schlägt das Pendel aus und würde bei lange anhaltender
konstanter Verzögerung eine Gleichgewichtslage finden, bei welcher
Trägheitskraft m_b und rückführende Kraft gleich groß sind. Beide Pendel
müßten sehr stark (aperiodisch) gedämpft werden, da sie sonst beim
Anbremsen weit über den Anzeigewert hinausschlügen und in Schwingungen gerieten, die eine Ablesung unmöglich machen.

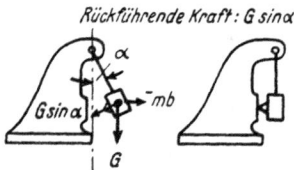

Abb. 177. Mechanisches Pendel
als Beschleunigungsmesser.

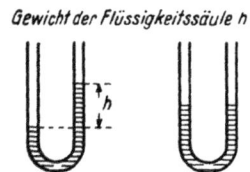

Abb. 178. Flüssigkeitspendel
als Beschleunigungsmesser.

Siemens-Bremsmesser. Die Übereinstimmung der Ablesung
mit der wirklichen mittleren Verzögerung muß durch Eichung der Ab-

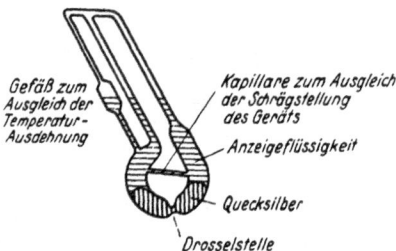

Abb. 179. Schema des Siemens-Bremsmessers.

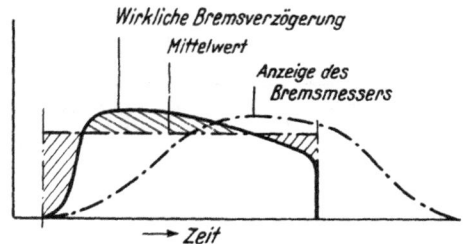

Abb. 180. Anzeigeverlauf des Siemens-Bremsmessers.

leseskala hergestellt werden. Da aber die Meßgeräte mit konstanten Verzögerungen auf dem Versuchsstand geeicht werden, bleibt die Anbremsung und das Abfallen der Fahrzeugverzögerung unberücksichtigt, der Größtausschlag der Flüssigkeit wird bei einer höheren Verzögerung erreicht als dem Mittelwert entspricht, so daß diese Geräte eine zu große mittlere Verzögerung anzeigen.

Schrecksekunde. Beim Bremsen — insbesondere im Gefahrfalle — verstreicht zwischen dem Auftauchen des Hindernisses und dem Augenblick voller Bremswirkung eine gewisse Zeit, welche sich in folgende Abschnitte unterteilen läßt:

1. Zeit vom Auftauchen des Hindernisses bis zum verstandesmäßigen Erfassen der Gefahr: Schreckzeit.

2. Zeit vom verstandesmäßigen Erfassen der Gefahr bis zur Einleitung einer Handlung, Leitung vom Gehirn zu Armen und Beinen (»lange Leitung!«): Reaktionszeit.

3. Zeit vom Beginn der Fußbewegung bis zum vollen Einsatz der Bremskraft, Umsetzung des Fußes vom Gashebel zum Bremshebel, Überwindung des toten Gangs im Gestänge: Betätigungszeit.

Bremswegmessung nach dem Schußverfahren. Vergleich mit Verzögerungsmessung mit Siemens-Bremsmesser, Messung der Reaktions- und Betätigungszeit.

Versuchsvorgang. Am Trittbrett sind zwei Pistolen zum Abschießen von Farbschüssen auf die Fahrbahn befestigt. Die Schlagbolzen werden elektrisch betätigt, und zwar der erste mittels Druckknopf von Hand, der zweite beim Niedertreten des Bremsfußhebels. Nach Ertönen des ersten Schusses (entsprechend Auftauchen des Hindernisses) ist sofort zu bremsen. Die Messung bis zum stehenden Wagen ergibt zwei Wegstrecken:

$s_1 =$ Weg vom Erscheinen des Hindernisses bis zur Fußhebelbetätigung,

$s_2 =$ Weg vom Beginn der Bremsbetätigung bis zum Stillstand.

Die Anfangsgeschwindigkeit ist am geeichten Tachometer abzulesen oder zu stoppen.

Der Versuch (erster Schuß) kann entweder bei größter Aufmerksamkeit an vorbezeichneter Stelle (Bestwerte der Schreck- plus Reaktionszeit!) oder unvermutet unter Ablenkung der Aufmerksamkeit (Größtwerte der Schreck- plus Reaktionszeit!) vorgenommen werden. Die erreichte mittlere Bremsverzögerung ist rückwärts aus dem Bremsweg und der Anfangsgeschwindigkeit zu ermitteln, wobei der Bremsbetätigungsweg s_3 — vom Beginn der Betätigung durch Niedertreten des Fußhebels bis zum Erscheinen der Bremsspur auf der Straße — nachgemessen bzw. geschätzt wird.

Die Bremsverzögerung kann gleichzeitig am Siemens-Bremsmesser abgelesen werden.

Beispiel. Straße: Asphalt, trocken, eben. Fahrzeug Wanderer 10/50, 4 Personen, Bestwerte der Schreck-Plus-Reaktionszeit.

Versuch Nr.	s_1	s_2	s_3	Zeit für 50 m	v_0	Bemerkungen	$b_m = \dfrac{v^2}{2(s_2-s_3)}$	Schreck = +Reaktionszeit $\dfrac{x'}{v_0}$ (s)	Bremsmesser b'	$\dfrac{b_m}{b'}$
	m	m	m	s	m/s		m/s²		m/s²	
1	8,0	41,0		2,8	17,85		3,98	0,449	5,2	0,765
2	7,3	30,0		2,6	19,25	blockiert,	6,39	0,379	6,8	0,940
3	6,6	24,0		2,8	17,85	Wagen stellt sich	6,92	0,370	7,0	0,988
4	12,0	30,5	~1 m	2,8	17,85	quer	5,40	0,674	—	—
5	7,0	28,0		2,8	17,85	leichter	5,90	0,392	7,1	0,844
6	6,9	41,5		3,0	16,67	Regen	3,43	0,414	—	—
7	7,6	35,5		2,8	17,85	setzt ein	4,61	0,425	5,0	0,924
Mittelwerte....					17,88		5,23	0,443		0,892

Folgerungen. 1. Blockiergrenze dieses Wagens auf dieser Straße und trockenem Wetter bei etwa $b_m = 6,5$ m/s², d. h. Grenz-Haftbeiwert $\mu = 0,66$.

2. Der Siemens-Bremsmesser zeigt etwas zuviel an, beim Versuch im Mittel das 1,2fache der mittleren Verzögerung. Nach Versuchen von Prof. Langer, Aachen, ist die Anzeige des Siemens-Bremsmessers bei normaler, nicht blockierter Bremsung zu multiplizieren

bei $v =$	7	10	15	18	m/s
mit $\dfrac{b_m}{b'} =$	0,90	0,87	0,80	0,75	

Zurückrechnen des Bremsweges aus b' ergäbe also zu günstige Werte.

3. Auch die Angabe der (gedachten!) mittleren Verzögerung b_m ist nicht eindeutig, da bei gleicher mittlerer Verzögerung verschiedener Verlauf der wirklichen Verzögerung möglich ist und damit verschiedene Bremswege.

4. Für Gerichtsfälle: Schreck- plus Reaktionszeit bei gespannter Ausmerksamkeit nicht unter 0,5 s! Versuchsbedingungen sind zu günstig, da keinerlei Ablenkung durch Verkehr und bekanntes, eindeutiges akustisches Signal für das Auftauchen des Hindernisses. Schreck- plus Reaktionszeit bei unvermuteten Hindernissen auf sonst verkehrsarmen Straßen etwa 1 s.

5. Keine Bremstabellen benutzen, sondern alle Bedingungen und Begleiterscheinungen sorgfältig abwägen; wenn möglich Bremsversuch an Ort und Stelle, wiederholt unter genau denselben Bedingungen wie bei der Unfallart vorlagen.

6. Siemens-Bremsmesser als einfaches Vergleichsgerät sehr zu befürworten. Versuche möglichst stets mit gleichem Fahrer und Beobachter vornehmen, jeden Versuch wiederholen.

Aufgabe. Ein beladener Lieferwagen mit Einachsanhänger hat einen Unfall, zu dessen Begutachtung die nachträgliche Bestimmung des Bremsweges aus 40 km/h Anfangsgeschwindigkeit erforderlich ist. Spätere Bremsversuche mit dem leeren Wagen ohne Anhänger haben eine — mit dem Siemens-Bremsmesser gemessene — mittlere Verzögerung von 5,5 m/s² in der Ebene ergeben. Ist die Bremsung ausreichend? Wie groß ist der Bremsweg beim Unfall (2,5% Gefälle)?

	Unfall	Bremsversuch
Gefälle	2,5%	Ebene
Rollreibungsbeiwert	17,0 kg/t	17,0 kg/t
Eigengewicht des Fahrzeugs mit Fahrer .	1,8 t	1,8 t
Zuladung.	0,6 t	—
Wagen	mechan. Vierradbremse	
Anhänger: Gesamtgewicht .	0,8 t	
Anhänger.	keine Bremse	

Da der Siemens-Bremsmesser zuviel anzeigt, ist der angezeigte Wert $b' = 5,5$ m/s² zu berichtigen mit dem Faktor 0,85 (s. S. 146). Also
$$b = 5,5 \cdot 0,85 = 4,68 \text{ m/s}^2.$$
Dies entspricht einer — an den Rädern angreifend gedachten — Gesamtbremskraft
$$P = m\,b = \frac{1800}{9,81} \cdot 4,68 = 858 \text{ kg}.$$

Die Verzögerung durch den Luftwiderstand ist bei Unfall und Bremsversuch annähernd gleich. Die Verzögerung durch den Rollwiderstand
ist beim Versuch $W_r = \alpha G = 17 \cdot 1,8$,
    beim Unfall $\quad = 17\,(1,8 + 0,6 + 0,8)$,
also größer um $\quad W_r = 17 \cdot 1,4 = 23,8$ kg.

Die Bremskraft ist also beim Unfall $858 + 23,8 = 881,8$ kg. Das entspricht einer Verzögerung in der Ebene von
$$b = \frac{881,8}{G}\,g = \frac{881,8 \cdot 9,81}{1800 + 600 + 800} = \frac{881,8 \cdot 9,81}{3200} = 2,7 \text{ m/s}^2.$$

Die Bremsfähigkeit ist nach dem Gesetz nicht ausreichend[1]).

Die Unfallstelle hat ein Gefälle von 2,5%, das entspricht einer Beschleunigung von 0,25 m/s². Dort ist also die Bremsverzögerung nur $b = 2,7 - 0,25 = 2,45$ m/s², der Bremsweg
$$s = \frac{v^2}{2\,b} = \frac{1600}{3,6^2 \cdot 2 \cdot 2,45} = 25,2 \text{ m}.$$

---

[1]) StVZO v. 1. 1. 1938.

10*

E. Energie beim Bremsen; Belastung der Bremsbeläge.

Die dem bewegten Kraftfahrzeug innewohnende Energie $\mathfrak{E} = \dfrac{e\,G\,v^2}{2\,g}$ muß beim Bremsen vernichtet werden. Der Fahrer leistet dabei **keine** äußere Arbeit, er sorgt lediglich für das Vorhandensein des statischen Anpreßdrucks, der keinen Weg zurücklegt, nachdem die Bremsbacken anliegen. Die bis zum Stillstand des Fahrzeugs verzehrte Arbeit läßt sich durch die Bremskraft und den Bremsweg ausdrücken. Die Bremskraft ist gleich Masse mal Verzögerung; also

$$\mathfrak{E} = \frac{e\,G\,v^2}{2\,g} = e\,m\,b \cdot s.$$

Ferner ist für vierradgebremstes Fahrzeug mit abgekuppeltem Motor

$$e\,m\,b = 4\,(W_b + W_{\text{roll}}) + W_{\text{Luft}}.$$

Um den Verbleib der Bremsarbeit festzustellen, müssen verschiedene Annahmen über den Bewegungszustand der gebremsten Räder gemacht werden:

a) Räder sind blockiert, d. h. sie **gleiten** ohne zu rollen;
  Rollweganteil: $\sigma_r = 0$
  Gleitweganteil: $\sigma_g = 1$

b) Räder **rollen**, ohne zu gleiten; Rollweganteil: $\sigma_r = 1$
  Gleitweganteil: $\sigma_g = 0$

c) Räder rollen **und** gleiten; Rollweganteil: $0 < \sigma_r < 1$
  Gleitweganteil: $\sigma_g = (1 - \sigma_r)$.

Im Fall a) (blockierte Räder) hat das Rad die Drehzahl Null, es ist zwischen Bremsbacken und Bremstrommel keine Bewegung vorhanden, also kann dort auch keine Arbeit geleistet werden. Die gesamte Bremsarbeit (abgesehen von der Arbeit des Luftwiderstandes) wird zwischen Reifen und Straße verzehrt.

$$\begin{aligned}\sigma_r &= 0 \\ \sigma_g &= 1\end{aligned} \quad \mathfrak{E} = \frac{e\,G\,v^2}{2\,g} = e\,m\,b\,s = (4\,W_b + 4\,W_{\text{roll}} + W_L) \cdot s = G\,\mu_g \cdot s + W_L \cdot s.$$

Im Fall b), der in Wirklichkeit unmöglich ist, träte kein Gleiten des auf der Straße abrollenden Reifens auf. Das Rad hat die der jeweiligen Fahrgeschwindigkeit v genau entsprechende Drehzahl $n_{\text{rad}} = \dfrac{30\,\omega_{\text{rad}}}{\pi} = \dfrac{30\,v}{R\,\pi}$. Die dem gesamten Bremsweg s entsprechende Zahl der Raddrehungen ist $z_{\text{Rad}} = \dfrac{s}{2\,\pi\,R}$. Da zwischen Rad und Straße kein Relativweg entsteht, kann dort auch keine Arbeit verzehrt werden, alle Bremsarbeit (abgesehen von der Arbeit des Roll- und Luftwiderstands) wird zwischen Bremsbacken und Bremstrommel verzehrt. Diese Arbeit beträgt (am Radius r der Bremstrommel)

$$\mathfrak{A}_{Br} = 8\,\mu_B\,P\cdot 2\,\pi\,r\,z_{\mathrm{rad}} = 8\,\mu_B\,P\,s\,\frac{r}{R}$$

oder, da

$$W_B = \frac{2\,P\,r}{R} \qquad \mathfrak{A}_{Br} = 4\,W_B\cdot s;\ \text{also}$$

$$\sigma_r = 1$$
$$\sigma_g = 0$$

$$\mathfrak{E} = \frac{e\,G\,v^2}{2\,g} = e\,m\,b\,s = (4\,W_B + 4\,W_{\mathrm{roll}} + W_L)\,s =$$
$$= 8\,\mu_B\,P\,s\,\frac{r}{R} + G\,\mu_r\cdot s + W_L\cdot s.$$

Im Fall c) rollen die Räder mit einer kleineren Drehzahl als der Fahrgeschwindigkeit entspricht, $n_{\mathrm{Rad}} = \dfrac{30\,v}{\pi\,R}\,\sigma_r$. Der gesamte Bremsweg, vom Reifen aus gesehen, setzt sich aus dem Rollanteil $\sigma_r \cdot s$ und dem Gleitanteil $\sigma_g \cdot s$ zusammen. $\sigma_r + \sigma_g = 1$. Ein Teil der Bremsarbeit wird in den Bremsen vernichtet; er beträgt $8\,\mu_B\,P\,\sigma_r\cdot s\,\dfrac{r}{R}$; ein anderer Teil wird zwischen Reifen und Straße vernichtet. Dieser Anteil beträgt

$$G\,\mu_R\,\sigma_R\,s + G\,\mu_g\,\sigma_g\,s,$$

also

$$0 < \sigma_r < 1$$
$$1 > \sigma_g > 0$$
$$\sigma_r + \sigma_g = 1$$

$$\mathfrak{E} = \frac{e\,G\,v^2}{2\,g} = e\,m\,b\,s = 8\,\mu_B\,P\,s\,\sigma_r\,\frac{r}{R} + G\,\mu_r\,\sigma_r\,s + G\,\mu_g\,\sigma_g\,s + W_L\cdot s.$$

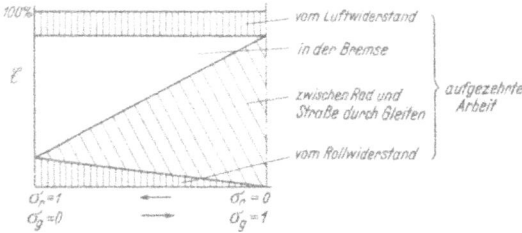

Abb. 181. Energiebilanz beim Bremsen, bezogen auf den Schlupf der Reifen an der Fahrbahnoberfläche.

Der Schlupfweg $\sigma_g \cdot s$ läßt sich in Gedanken nochmals in zwei Anteile aufspalten: der eine entspricht der Größe nach dem Gleiten des starr und unverformbar gedachten Reifens, der andere dem durch Zerrung des auflaufenden Reifens entstehenden Gleiten (Formänderungsschlupf). Da aber der Formänderungsschlupf (welcher Arbeit durch Reifenerwärmung verzehrt) nicht versuchsmäßig vom Gleitschlupf getrennt werden kann, ist diese Unterteilung in der Rechnung vernachlässigt.

Aus der rechnungsmäßigen Energieaufteilung geht hervor, daß der aus Versuchen ermittelte (vgl. S. 146) »Haftreibungsbeiwert« physikalisch nicht einwandfrei ist, wenn nicht gleichzeitig der Roll- und Schlupfanteil des Bremsweges ermittelt wird, oder der Versuch beim Grenzfall der Blockierung vorgenommen wurde.

Belastung der Bremse. Um die zu vernichtende Arbeit aufzunehmen, darf die Bremse nicht zu klein bemessen sein. Insbesondere darf die Bremsbelagfläche nicht zu klein gewählt werden.

Zu diesem Zwecke sind folgende Anhaltswerte für die Bremsenbemessung im Gebrauch:

1. Flächenpressung p des Bremsbelags, $p = \dfrac{2P}{f}$ [kg/cm²], wobei f Belagfläche eines Rades.

2. Florigsche Kennzahl pv', wobei v' die Gleitgeschwindigkeit an der Trommel unter Vernachlässigung des Schlupfes.

3. Die Bremsleistung N_b, bezogen a) auf die Bremsbelagfläche $\dfrac{N_b}{4f}$ bei Vierradbremse, wenn f Belagfläche eines Rades, oder b) auf die Bremsgegenfläche $2r\pi \cdot B$ der Trommel, wenn B Bremsbelagbreite $\dfrac{N_b}{2\pi r \cdot 4B}$ bei Vierradbremse.

Die Bremsleistung, aus der Anfangsgeschwindigkeit v_0 als Mittelwert gerechnet, ergibt sich aus folgender Überlegung: Ist die Bremsverzögerung b, so ist die Bremszeit bis zum Stillstand aus $bt = v_0$; $t = \dfrac{v_0}{b}$. Die zu vernichtende Arbeit ist $\mathfrak{E} = \dfrac{mv_0^2}{2}$. Die Leistung ist Arbeit je Zeiteinheit, also

$$N_b = \frac{mv_0^2 \cdot b}{2v_0 \cdot 75} = \frac{mv_0 b}{150} = \frac{1{,}882}{10000} GVb \quad \text{[PS]}.$$

4. Das Gewicht G des Fahrzeugs, bezogen auf die Bremsgegenfläche $2r\pi B$ der Trommel $\dfrac{G}{4 \cdot 2r\pi B}$ für Vierradbremse.

Hierbei sollen folgende Werte nicht überschritten werden:

1. $\qquad\qquad p = 5 \div 6 \text{ kg/cm}^2$ (Fußdruck $P' = 50$ kg)

2. $\qquad\qquad pv' = 60 \dfrac{\text{kg m}}{\text{cm}^2 \text{s}}$ (bei Höchstgeschwindigkeit)

3 a. $\qquad \dfrac{N_b}{4f} = 0{,}1 \div 0{,}15 \text{ PS/cm}^2$ ⎫ (aus Höchstgeschwindigkeit bei vollbeladenem

3 b. $\qquad \dfrac{N_b}{8\pi rB} = 0{,}08 \div 0{,}11 \text{ PS/cm}^2$ ⎭ Fahrzeug, Fußdruck 50 kg)

4.
$$\frac{G}{8\,\pi\,r\,B} = 1{,}2 \;\div\; 1{,}4 \,\text{kg/cm}^2 \;\text{für}\; PKW$$
$$= 1{,}5 \;\div\; 1{,}8 \,\text{kg/cm}^2 \;\text{für}\; LKW.$$

Aufgabe. Es sind die oben aufgeführten Anhaltswerte für die Bremsbemessung zu berechnen für die Bremse (V. Kap. Abschn. B S. 125/126), wobei die Breite eines Bremsbelags $B = 3$ cm, die Länge eines Backenbelags $L = 28$ cm, $\dfrac{f}{2} = BL = 3 \cdot 28 = 84$ cm².

1.
$$2\,P = 18{,}55\,P'; \quad P' = 50\,\text{kg}; \quad 2\,P = 18{,}55 \cdot 50 = 927{,}5\,\text{kg}$$
$$p = \frac{2\,P}{f} = \frac{927{,}5}{168} = 5{,}51\,\text{kg/cm}^2$$

2.
$$p\,v' = \frac{2\,P}{f} \cdot \frac{V}{3{,}6} \cdot \frac{r}{R} = 5{,}51\,\frac{90}{3{,}6}\,\frac{115}{316} \qquad V_{\text{max}} = 90\,\text{km/h}$$
$$p\,v' = 5{,}51 \cdot 25 \cdot 3{,}64 = 50{,}1\,\frac{\text{kg}}{\text{cm}^2}\,\frac{\text{m}}{\text{s}}.$$

3 a.
$$\frac{N_b}{4f} = \frac{1{,}882}{10000}\,G_{\text{max}}\,V_{\text{max}}\,b_{\text{max}}\,\frac{1}{4 \cdot 168}$$
$$= \frac{1{,}882}{10000}\,\frac{1200 \cdot 90 \cdot 3{,}33}{4 \cdot 168{,}0} = 0{,}1008\,\frac{\text{PS}}{\text{cm}^2}$$

3 b.
$$\frac{N_b}{8\,\pi\,r\,B} = \qquad = \frac{1{,}882}{10000}\,\frac{1200 \cdot 90 \cdot 3{,}33}{8\,\pi \cdot 11{,}5 \cdot 3} = 0{,}078\,\frac{\text{PS}}{\text{cm}^2}$$

4.
$$\frac{G}{8\,\pi\,r\,B} = \frac{1200}{8\,\pi \cdot 11{,}5 \cdot 3} = 1{,}386\,\text{kg/cm}^2.$$

Wie ersichtlich, erfüllt die vorliegende Bremse alle gestellten Bedingungen. Physikalisch am richtigsten ist die Prüfung nach 3., da die Flächenleistung alle maßgebenden Größen (Gewicht, Fahrgeschwindigkeit, Verzögerung) enthält. Da der Radschlupf vernachlässigt ist, ist die berechnete Bremsleistung größer als die wirkliche, wie oben erläutert.

VI. Meßgeräte und Meßverfahren.

A. Längenmessung.

Zur Ausmessung von Versuchsstrecken wird das Metermaß, in der Regel als Bandmaß, verwandt. Es können auch Meßräder verwendet werden, deren Abrollumfang bekannt ist und deren Umdrehungen gezählt werden. Sie müssen zu jedem Versuch geeicht werden, da der Abrollumfang mit der Straßenbeschaffenheit und dem Reifenluftdruck veränderlich ist, er ist auch von der Fahrgeschwindigkeit nicht völlig unabhängig.

Die Ausmessung von Kurven zur späteren zeichnerischen Wiedergabe kann nach verschiedenen Verfahren vorgenommen werden, siehe Beispiele.

a) Verfahren mit Senkrechten   b) Dreiecksverfahren

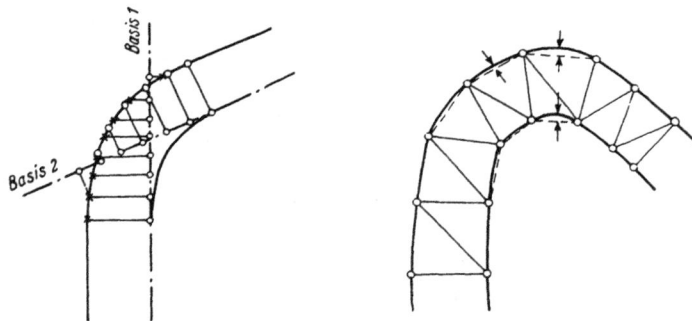

Abb. 182. Arbeitsschema für die Vermessung von Kurven.

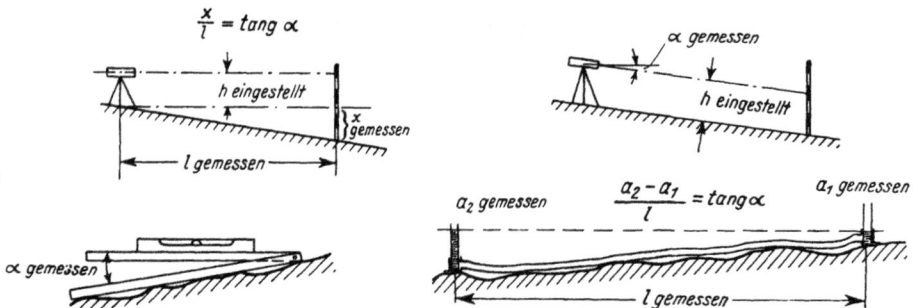

Abb. 183 und 184. Vermessung von Steigungen.

Abb. 183 oben: Höhenmessung mit dem Theodolithen,
unten: Winkelmessung mit der Wasserwaage.

Abb. 184 oben: Winkelmessung mit dem Theodolithen,
unten: Höhenmessung mit der Schlauchwaage.

Steigung und Überhöhung von Straßen kann mit Hilfe von Winkelmessung oder der Messung von Höhenunterschieden ermittelt werden.
Als Geräte eignen sich hierzu der zur Vermessung übliche Theodolith,
die Wasserwaage, oder die sehr praktische Schlauchwaage.

B. Zeitmessung.

Zur Zeitmessung dienen Taschenuhren und Stoppuhren. Die
Taschenuhr ist eines der genauesten Meßgeräte. Stoppuhren sind mit
Hilfe von Taschenuhren zu eichen.

Häufig sind für Versuche Mehrfach-Stoppuhren vorteilhaft. Diese
sind in verschiedenen Ausführungen käuflich. Sie zeichnen mehrere
Zeitabschnitte nacheinander auf, in der Regel bis zu einer Gesamt-
dauer von einer halben Minute, und zwar entweder mit Tinte oder mit
Hilfe einer Stechnadel.

Für die genaue Registrierung sehr kurzer Zeitabschnitte werden
entweder elektrische Schwingungen oder mechanische Schwingungen
genau bekannter Dauer aufgezeichnet, z. B. die Strom- oder Spannungs-
schwankungen des üblichen Wechselstromes (50 volle Schwingungen je
Sekunde) oder die Ausschläge einer — meist elektromagnetisch erregten
— Stimmgabel.

C. Geschwindigkeitsmessung.

Zu den anzeigenden Geschwindigkeitsmessern gehören die üblichen
Drehzahlmesser und Tachometer, entsprechend sind auch schreibende
Geräte bekannt.

Sie können der Arbeitsweise nach unterschieden werden in

   a) Fliehpendelgeräte,
   b) Wirbelstromgeräte,
   c) elektromagnetische Geräte,
   d) zählende Geräte.

Handtachometer und -tachographen werden durch Anpressen an
einen Wellenstumpf in Tätigkeit gesetzt, die übrigen Geräte werden
im Kraftfahrzeug in der Regel mit der Kardanwelle oder mit dem Getriebe gekuppelt, sie bedienen sich also der Fahrzeugräder als Meßräder.
Handgeräte können mit Hilfe eines Umdrehungszählers und einer Stoppuhr, alle andern durch Vergleich mit der Länge und Fahrzeit einer
durchfahrenen Strecke geeicht werden.

Die Geschwindigkeitsschreiber können zur Überwachung der Fahrweise im ganzen dienen (Kienzle-Tachograph, Geschwindigkeitswechsel-
zähler) oder sie können den Zweck haben, versuchsmäßig den Geschwindigkeitsverlauf bei bestimmten Fahrvorgängen — Beschleunigen,
Bremsen — festzulegen.

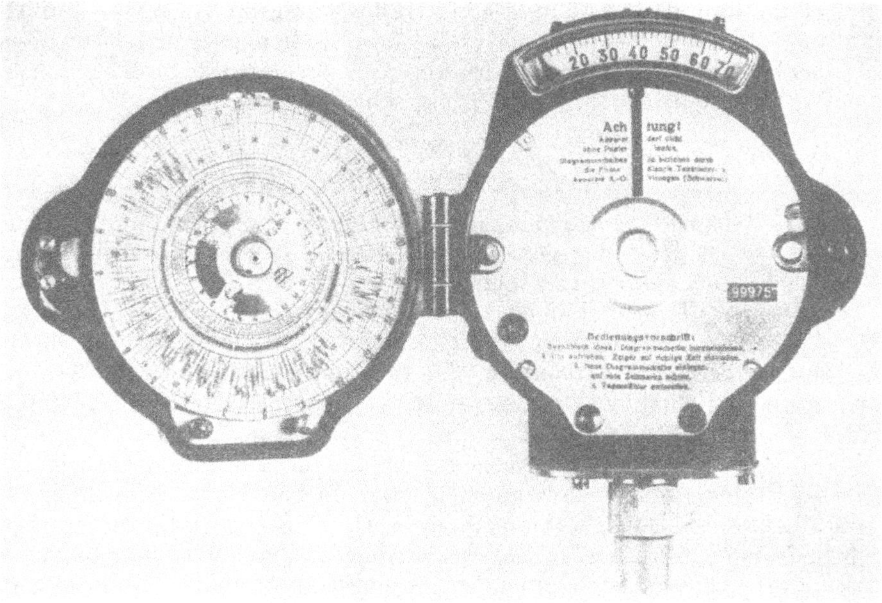

Abb. 185. Kienzle-Tachograph, geöffnet.

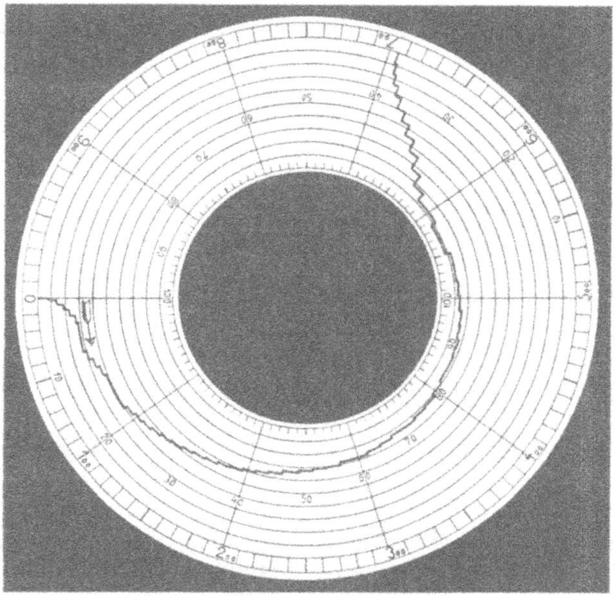

Abb. 186. Bruhn-Rad, Schreibstreifen des Beschleunigens beim Durchschalten aller Gänge und des Bremsens bis zum Stillstand. Ablesung in Pfeilrichtung. Die Zahlen zu den konzentrischen Kreisen bedeuten die Fahrgeschwindigkeit in km/h, die Zahlen am Umfang der Scheibe den zurückgelegten Weg in m.

Das fünfte Rad.

a) Bruhns-Rad. Das mitgeschleppte Meßrad treibt gleichzeitig eine Registrierscheibe und einen schreibenden Geschwindigkeitsmesser an. Eine Umdrehung der Registrierscheibe entspricht 1000 m Weg. Der Geschwindigkeitsschreiber ist ein zählendes Gerät, bei dem abwechselnd zwei Zahnstangen proportional der Zahl der Umdrehungen des Meßrades gehoben werden. In bestimmten Zeitabständen schaltet das Gerät mittels Uhrwerks von der einen Zahnstange auf die andere um, während die abgeschaltete Zahnstange jeweils in die Nullage zurückfällt. Die jeweils gekuppelte Zahnstange schleppt den Schreibstift mit, welcher eine Treppenlinie der Geschwindigkeit schreibt. Jeder senkrechte und jeder waagrechte Teil einer Stufe entspricht dabei einem bestimmten Zeitabschnitt, so daß das aufgeschriebene Weg-Geschwindigkeitsbild in ein Zeit-Geschwindigkeitsbild umgezeichnet werden kann. Dabei ist zu beachten, daß infolge der geschilderten Wirkungsweise des Geräts bei steigender Geschwindigkeit die oberen Ecken, bei fallender Geschwindigkeit die unteren Ecken der Treppe angenähert die wahre augenblickliche Geschwindigkeit angeben. Schwierig ist die Zeit-Auswertung bei annähernd gleichbleibender Geschwindigkeit, da dann die Stufen nicht mehr unterscheidbar sind, und die Weg-Auswertung bei Bremsung bis zum Stillstand, da sowohl der Anfang als auch das Ende der Bremsung nicht scharf erscheinen.

b) Peiseler-Rad. Das Peiseler-Rad ist ausdrücklich für die Bestimmung des Bremsweges eingerichtet. Es besteht aus dem Meßrad, einem Geschwindigkeitsmesser und einem Wegzähler. Der Wegzähler ist zunächst auf der Nullstellung festgebremst, der Geschwindigkeitsmesser ist in Tätigkeit. Im Augenblick des Bremsens wird durch einen Kontakt auf der Platte des Fußbremshebels der Geschwindigkeitsmesser in der augenblicklichen Meßstellung festgehalten und gleichzeitig der Wegzähler eingekuppelt.

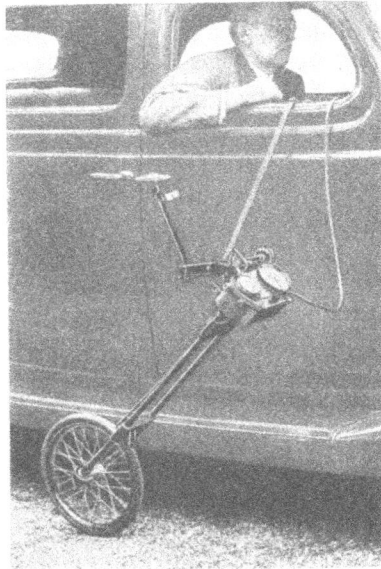

Abb. 187. Peiseler-Rad.

Er zählt die Umdrehungen des Meßrades bis zum Stillstand des gebremsten Fahrzeugs. Es sind nun Anfangsgeschwindigkeit und Bremsweg mit großer Genauigkeit ablesbar.

D. Messung von Beschleunigungen und Verzögerungen.

Statischer Beschleunigungsmesser nach Langer-Thome zur Messung von Stößen vgl. III. Kap. Abschnitt D.

Siemens-Bremsmesser zur Messung von Bremsverzögerungen und Abfahrbeschleunigungen vgl. V. Kap. Abschnitt D.

E. Druckmessung.

Indikatoren. Die vom Dampfmaschinen- und Pumpenbau her üblichen Indikatoren sind für schnelläufige Motoren nicht verwendbar. Sie sind nur mit Mühe soweit vervollkommnet worden, daß sie in einigen Ausführungen bis 1300 bzw. 2000 U/min brauchbar sind. Dazu war größte Verminderung der bewegten Massen, kleine Diagrammgröße, besondere Bauart der Indikatorfedern mit hoher Eigenschwingungszahl notwendig (Maihak-Stabfeder).

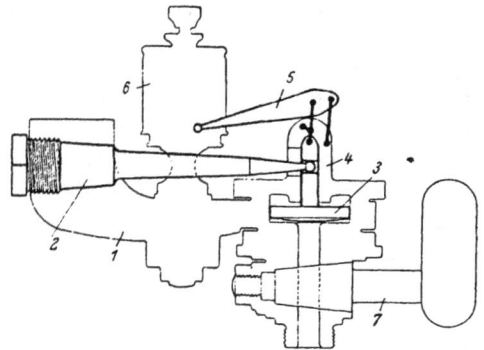

Abb. 188. Schema des Maihak-Stabfeder-Indikators.

Juhasz-Steuerhahn. Aus diesen Gründen ist zunächst unter Verwendung des bekannten Indikators ein Gerät entstanden, das den Druckverlauf nicht bei einem Arbeitshub, sondern während vieler (bis 180) Arbeitshübe punktweise zusammensetzt. Zu diesem Zweck ist ein Steuerhahn (Drehschieber) zwischen Maschine und Indikator geschaltet, welcher bei jedem Arbeitstakt seine Öffnungszeit ein wenig verstellt und den Zylinderdruck jeweils nur über einen — sich verschiebenden — kleinen Bruchteil des Arbeitshubes auf den Indikator wirken läßt.

Farnboro-Indikator. In ähnlicher Weise wirkt der Farnboro-Indikator, bei dem der Zylinderdruck auf eine Membran wirkt, die von der Rückseite stufenweise mit einem gemessenen Gegendruck — Druckluft — belastet wird. Der Schreiber arbeitet jeweils so lange, als der eingestellte Gegendruck überschritten wird, indem die abgehobene Membran einen Kontakt schließt.

Optische Indikatoren. Man hat versucht, den Zylinderdruck auf Membranen arbeiten zu lassen, welche verspiegelt sind, so daß unter dem Druck winzige Spiegelablenkungen entstehen, welche durch Lichtstrahlen sehr stark vergrößert werden können. Bis jetzt hat sich keines der nach diesem Grundsatz arbeitenden Geräte einführen können.

Elektrische Indikatoren. Die besten bisher bekannten Indikatoren für schnelläufige Maschinen, welche Einzeldiagramme aufschreiben, beruhen auf der Tatsache, daß manche Stoffe ihre elektrischen Eigenschaften verhältnisgleich zum Druck ändern. Z. B. ändert Quarz seine elektrische Ladung, Säulen von Kohleplättchen ändern ihre Leitfähigkeit. Diese Größen werden elektrisch verstärkt und mit Hilfe der Braunschen Röhre oder des Oszillographen aufgezeichnet.

Der elektrische Motorindiktator von Zeiß-Ikon besteht aus einem Druckelement, in dem durch den zu messenden Gasdruck elektrische Ladungen erzeugt werden, aus einem Verstärker, der diese Ladungen in Spannungen verwandelt, und aus einem Registriergerät, in dem die Diagramme beobachtet oder aufgezeichnet werden können. Das Druck-

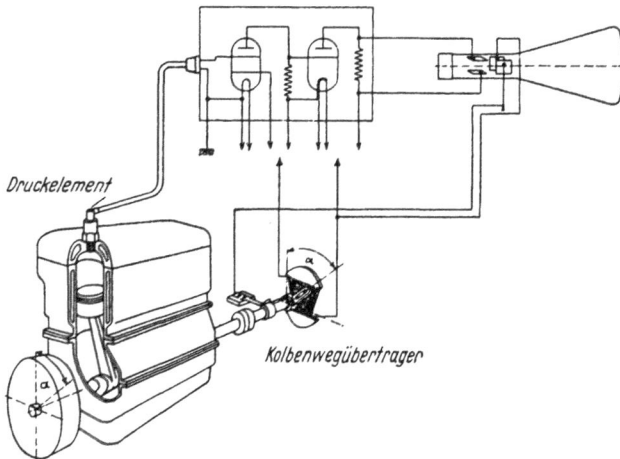

Abb. 189. Schema des elektrischen Motor-Indikators von Zeiß-Ikon.

element verwandelt den aufgenommenen Druck in elektrische Ladungen. Es enthält Quarzscheiben aus Bergkristall, die als eigentliche Erzeuger der durch den Druck entstehenden Ladungen anzusprechen sind. Das Druckelement ist mit normalem Zündkerzengewinde versehen. Ein hochisoliertes abgeschirmtes Kabel, das durch eine Verschraubung am Druckelement befestigt ist, überträgt die im Druckelement erzeugten Ladungen auf den Verstärker. Der Verstärker, der die vom Druckelement erzeugten Ladungen in Spannungen von gut meßbarer Größe umwandelt, ist zweistufig und befindet sich im Netzanschlußgerät. Die Betriebsspannungen für diesen Verstärker werden dem Wechselstromnetz entnommen. Das Beobachtungsgerät enthält in einem Gußgehäuse die Braunsche Röhre, auf deren Fluoreszenzschirm das aufzunehmende Diagramm beobachtet werden kann. Durch Aufsetzen einer Kamera ist es möglich, das beobachtete Kolbenwegdiagramm photographisch festzuhalten.

Das Diagramm kommt dadurch zustande, daß der auf dem Schirm als Lichtfleck erscheinende Elektronenstrahl durch zwei magnetische Felder abgelenkt wird; das eine wird von den im Druckelement aufgenommenen Drücken beeinflußt und bewegt den Strahl mit wachsendem Druck nach oben, das andere wird von einem Kolbenwegübertrager beeinflußt und bewegt den Strahl entsprechend der Bewegung des Motorenkolbens nach der Seite. Der Kolbenwegübertrager besteht aus einem Schleifwiderstand, der mit der Kurbelwelle des Motors verbunden ist und auf elektrischem Wege die Stellung des Kolbens auf die Braunsche Röhre überträgt. Am Wegübertrager ist eine Vorrichtung angebracht, durch die das Kurbelverhältnis $r : l$ des zu untersuchenden Motors berücksichtigt wird. Während des Laufs der Maschine kann eine Phasenverschiebung vorgenommen und somit ein versetztes Diagramm erzeugt werden.

Durch Verwendung eines andern Registriergeräts, des Tremographen, können auch Druck-Zeit-Diagramme aufgenommen werden. Auch der Tremograph enthält in einem Tubus eine Braunsche Röhre, die allerdings in ihrem Aufbau etwas von der des Beobachtungsgeräts abweicht. Die dem Druck entsprechende Bewegung des Leuchtflecks wird durch eine lichtstarke Optik auf einer mit lichtempfindlichem Papier bespannten rotierenden Trommel aufgezeichnet. Durch Regelung der Drehzahl des Vorschubmotors am Tremographen und durch Einstellung einer geeigneten Öffnungszeit des Verschlusses ist man in der Lage, ein oder mehrere Diagramme zu registrieren.

F. Drehmomentmessung.

Da die Leistung $N = \dfrac{\mathfrak{M} \cdot n}{716}$, ist die Drehmomentmessung als Mittel zur Leistungsmessung eines der wichtigsten Meßverfahren.

Man kann grundsätzlich die Leistung auf zweierlei Arten ermitteln; erstens, indem man sie vernichtet, und zweitens ohne sie zu vernichten. Die erste Art ist nur bei Kraftmaschinen möglich, welche Leistung abgeben; die zweite ist auch anwendbar bei Arbeitsmaschinen, welche Leistung aufnehmen.

Drehmomentmessung mit Leistungsvernichtung.

Leistungsvernichtende Drehmomentmesser sind Bremsen aller Art. Die Leistung wird dabei in Reibungswärme verwandelt, entweder durch Bremsen von Trommeln mittels Bremsbacken, Bändern, Seilen, oder durch Wirbeln von Scheiben oder Flügeln in Wasser oder Luft.

Zwischen mechanischen und hydraulischen Bremsen besteht dabei ein ganz kennzeichnender Unterschied.

1. Pronyzaum. Die zwischen Backen oder Band und Trommel entstehende Reibung ist im wesentlichen von der Spannung der Feder F abhängig, von der Drehzahl aber nahezu unabhängig. Bei verschiedenen Federspannungen (1, 2, ...) erhält man daher für das Bremsmoment parallele Gerade zur Drehzahl. Ist nun die Drehmomentlinie des Motors $\mathfrak{M}$, so läuft sie über eine längere Strecke fast gleich mit der Bremsmomentlinie, z. B. 3. Wird nun im Versuchsverlauf die Drehzahl zwischen n_1 und n_2 größer oder kleiner, so wird der Motor (bei der Federspannung 3) ebensogut bei der geänderten Drehzahl weiterlaufen, weil ja auch hier Drehmoment und Bremsmoment gleich groß sind. Die Bremsung zwischen den Drehzahlen n_1 und n_2 ist also im vorliegenden Fall unstabil.

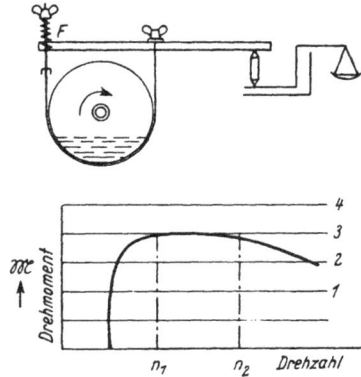

Abb. 190. Schema des Prony-Zaums und seines Verhaltens bei verschiedenen Belastungen.

2. Wasserbremse. Bei der Wasserbremse wird die Leistung dadurch in Reibungswärme verwandelt, daß die mit Bolzen oder Schlagleisten versehenen Scheiben (Flügel) der Bremse in einer Wasserkammer herumwirbeln, die durch Regelung von Zu- und Ablauf verschieden hoch gefüllt gehalten werden kann. Das Wasser wird in Drehrichtung mitgerissen und versucht seinerseits, das pendelnd gelagerte Gehäuse in Drehrichtung mitzunehmen. Dieses stützt sich gegen eine Waage ab, an der die Gegenkraft abgelesen wird. Bei bekanntem Hebelarm der Gegenkraft ist das Abstützmoment

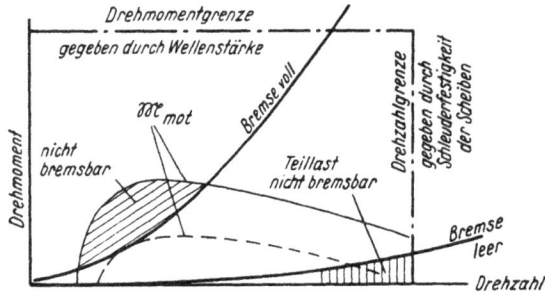

Abb. 191. Drehmomentfeld einer hydraulischen Bremse bei verschiedenen Füllungen und Drehzahlen.

gleich dem Bremsmoment. Da jedoch die Flüssigkeitsreibung nicht nur von der Füllung der Bremse, sondern auch sehr stark von der Drehzahl abhängig ist, sieht die Kennlinie einer solchen Bremse ganz anders aus als die des Pronyzaums.

Zeichnet man in dieses Bild einige Motor-Drehmomentlinien, so sieht man, daß Maschinen mit verhältnismäßig großem Drehmoment nur im höheren Drehzahlbereich bremsbar sind; Maschinen mit kleinem Drehmoment können zwar bei kleiner Drehzahl voll abgebremst werden,

Abb. 192. Junkers-Dreikammerbremse der Panzertruppenschule Wünsdorf. Die Ziffern *1* bezeichnen Zu- und Abläufe und deren Regulierung für die große Mittelkammer, die Ziffern *2* und *3* für die beiden kleineren Außenkammern.

können aber bei großer Drehzahl nicht mehr auf Teillasten gebracht werden und nützen das erzielbare Moment der Bremse sehr schlecht aus. Dagegen ist die Bremsung sehr stabil auf der eingestellten Drehzahl, weil bei kleiner Drehzahlvergrößerung das Bremsmoment stark zunimmt, und bei kleiner Drehzahlverminderung stark abnimmt.

Aus diesem Grund sind die Wasserbremsen sehr geeignet für die Bremsung von schnellaufenden Verbrennungsmotoren, zumal sie nicht die Kühlungsschwierigkeiten aufweisen wie der Pronyzaum. Andererseits ist der Meßbereich unbefriedigend, so daß man bestrebt war, den Meßbereich auszuweiten.

Junkers-Mehrkammerbremse. Bei dieser wird der Meßbereich dadurch vergrößert, daß mehrere auf derselben Welle befestigte Bremsscheiben in getrennten Kammern laufen, welche jeweils getrennten Wasserzulauf und Ablauf haben. Außerdem können die Scheibendurchmesser verschieden groß sein. Es kann dann mit einer kleinen oder einer großen oder mehreren oder allen Scheiben gebremst werden.

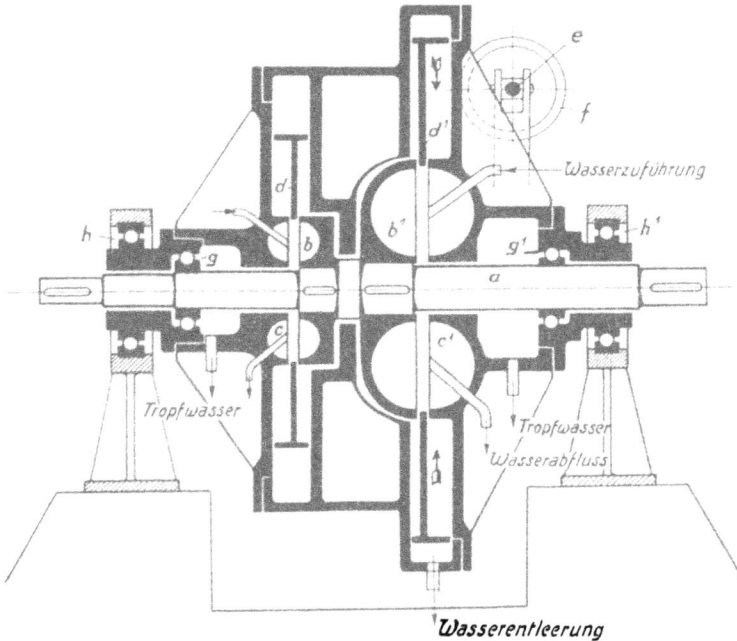

Abb. 193. Schenck-Zweikammerbremse, Schnitt.

a Antriebswelle.
b kleiner Rotor,
b¹ großer Rotor.
c kleiner Stator,
c¹ großer Stator,
d Blende für den kleinen Rotor.

d¹ Blende für den großen Rotor.
e Spindel ⎫
f Handrad ⎬ zur Betätigung der Blenden,
g, g¹ Wellenlagerung,
h, h¹ Gehäuselagerung.

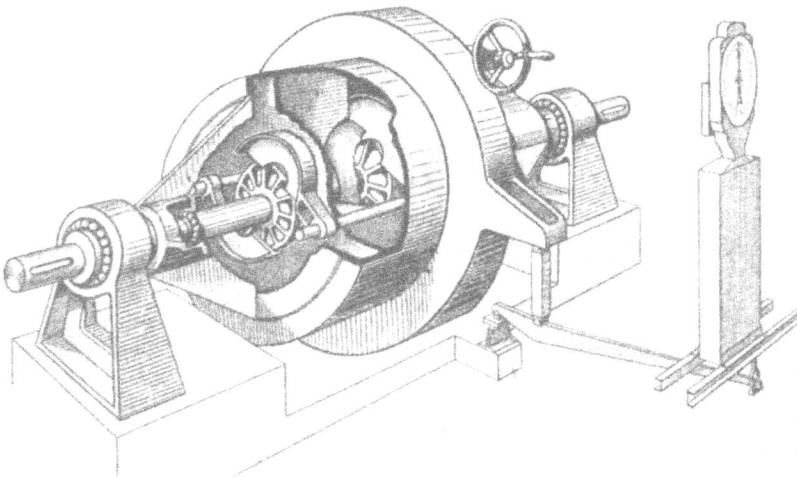

Abb. 194. Schenck-Zweikammerbremse; perspektivische Darstellung zu Abb. 193.

11

Schenck-Wasserbremse. Bei dieser Bremse, die ebenfalls einen sehr großen Meßbereich hat, wird die Beaufschlagung des Bremsrades durch zwei sichelförmige Blenden verändert, welche die Zulauföffnungen mehr oder weniger verdecken und während des Betriebs verstellbar sind.

Drehmomentmessung ohne Leistungsvernichtung.

1. Torsionsdynamometer. Schaltet man zwischen eine Kraftmaschine (Elektromotor) und eine Arbeitsmaschine ein Wellenstück, das zwar so stark ist, daß es das Antriebsdrehmoment übertragen kann, aber auch so schwach, daß es sich dabei sichtbar verdreht, so ist diese elastische Verdrehung der Größe nach verhältnisgleich dem durchgeleiteten Drehmoment.

Das zu einem bestimmten Verdrehungswinkel gehörige Drehmoment muß durch an einem bekannten Hebelarm angehängte Gewichte im Stillstand der Einrichtung geeicht werden.

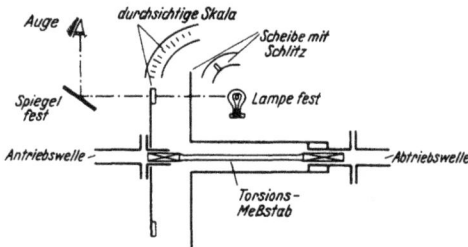

Abb. 195. Schema eines Torsionsdynamometers.

Um die Verdrehungswinkel während des Laufes ablesen zu können, bedient man sich einer stroboskopischen Einrichtung.

Die Lichtstrahlen der Lampe fallen bei jeder Umdrehung einmal durch den Schlitz der rechten Scheibe und beleuchten dabei durch einen Lichtstrich eine bestimmte Stelle der durchsichtigen Skala der linken Scheibe. Die beleuchtete Skalenstelle erscheint bei größerer Drehzahl ähnlich wie die schnelle Folge von Kinobildern stillstehend im Spiegel. Waren im Stillstand der Nullstrich der Skala und der Lichtschlitz auf Deckung, so ist im Betrieb die Verdrehung ablesbar, da die durchsichtige Skala mit dem einen, die Schlitzscheibe mit dem andern Ende des Drehstabes verbunden ist.

Dieses Meßverfahren eignet sich gut für größere Drehzahlen und gleichförmige Antriebsmomente, schlecht für periodisch schwankende Drehmomente wie bei Verbrennungsmotoren.

2. Elektrische Pendelmaschinen (Leistungswaagen). Wird das Gehäuse eines Stromerzeugers nicht, wie üblich, feststehend ausgeführt, sondern um die Welle pendelnd gelagert, so wird es beim Antrieb durch die entstehenden elektromagnetischen Kräfte in Drehrichtung mitgerissen. Legt man auf der entgegengesetzten Seite mit bekanntem Hebelarm Gewichte auf, so kann man das Gehäuse in der Schwebe halten und das hierfür aufzuwendende Gegendrehmoment ablesen. Da auch die Lager- und Bürstenreibung der Maschine, sowie der

zwischen Gehäuse und Anker entstehende Luftwirbel auf das Gehäuse einwirken und mitgemessen werden, ist das gemessene Gegenmoment gleich dem Antriebsmoment, mit kleinen Einschränkungen: 1. Die Reibung der Pendellagerung wird nicht mitgemessen. Sie muß also durch sorgfältige Kugellagerung so klein gehalten werden, daß der Fehler nicht ins Gewicht fällt. 2. Ferner geht ein Teil des Luftwirbels zwischen Anker und Gehäuse ins Freie, ohne seine Kraft ans Gehäuse abzugeben. Dieser Fehler kann dadurch gemessen werden, daß man die Maschine unbelastet als Motor laufen läßt und das auftretende Gegenmoment mißt. Die auftretenden Momente sind in den untenstehenden Bildern für beide Betriebsarten der Maschine eingezeichnet.

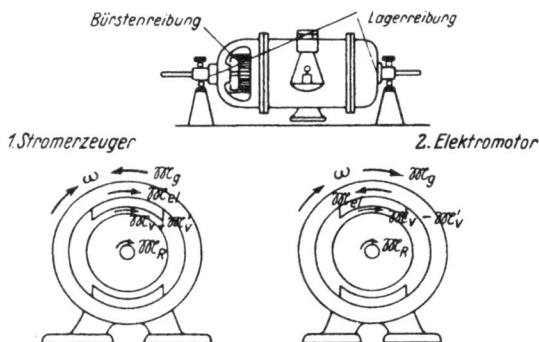

Abb. 196. Die Pendelmaschine als Drehmomentmesser.

Mg Gegendrehmoment, Mr Reibungsmoment,
Me effektives Motordrehmoment, Mv Ventilationsmoment,
Mel elektrisches Drehmoment, Mv' Verlustmoment.

1. Stromerzeuger

$$\mathfrak{M}_g = \mathfrak{M}_{el} + \mathfrak{M}_v + \mathfrak{M}_R$$
$$\mathfrak{M}_e = \mathfrak{M}_{el} + \mathfrak{M}_v + \mathfrak{M}_v' + \mathfrak{M}_R$$
$$\boxed{\mathfrak{M}_g = \mathfrak{M}_e - \mathfrak{M}_v'}$$

2. Elektromotor

$$\mathfrak{M}_g = \mathfrak{M}_{el} - \mathfrak{M}_v - \mathfrak{M}_R + \mathfrak{M}_v'$$
$$(-\mathfrak{M}_e) = \mathfrak{M}_{el} - \mathfrak{M}_R - \mathfrak{M}_v = \mathfrak{M}_w$$
$$\boxed{\mathfrak{M}_g = \mathfrak{M}_w + \mathfrak{M}_v'}$$

3. Drehmomentmessung durch Beschleunigen oder Verzögern einer Drehbewegung. Während man auf den üblichen Leistungsbremsen nur in Beharrungszuständen messen kann, also bei gleichbleibender Drehzahl, Belastung, Drosselstellung, Kühlwasser- und Öltemperatur, ist zu allen Messungen in veränderlichem Betriebszustand die genaue Ermittlung von Massen und Beschleunigungen nötig.

Wie man beim Auslauf des Wagens (s. II. Kap. Abschn. B) auf den Fahrwiderstand, oder bei Beschleunigen des Wagens auf die beschleunigende Kraft, das Überschußdrehmoment schließen kann, indem man die Beschleunigung der Fahrzeugmasse ermittelt, so kann man den entsprechenden Versuch auch am Motor ohne Wagen auf dem Motorenprüfstand durchführen, wenn man die Masse des zu beschleunigenden Wagens durch entsprechend bemessene Schwungscheiben ersetzt, und zusätzliche Widerstände einführt, welche den Fahrwiderständen des Wagens auf der Straße entsprechen.

Eine angenäherte Berechnung der Größen der Schwungmassen ist folgende: Der Motor soll auf dem Motorprüfstand die Schwungmassen von $n = 800$ U/min auf 2400 U/min beschleunigen, entsprechend der Beschleunigung des Wagens von 20 km/h auf 60 km/h, jeweils in der

Abb. 197. Ansicht des Schwungmassenprüfstandes der Panzertruppenschule Wünsdorf.
1 Skala der Neigungswaage für das Gegendrehmoment,
2 Pendelmaschine,
3 Schwungmassen.
4 Versuchsmotor (luftgekühlter 8-Zylinder in V-Form).

gleichen Zeit von 18 s. Es soll die H'-Achsübersetzung des Wagens $1:5$ und der Rollhalbmesser der Reifen $R = 0,332$ m, die Masse des Wagens $1000 \frac{\text{kg s}^2}{9,81 \ \text{m}}$ sein, dann ist die mittlere Beschleunigung des Wagens $b = 0,617 = \frac{16,66 - 5,55}{18}$ m/s² und das mittlere Überschußdrehmoment am Motor $= \frac{m \, b \, R}{ü} = \frac{1000 \cdot 0,617 \cdot 0,332}{5} = 4,18$ mkg. Wenn die Schwungmassen des Prüfstandes von diesem mittleren Überschußdrehmoment in 18 s aus $n_1 = 800$ U/min auf $n_2 = 2400$ U/min gebracht werden sollen, so sind die Winkelgeschwindigkeiten

$$\omega_1 = \frac{2 \pi \cdot n_1}{60} = 83,9/\text{s}, \quad \omega_1^2 = 7030, \quad v_1 = 5,55 \text{ m/s}, \quad v_1^2 = 30,9$$

$$\omega_2 = \frac{2 \pi \cdot n_2}{60} = 251,5/\text{s}, \quad \omega_2^2 = 63100, \quad v_2 = 16,66 \text{ m/s}, \quad v_2^2 = 277$$

und die Änderung der Winkelgeschwindigkeit in der Sekunde, d. i. die Winkelbeschleunigung

$$\varepsilon = \frac{251{,}5 - 83{,}9}{18} = \frac{167{,}6}{18} = 9{,}31/\text{s}^2.$$

Nun muß die Beschleunigungsarbeit auf Straße und Prüfstand gleich sein, d. h.

$$m \cdot b \cdot s = \frac{m\,(v_2{}^2 - v_1{}^2)}{2} = J \cdot \varepsilon \cdot \varkappa = \frac{J\,(\omega_2{}^2 - \omega_1{}^2)}{2}$$

$$\frac{1000}{9{,}81} \cdot \frac{246}{2} = J \cdot \frac{56\,070}{2}$$

$$J = 0{,}447 \; \text{kg\,m/s}^2.$$

Dies ist das Trägheitsmoment der erforderlichen Schwungscheiben, aus dem sich die Größe der Scheiben berechnen läßt.

Es ist zweckmäßig, den Schwungmassenprüfstand mit einer Pendelmaschine zu verbinden, wie in Abb. 197 dargestellt.

Die Grundlagen der Eichung eines solchen Prüfstandes sind im folgenden zusammengestellt.

Eichung und Messung am Schwungmassenprüfstand.

a) Antrieb durch Verbrennungsmotor, Pendelmaschine arbeitet als Stromerzeuger, Drehzahl und Belastung konstant.

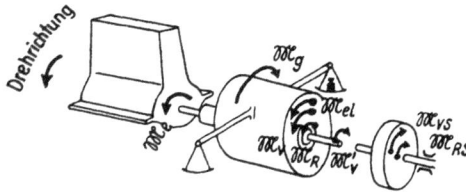

Abb. 198.

Abb. 198 bis 200. Drehmomente am Schwungmassenprüfstand bei verschiedenen Betriebszuständen.

1. Schwungmassen abgekuppelt

$$\mathfrak{M}_g = \mathfrak{M}_{el} + \mathfrak{M}_v + \mathfrak{M}_R$$
$$\mathfrak{M}_e = \mathfrak{M}_{el} + \mathfrak{M}_v + \mathfrak{M}_R + \mathfrak{M}_v{}'$$
$$\boxed{\mathfrak{M}_g = \mathfrak{M}_e - \mathfrak{M}_v{}'}\;\;[1]$$

2. Schwungmassen gekuppelt

$$\mathfrak{M}_g = \mathfrak{M}_{el} + \mathfrak{M}_v + \mathfrak{M}_R$$
$$\mathfrak{M}_e = \mathfrak{M}_{el} + \mathfrak{M}_v + \mathfrak{M}_R + \mathfrak{M}_{vS} + \mathfrak{M}_{RS} + \mathfrak{M}_v{}'$$
$$\boxed{\mathfrak{M}_g = \mathfrak{M}_e - \mathfrak{M}_{vS} - \mathfrak{M}_{RS} - \mathfrak{M}_v{}'}$$

---

[1] $\mathfrak{M}_g$ entspricht bis auf einen kleinen Fehlbetrag $\mathfrak{M}_v{}'$ dem beim Beschleunigen auf dem Prüfstand verfügbaren Überschußdrehmoment des Verbrennungsmotors.

b) Antrieb elektrisch, Pendelmaschine arbeitet als Elektromotor, Drehzahl und Antriebsmoment konstant.

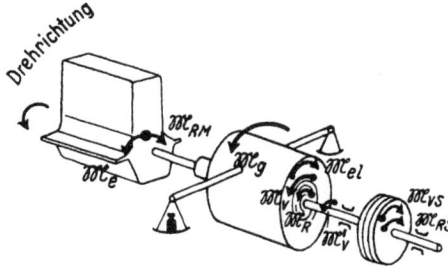

Abb. 199.

1. a) Schwungmassen abgekuppelt, Verbrennungsmotor ohne Zündung

$$\mathfrak{M}_e = 0$$

$$\mathfrak{M}_g = \mathfrak{M}_{el} - \mathfrak{M}_R - \mathfrak{M}_v + \mathfrak{M}_v'$$

$$(-\mathfrak{M}_e) = \mathfrak{M}_{RM} = \mathfrak{M}_{el} - \mathfrak{M}_R - \mathfrak{M}_v$$

$$\boxed{\mathfrak{M}_g = \mathfrak{M}_{RM} + \mathfrak{M}_v'}$$

2. a) Verbrennungsmotor abgekuppelt, Schwungmassen gekuppelt

$$\mathfrak{M}_g = \mathfrak{M}_{el} - \mathfrak{M}_R - \mathfrak{M}_v + \mathfrak{M}_v'$$

$$(-\mathfrak{M}_e) = \mathfrak{M}_{RS} + \mathfrak{M}_{VS} = \mathfrak{M}_{el} - \mathfrak{M}_R - \mathfrak{M}_v$$

$$\boxed{\mathfrak{M}_g = \mathfrak{M}_{RS} + \mathfrak{M}_{VS} + \mathfrak{M}_v'}$$

1. b) Schwungmassen abgekuppelt, Verbrennungsmotor mit Zündung, mit konstanter Drosselklappenstellung.

$$\mathfrak{M}_e \neq 0 < \mathfrak{M}_{RM}$$

$$\mathfrak{M}_g = \mathfrak{M}_{el} - \mathfrak{M}_R - \mathfrak{M}_v + \mathfrak{M}_v'$$

$$(-\mathfrak{M}_e) = \mathfrak{M}_{RM} - \mathfrak{M}_e = \mathfrak{M}_{el} - \mathfrak{M}_R - \mathfrak{M}_v$$

$$\boxed{\mathfrak{M}_g = \mathfrak{M}_{RM} - \mathfrak{M}_e + \mathfrak{M}_v'}$$

2. b) Verbrennungsmotor abgekuppelt, Schwungmassen abgekuppelt.

$$\mathfrak{M}_e = 0; \quad (-\mathfrak{M}_e) = 0$$

$$\mathfrak{M}_{el} - \mathfrak{M}_v - \mathfrak{M}_R = 0 = (-\mathfrak{M}_e)$$

$$\mathfrak{M}_g = \mathfrak{M}_{el} - \mathfrak{M}_v - \mathfrak{M}_R + \mathfrak{M}_v'$$

$$\boxed{\mathfrak{M}_g = \mathfrak{M}_v'} \text{ }[1]$$

Bei verschiedenen Drehzahlen kann $\mathfrak{M}_v'$ durch ein mit der Drehzahl zu verschiebendes Laufgewicht an der Waage ausgeglichen werden.

c) Auslauf bei abgeschalteter Pendelmaschine.

Schwungmassen gekuppelt,
Verbrennungsmotor abgekuppelt,

$$\mathfrak{M}_{el} = 0$$

$$\boxed{\mathfrak{M}_g = \mathfrak{M}_R + \mathfrak{M}_v}$$

unabhängig von der Scheibenzahl!

[1] Da $\mathfrak{M}_v'$ bei kleiner Drehzahl gleich Null, muß auf diese Weise die Nullstellung der Waage austariert und nachgeeicht werden.

d) Beschleunigung bei abgeschalteter Pendelmaschine.

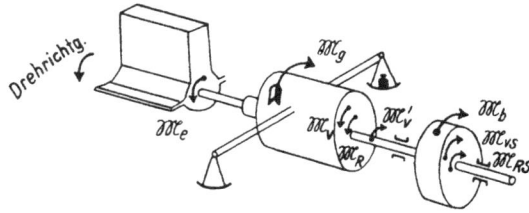

Abb. 200.

Schwungmassen gekuppelt, Verbrennungsmotor gekuppelt.

$$\boxed{\mathfrak{M}_g = \mathfrak{M}_v + \mathfrak{M}_R} \begin{array}{l}\text{unabhängig von der}\\ \text{Scheibenzahl}\end{array}$$

$$\boxed{\mathfrak{M}_e = \mathfrak{M}_b + \mathfrak{M}_v + \mathfrak{M}_{VS} + \mathfrak{M}_R + \mathfrak{M}_{RS} + \mathfrak{M}_v'\,;}$$

e) Versuchsmäßige Ermittlung von $\mathfrak{M}_v'$ nach b) 2. b).

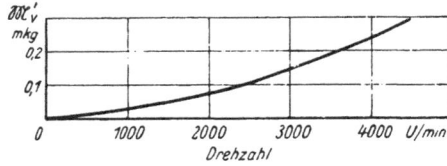

Abb. 201.

f) Versuchsmäßige Ermittlung von $\mathfrak{M}_R + \mathfrak{M}_V$ nach c).

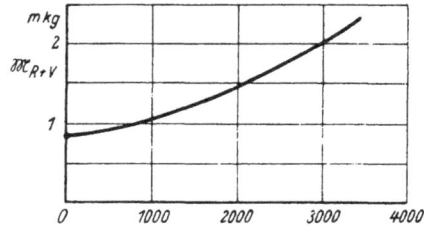

Abb. 202.

g) Versuchsmäßige Ermittlung von $\mathfrak{M}_{RS} + \mathfrak{M}_{VS}$ nach b) 2. a).

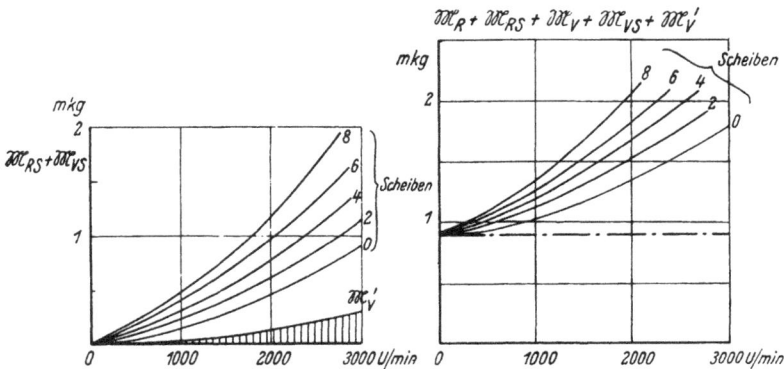

Abb. 203.

Abb. 201 bis 203. Versuchswerte der Eichung des Schwungmassenprüfstands.

In entsprechender Weise können Zusatzwiderstände (Windflügel, Reibungsbremsen) geeicht werden.

Beim Vergleich zwischen dem Verhalten des Fahrzeugs auf der Straße und des Motors auf dem Schwungmassenprüfstand zeigt sich in der Regel, daß die Eigenwiderstände des Prüfstandes wesentlich kleiner sind als die Fahrwiderstände des Fahrzeugs auf der Straße. Man kann zur genauen Angleichung die Widerstände des Prüfstands vergrößern durch eine kleine Reibungsbremse (unabhängig von der Drehzahl), Windflügel (stark abhängig von der Drehzahl), weitere Zusatzmassen (abhängig vom Überschußmoment). Dann ergibt sich folgendes Bild:

a) Ohne Korrektur. b) Mit zusätzlicher Reibungsbremse.

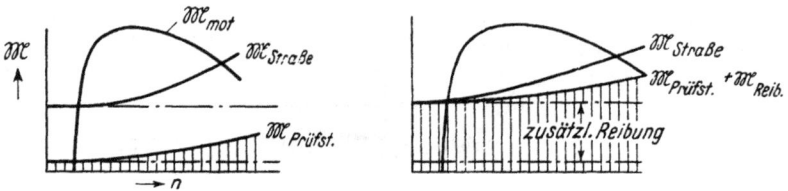

Abb. 204.

c) Mit zusätzlichem Luftwider- d) Mit zusätzlicher Reibung und
stand. Luftwiderstand.

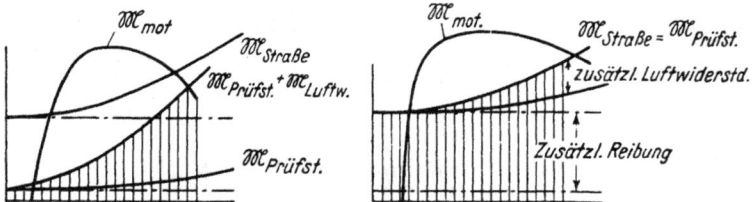

Abb. 205.

e) Mit Zusatzmasse. f) Mit Zusatzmasse und Luftwiderstand.

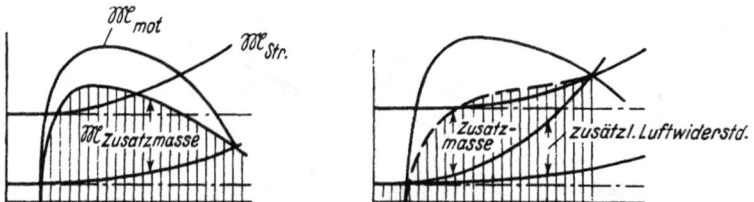

Abb. 206.
Abb. 204 bis 206. Drehmomentverlauf am Schwungmassenprüfstand mit verschiedenen Korrektureinrichtungen.

Der Betriebszustand kann also vollkommen dem auf der Straße angeglichen werden.

4. D r e h m o m e n t - M e ß k u p p l u n g v o n S c h e n c k. Die Wirkungsweise dieser Meßkupplung ist in Abb. 207 vereinfacht dargestellt. Am Ende der Bremswelle befindet sich ein Flansch, der einen Winkelhebel trägt. Der Drehpunkt des Winkelhebels befindet sich in einem gewissen Abstand von der Drehachse, die beiden Schenkel des Winkelhebels liegen in einer Tangentialebene zum Drehpunkt, der eine ungefähr in axialer Richtung, der andere senkrecht dazu. Der axial gerichtete Schenkel ist an einem Flansch der Antriebswelle angelenkt. Wird nun von der Antriebsseite her ein Drehmoment übertragen, so möchte sich der Winkelhebel drehen, weil die Bremswelle gebremst ist, wo-

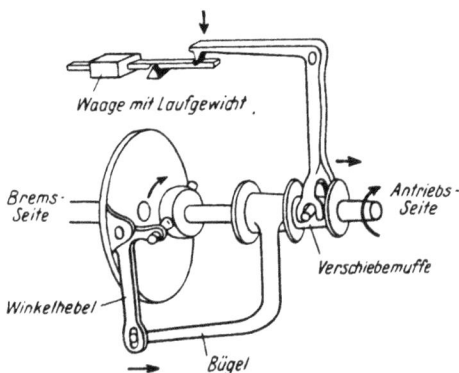

Abb. 207. Schema der Drehmoment-Meßkupplung von Schenck.

bei der andere Schenkel des Winkelhebels sich zunächst in axialer Richtung verschiebt. Diese Verschiebung wird durch einen Bügel auf eine Verschiebemuffe an der Antriebswelle und von dort durch ein Hebelsystem auf die Laufgewichtswaage übertragen. Die Waage übt also die erforderliche Gegenkraft gegen die Axialverschiebung aus. Verschiebt man das Laufgewicht, bis sie einspielt, so ist das Drehmoment unmittelbar abzulesen. Da Winkelhebel, Bügel und Verschiebemuffe mitrotieren, müssen alle außermittig gelegenen Teile doppelt und symmetrisch angeordnet sein, damit die Fliehkräfte sich ausgleichen. Zur Vermeidung von Meßfehlern sind alle Lager als Nadel- oder Kugellager ausgebildet.

G. Messung des Kraftstoffverbrauchs.

Zur Messung des Kraftstoffverbrauchs auf Prüfständen werden oft einfache umschaltbare Meßgefäße verwendet. Die Messung erfolgt durch Stoppen des Durchlaufs an einer Anfangs- und einer Endmarke. Da der Motor stehen bleibt, wenn das rechtzeitige Zurückschalten auf das Vorratsgefäß versäumt wird, wurden Meßgefäße entwickelt, welche diesen Übelstand vermeiden (Seppeler-Stichprober). Für sorgfältige Entlüftung ist Sorge zu tragen.

Eine andere Meßmöglichkeit ist das Abreißverfahren. Hier wird das Abreißen des Kraftstoffspiegels von einer Nadel in einem engen Hals zwischen zwei Vorratsgefäßen gestoppt, dann die gemessene oder gewogene Menge eingefüllt und das abermalige Abreißen gestoppt. Die eingefüllte Menge ist in der zwischen den beiden Abrissen verstrichenen Zeit verbraucht worden.

Für Messungen im fahrenden Fahrzeug auf kurzen Strecken eignet sich vorzüglich der Durchflußmesser. Er besteht aus einem U-Rohr, dessen einer Schenkel mit einer Skala versehen ist; der andere Schenkel trägt am oberen Ende ein Schwimmergefäß. Der Nullpunkt der Skala

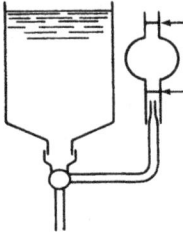

Abb. 208. Umschalt-bares Meßgefäß zur Messung des Kraft-stoffverbrauchs.

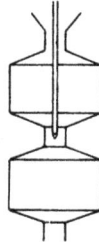

Abb. 209. Gefäß zur Messung des Kraft-stoffverbrauchs nach dem Abreißverfahren.

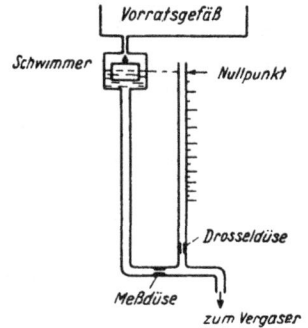

Abb. 210. Durchflußmesser.

entspricht dem vom Schwimmer eingestellten Kraftstoffspiegel, wenn kein Kraftstoff entnommen wird. Sobald Kraftstoff verbraucht wird, erzeugt der Durchfluß hinter der Meßdüse einen Unterdruck, der sich mit der Durchflußgeschwindigkeit vergrößert. Es ist dann eine kürzere Kraftstoffsäule im Meßrohr erforderlich, um dem Druck hinter der Meßdüse das Gleichgewicht zu halten. Die Drosseldüse dämpft die Spiegelschwankungen im Meßrohr, verlängert aber auch die Zeit zur Einstellung des Spiegels. Zu frühes Ablesen ergibt falsche Werte. Der beim Durchfluß entstehende Unterdruck ist nicht bei allen Kraftstoffen derselbe, sondern ist mit dem spezifischen Gewicht und der Zähflüssig-keit des Kraftstoffs etwas veränderlich. Bei Wechsel des Kraftstoffs muß also nachgeeicht werden.

Verbrauchsmessungen während der Fahrt auf langen Strecken werden am besten so vorgenommen, daß mittels Dreiwegehahns in die Zuleitung ein Gefäß eingeschaltet wird, das samt Kraftstoffinhalt vor dem Versuch gewogen wurde. Bei Beendigung des Versuchs wird es abgeschaltet und wieder gewogen. Die Dichtheit des Hahns ist jeweils sorgfältig nachzuprüfen.

H. Windstärkemessung.

Die Messung der Windstärke zur Ermittlung von Luftwiderständen des Kraftfahrzeugs kann mit zweierlei Geräten erfolgen.

1. Staudruckmesser (Bruhns-Düse). Dieser wird in der Luft-fahrt häufig angewandt zur Messung der scheinbaren Fahrgeschwindig-

keit. Der Wind bläst durch eine mehrfache Venturi-Düse und erzeugt
darin einen meßbaren Unterdruck, welcher mit der Windgeschwindigkeit wächst.

2. Anemometer (Schalenkreuzflügel). Dieses Gerät mißt die
Windgeschwindigkeit unmittelbar durch einen rotierenden Flügel mit
senkrechter Achse und schalenförmigen Flügeln. Die Drehzahl kann
mit Hilfe eines Zählers und einer Stoppuhr gemessen werden. Bequemer
sind Anemometer, deren Flügel mit dem Anker eines kleinen Meß-
elektromotors gekuppelt ist, welcher eine mit der Windgeschwindigkeit
wachsende Spannung erzeugt. Diese wird an einem auf Windgeschwindigkeit geeichten Voltmeter abgelesen.

Die Windrichtung wird jeweils mit Seidenfäden oder Fähnchen
festgestellt.

J. Heizwertbestimmung.

Der Heizwert eines Brennstoffes ist diejenige Wärmemenge, die bei
der vollständigen der Gewichts- oder Raumeinheit des Kraftstoffes
frei wird. Die Meßgeräte sind so eingerichtet, daß 1. eine vollständige
Verbrennung und 2. die restlose Überführung der freiwerdenden Wärme
an eine gewogene Wassermenge gesichert ist.

a) Flüssige Kraftstoffe. Der Kraftstoff wird aus einem an einer
Waage hängenden Gefäß unter Druck einem Düsenbrenner zugeführt.
Um den Brenner ist ein Kühlmantel angeordnet, dem das Kühlwasser
aus gleichbleibender Höhe zugeführt wird. Zu- und Ablauftemperatur
werden fortlaufend gemessen; der Versuch kann beginnen, wenn Beharrungszustand eingetreten ist. Dabei soll die Ablauftemperatur nicht
oder nur wenig höher sein als die Außentemperatur. Enthält der Brenn-
stoff Wasserstoff, so bildet sich daraus bei der Verbrennung Wasserdampf, der im Kühlmantel kondensiert und aufgefangen wird. Bei der
Verbrennung im Motor hingegen sind die Auspuffgase so heiß, daß dieser
Wasserdampf gasförmig entweicht und eine dem Wärmeinhalt des
Dampfes und seiner Menge entsprechende Wärmemenge mit sich führt.
Den bei vollständiger Kondensation des Wasserdampfes gemessenen
Heizwert nennt man den oberen, den um die latente Wärme des Wasser-
dampfes verringerten den unteren Heizwert. Vor Beginn der Messung
wird die Waagschale so belastet, daß sie um wenig leichter ist als das
Gefäß. Durch den fortlaufenden Verbrauch an Kraftstoff wird die
Waage bald einspielen. In diesem Augenblick wird gestoppt und gleich-
zeitig Auffanggefäße für Kühlwasser und Kondensat untergeschoben.
Dann wird das der gewünschten Meßmenge entsprechende Gewicht
(5—10 g) abgenommen und das erneute Einspielen der Waage abgewartet. In diesem Augenblick wird wieder gestoppt und gleichzeitig

werden die Meßgefäße weggenommen. Während des Versuchs wird in gleichen Zeitabständen die Zu- und Ablauftemperatur gemessen und zur Kontrolle des Beharrungszustandes in einem Temperatur-Zeit-Schaubild

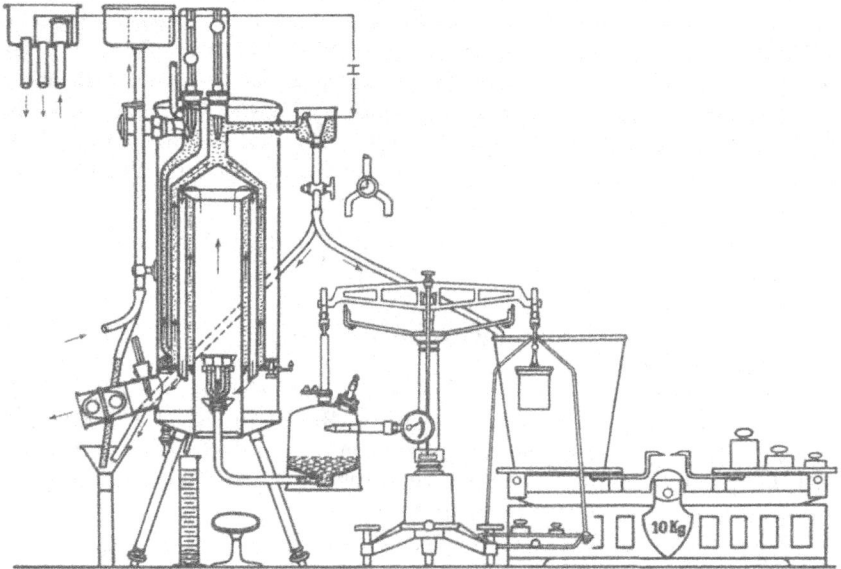

Abb. 211.
Junkers-Kalorimeter zur Bestimmung des Heizwertes flüssiger Kraftstoffe.

aufgetragen, auch für einen gewissen Zeitabschnitt vor und nach dem eigentlichen Versuch. Der obere Heizwert ist dann

$$\frac{\text{Kühlwassergewicht} \cdot \text{Temperaturdifferenz}}{\text{Brennstoffgewicht}} \quad \text{oder} \quad H_0 = \frac{G_w\,(\tau_a - \tau_1)}{G_1}.$$

Der untere Heizwert ist $H_0 - g_k \cdot 600$ WE/kg, wenn g_k das Kondensat-gewicht in kg und 600 die Zahl der in einem Kilogramm Wasserdampf enthaltenen latenten Wärmeeinheiten.

b) Gasförmige Brennstoffe. Das Gas wird einem Brenner über einen Druckregler durch eine Gasuhr zugeführt. Im übrigen ist die Anordnung und Versuchsdurchführung dieselbe. Da aber Feuchtigkeit und Druck des Gases veränderlich sind, ist der gemessene Heizwert auf Normaldruck, Normaltemperatur und trockenes Gas umzurechnen nach folgenden Formeln:

$$H_0' = H_0 \frac{10000}{P_a + \varDelta P - P_s} \cdot \frac{273 + t_1}{288} \quad \text{WE/m}^3 \text{ trockenen Gases.}$$

t_1 °C	P_s kg/m²	t_1 °C	P_s kg/m²
10	125	20	238
11	134	21	255
12	143	22	269
13	153	23	286
14	163	24	304
15	174	25	322
16	185	26	342
17	197	27	363
18	210	28	384
19	224	29	407

Hierbei ist

H_0 gemessener oberer Heizwert

P_a barometrischer Luftdruck in kg/m²

$\varDelta P$ Überdruck des Gases vor der Gasuhr in kg/m²

P_s Sättigungsdruck des Wasserdampfs im Gas (s. Tabelle).

c) Feste Brennstoffe. Feste Kraftstoffe werden unter Einpressen eines Zünddrahtes brikettiert, gewogen und in einer druckdicht abgeschlossenen Stahlbombe in einer Sauerstoffatmosphäre elektrisch gezündet. Die Bombe steht in einem wärmeisolierten Wassergefäß, das

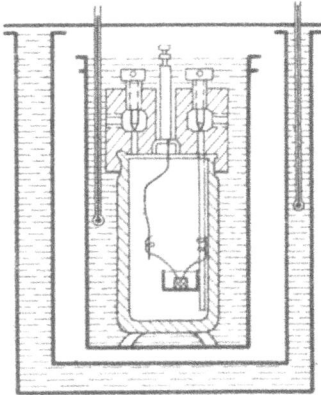

Abb. 212. Kalorimetrische Bombe zur Bestimmung des Heizwertes fester Kraftstoffe.

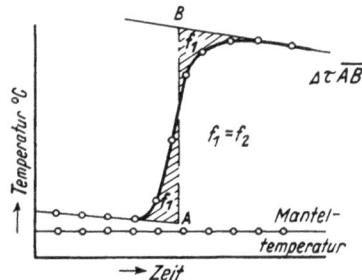

Abb. 213. Zeichnerische Ermittlung der Wassererwärmung $\varDelta t = AB$ bei der Heizwertmessung nach Abb. 212.

Wasser wird während des ganzen Versuchs mittels Rührwerks umgerührt. Vor, während und nach der Zündung wird die Wassertemperatur in gleichen kurzen Zeitabständen gemessen und in ein Temperaturzeitbild eingezeichnet. Ein- und Ausstrahlung wird zeichnerisch berücksichtigt (Abb. 213). Da hierbei kein Beharrungszustand möglich ist, weil keine fortlaufende Verbrennung vorliegt, nimmt die Bombe eine Wärmemenge auf, die der Messung verloren geht. Diese ist vorher im Auftrag des Herstellers der Bombe von der physikalisch-technischen Reichsanstalt durch Verbrennen eines Probebrennstoffs von genau bekanntem Heizwert festgestellt worden und als »Wasserwert« $G_w{'}$ auf der Bombe eingeschlagen. Der Wasserwert ist diejenige Wassermenge, die mehr auf die Endtemperatur hätte erwärmt werden können, wenn die

Bombe keine Wärme aufnähme. Der Heizwert ist H_0.

$$\frac{1}{1000}\,G\,H_0 = (G_w + G_w') \cdot c_w \cdot \varDelta\tau - G_z \cdot H_z.$$

K. Abgasanalyse.

Die Auspuffgase werden chemisch auf den Gehalt an Sauerstoff, Kohlenoxyd und Kohlensäure untersucht. Dazu werden 100 ccm Abgas nacheinander in drei Gefäße geleitet und jeweils wieder in das Meßgefäß zurückgepumpt. Die drei Gefäße enthalten:

A Kalilauge. Diese verschluckt (absorbiert) Kohlensäure.
B Pyrogallol. Diese absorbiert Sauerstoff.
C Kupferchlorür. Dieses absorbiert Kohlenoxyd.

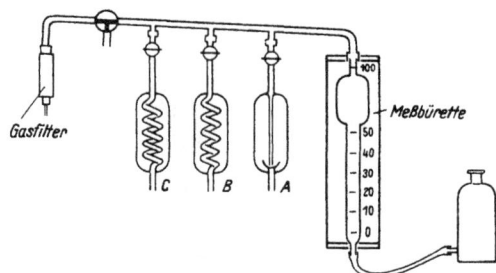

Abb. 214. Schema des Orsatapparats zur Analyse der Auspuffgase.

Die jeweils nach der Absorption fehlende Gasmenge entspricht dem Gehalt des Auspuffgases an diesen drei Bestandteilen in %.

Berechnung des Luftüberschusses. Aus der Abgasanalyse läßt sich der Luftüberschuß im Motorzylinder bei der Verbrennung berechnen. Sind $O\%$ Sauerstoff im Abgas, so gehört dazu $\frac{79}{21}\,O$ Stickstoff, weil in der Luft auf 21 Teile Sauerstoff 79 Teile Stickstoff kommen. Ist N der insgesamt in der Verbrennungsluft vorhanden gewesene Stickstoff, $\frac{79}{21}\,O$ der überflüssigerweise vorhandene Stickstoff, so ist also $N - \frac{79}{21}\,O$ der bei der Verbrennung notwendige Stickstoff, und bei Fehlen von Kohlenoxyd die Luftüberschußzahl

$$l = \frac{N}{N - \frac{79}{21}\,O}$$

Ist Kohlenoxyd im Abgas vorhanden, so könnte dies mit Hilfe eines Teils des im Abgas vorhandenen Sauerstoff zu Kohlensäure ver-

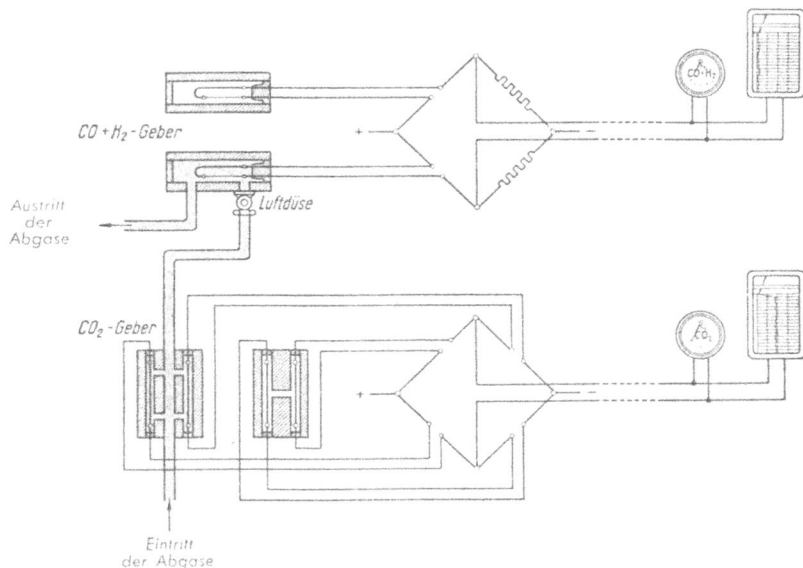

Abb. 215. Elektrischer Abgasprüfer.

Die Zusammensetzung des Gases wird aus seiner Wärmeleitfähigkeit bestimmt. Diese wird durch den elektrischen Widerstand eines geheizten Drahtes im Vergleich zu einem gleich von Luft umgebenen Draht gemessen (CO_2-Gehalt). Zur Bestimmung von CO/H_2 werden diese Bestandteile an einem Platindraht bei $400-450^\circ$ C verbrannt und die Widerstandserhöhung gemessen.

brannt sein. Dieser Sauerstoffanteil wäre also nicht überschüssig. Da 1 Teil Kohlenoxyd $\frac{1}{2}$ Teil Sauerstoff zur Verbrennung braucht, ist dann die Luftüberschußzahl

$$l = \frac{N}{N - \frac{79}{21}\left(0 - \frac{1}{2}\,C\right)}.$$

L. Messung der Beleuchtungsstärke.

Nach den Vorschriften der StVZO soll die Beleuchtungsstärke von Scheinwerfern in 25 bzw. 100 m Abstand an einer senkrechten Fläche gemessen werden. Zur Erläuterung des Begriffs »Beleuchtungsstärke« müssen die Grundvorstellungen der Lehre vom Licht kurz auseinandergesetzt werden.

1. Lichtstärke. Die Lichtstärke der Lichtquelle selbst wird verglichen mit einer Normallampe von bestimmter Beschaffenheit. Die Normallampe ist eine mit Amylazetat (Birnäther) gespeiste Dochtlampe, deren Docht 8 mm stark und deren Flamme 40 mm hoch ist. Diese Lampe hat eine waagrechte Lichtstärke von einer Kerze (HK).

2. **Lichtfluß.** Von einem Lichtpunkt (Lampe) aus breitet sich das Licht nach allen Seiten kugelförmig aus. Schneidet man aus einer solchen gedachten Kugelfläche eine Teilfläche von bestimmtem Raum-

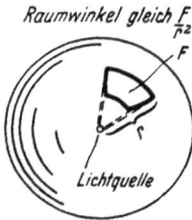

Abb. 216. Zur Erklärung des Raumwinkels bei der Begriffsbestimmung der Lichtstärke.

winkel aus, Abb. 216, so ist die Lichtstärke (HK) das Verhältnis von Lichtfluß (gemessen in Lumen LM) zum durchstrahlten Raumwinkel, also der Lichtfluß in der Einheit des Raumwinkels. Der Raumwinkel ist das Verhältnis der durchstrahlten Fläche zum Quadrat des Kugelhalbmessers F/r^2. Der Raumwinkel einer vollen Kugel ist demnach $4\pi = 12{,}56$.

3. **Beleuchtungsstärke.** Die Beleuchtungsstärke ist der auf 1 qm fallende Lichtfluß, gemessen in Lux (Lx).

Es ist klar, daß bei derselben Lichtstärke einer Lichtquelle die Beleuchtungsstärke auf einer Fläche (von 1 qm) um so kleiner ist, je weiter sie von der Lichtquelle entfernt ist. Daher ist für Scheinwerfer der Prüfabstand zu 100 bzw. 25 m festgelegt.

Die Messung der Beleuchtungsstärke erfolgt im vorgeschriebenen Abstand entweder mit einem Photometer oder mit einer Photozelle. Im Photometer wird die Helligkeit einer von der zu prüfenden Lichtquelle angestrahlten Fläche verglichen mit der Helligkeit einer zweiten durch eine geeichte Lampe angeleuchteten Vergleichsfläche. Die geeichte Lampe wird nun mit Hilfe eines Widerstandes oder einer Blende so reguliert, daß beide Flächen gleich hell sind. Die Größe des ein-

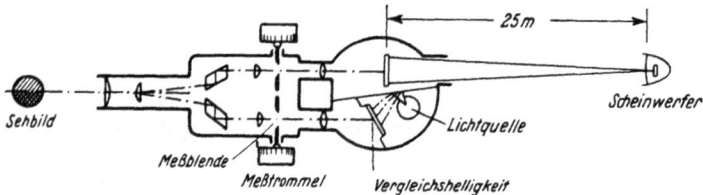

Abb. 217. Strahlengang im Zeiß-Pulfrich-Photometer.

geschalteten Widerstandes ergibt dann die Beleuchtungsstärke. Der innere Aufbau eines solchen Geräts ist in Abb. 217 am Zeiß-Photometer dargestellt.

Bequemer sind die Photozellen, die beim Anleuchten einen elektrischen Strom erzeugen, der an einem auf Beleuchtungsstärke geeichten Amperemeter angezeigt wird.

M. Messung von Schallstärken.

Man kann sich die Grundlagen der Schallmessung etwa folgendermaßen vorstellen: Ein Ton ist eine Schwingung der Luftmoleküle, die dabei abwechselnd ausgedehnt und zusammengedrückt werden. Die Luftteilchen treffen auf das Trommelfell des Ohres und versetzen es gleichfalls in Schwingungen. Dazu gehört ein gewisser Druck, der Schalldruck, welchen man messen kann. Wird nun ein Ton erzeugt, z. B. der Ton mit der Normalfrequenz 1000 Schwingungen je Sekunde (1000 Hz), ungefähr der Ton h 🎼 (980 Hz), so kann dieser Ton leise oder laut sein; für die Stärke eines Tones hat man zwei Grenzwerte: Der leiseste hörbare Ton liegt an der Hörschwelle. Die Lautstärke, welche gerade unerträglich wird, ist die Schmerzschwelle. Die Hörschwelle entspricht der Lautstärke 0 Phon, die Schmerzschwelle beim Normalton 130 Phon. Die Lautstärke 0 des Normaltons 1000 Hz entspricht einem Schalldruck von $3,16 \cdot 10^{-4}$ Dyn/cm², d. i. etwa der dreimillionste Teil einer Atmosphäre (kg/cm²). Die Schmerzschwelle liegt für die Normalfrequenz 1000 Hz bei einem Schalldruck von 1000 Dyn/cm², das entspricht etwa $^1/_{1000}$ Atmosphäre. Dabei hat das Ohr die Eigenschaft, daß eine Verdoppelung der Lautstärkeempfindung erst bei Vervielfachung des Schalldrucks eintritt, was an folgender Tabelle für die Normalfrequenz erläutert wird.

Schalldruck	Lautstärkeempfindung
$^1/_{1000}$ Dyn/cm²	10 Phon
$^1/_{100}$ »	30 »
$^1/_{10}$ »	50 »
1 »	70 »
10 »	90 »
100 »	110 »

Bei einer Verzehnfachung der Geräuschempfindung (z. B. von 11 auf 110 Phon) muß also der Schalldruck, die Schallstärke etwa um das Hundertfache gesteigert werden. Eine solche Gesetzmäßigkeit heißt logarithmisch, entsprechend ist die Lautstärke vereinbarungsgemäß: Lautstärke $= 20 \log \frac{p}{p_s}$ in Phon, wenn p der Schalldruck eines dem zu messenden Geräusch gleichlauten Ton der Normalfrequenz ist und p_s der Schalldruck der Hörschwelle des Normaltons. $p_s = \frac{0,316}{1000}$ Dyn/cm².

Das Geräusch 1 Phon ist außerordentlich schwach, es entspricht dem Atem eines schlafenden Kindes.

Die Geräuschstärke eines Normaltones wäre damit eindeutig bestimmt. Nun ist das Ohr aber so eingerichtet, daß tiefere Töne erst bei einem viel größeren Schalldruck hörbar werden als der Normalton, daß aber die Schmerzschwelle schon bei einem geringeren Schalldruck erreicht wird als beim Normalton. Dazu kommt noch eine weitere Schwierigkeit: Wenn gleichzeitig mehrere Töne von verschiedener Frequenz und verschiedener Lautstärke, z. B. drei Töne von 40, 50 und 60 Phon erklingen, so ist die Lautstärkeempfindung nicht etwa $40 + 50 + 60 = 150$ Phon, sondern ungefähr $\sqrt{40^2 + 50^2 + 60^2} = 88$ Phon.

Mit Hilfe eines Mikrophons, eines Verstärkers und eines Anzeigegeräts kann man den Schalldruck messen. Damit ist unter den geschilderten Verhältnissen nicht viel geholfen, weil ja die Tonhöhe (Frequenz) des Tones ganz verschieden sein kann. Es bleibt also nichts übrig als einen Normalton veränderlicher Stärke zu erzeugen, und diesen auf gehörsmäßig gleiche Lautstärke einzuregeln, dann seinen Schalldruck zu messen und nach der oben angegebenen Formel seine Lautstärke zu berechnen (subjektives Meßverfahren). Neuerdings ist es gelungen, Geräte herzustellen, welche ohne Rechnung direkt die Lautstärke in Phon angeben. Diese Geräte müssen also genau so arbeiten wie das menschliche Ohr, d. h. sie empfinden den Schalldruck logarithmisch und addieren die Schallstärke mehrerer Töne quadratisch (objektives Meßverfahren).

Stichwortverzeichnis.

Die Zündfolge der vielzylindrigen Verbrennungsmaschinen

insbesondere der Fahr- und Flugmotoren

Von Prof. Dr.-Ing. H a n s S c h r o e n. 375 Seiten, 853 Abbildungen, 52 Tafeln. Gr.-8⁰. 1938. RM. 20.—

INHALT: Vorbetrachtungen - Gesichtspunkte für die Festlegung der Zündfolge - Gleichmäßige Zündabstände - Verteilung der Kurbeln und Zylinder - Unregelmäßige Zündabstände - Zahl der möglichen Zündfolgen - Zündfolge und Kräftefluß - Zündfolge und Kurbelwellenschwingungen - Gleitbahndruck, Zündfolge und Schwingung - Zündfolge, Wellen- und Lagerbelastung - Zündfolge, Zylinder-Ladung und -Entladung - Zündfolge und Raumbedarf des Motors - Zündfolge und Steuerungsaufbau - Zündfolge und Zündanlage oder Einspritzsystem-Zündfolge und Werkarbeit.

AUS DEM VORWORT: Ein Gebiet, das der ausreichenden Beleuchtung bisher entbehrt hat, ist der Zusammenhang der Fragen über die Festlegung der Zündfolge und ihren Einfluß auf die Gestaltung einer Reihe von Motorteilen für vielzylindrige Bauarten, also die Festsetzung brauchbarer Zündfolge schon bei der Planung oder beim Entwurf des Motors.

Die Notwendigkeit, sich in zeitraubender Weise im einzelnen Fall die Verhältnisse klarmachen zu müssen, sei es bei der Konstruktion, sei es bei der Aufsuchung störender Erscheinungen an ausgeführten Anlagen, wird jeder unangenehm empfunden haben, der sich mit ein- und mehrreihigen Maschinen zu befassen hatte. Dies trifft insbesondere zu für Zylinderzahlen, die erst spät aufgekommen sind, wie ungerade Zahlen 5, 7, 9, 11 in einer Reihe bei Großraum-Bauarten, als ortsfeste oder Schiffsmaschinen, oder für Anordnungen in zwei, drei und vier Reihen mit einer Kurbelwelle und mit mehreren Wellen bei raschlaufenden Mittel- und Kleinraummotoren zum Antrieb von Fahr- und Flugzeugen.

Es zeigt sich, daß die Zündfolge eine vielgestaltigere Angelegenheit ist, als man vielfach anzunehmen pflegt. Sie hat zahlreiche Begleiterscheinungen, die bis in fast alle im Betrieb sich abspielenden Vorgänge ausstrahlen, also nicht allein bis in die Vorgänge statischer und dynamischer Art im arbeitenden Motor, sondern auch bis in die von der Saugfolge beeinflußte Größe der Ladung der Zylinder, mithin bis in den Verbrennungsvorgang der einzelnen Zylinder und in den Wärmefluß des Motors.

Grundbegriffe der Technik

Ein Vielsprachen-Wörterbuch nach der Einsprachen-Anordnung

Deutscher Teil. Englischer Teil. Französischer Teil.

Jeder Teil ist in Leinen gebund. und einzeln zum Preise von RM. 5.- käuflich

DIESES NEUARTIGE WÖRTERBUCH ist ein „Einsprachenwörterbuch",
d. h. jeder Band enthält nur e i n e Sprache und gibt den Stoff in Zwei-
teilung wieder: nach dem Abc zum Aufsuchen und nach laufenden
Nummern geordnet zum Auffinden.

Der erste (alphabetische) Teil einer jeden Ausgabe dient zur Feststellung
der Nummer des gesuchten Begriffs; im zweiten (fortlaufend numerier-
ten) Teil der betreffenden fremdsprachlichen Ausgabe vermittelt dann
diese Nummer den entsprechenden Ausdruck.

EIN BEISPIEL: Hinter dem Wort „Dübel" finden Sie im alphabetischen deutschen Teil die Nummer „4382". Unter dieser Nummer finden Sie nun
weiterhin im zweiten Teil der fremdsprachlichen Bände die entsprechenden Ausdrücke: „dowel" und „goujon en bois". Aber wenn Sie
etwa vom englischen Wort „dowel" ausgehen oder vom französischen
„goujon", finden Sie ebenso mühelos unter der Nummer 4382 das
deutsche Wort „Dübel".

Dieses Wörterbuch dient aber auch der Feststellung sinnverwandter
Ausdrücke in den angeschlossenen Sprachen. Z.B. sind durch die Nummer „1994" die Worte: Eisenbeton, bewehrter Beton, armierter Beton,
steel concrete, reinforced concrete, armoured concrete, ferroconcrete,
beton armé, ciment armé, untereinander verbunden und rasch auffindbar.

DER VORLIEGENDE BAND „Grundbegriffe der Technik" enthält bei rund
15 500 Stichworten 8565 Wortstellen. Er behandelt die technische Pro-
pädeutik, so u. a. Mathematik, Physik, Chemie, Mechanik, Festigkeits-
lehre, Werkstoffe, Betriebsstoffe, Materialprüfung, technisches Zeichnen,
Maschinenteile, Werkzeuge, Meßinstrumente, Betriebs- und Wirtschafts-
technik. Überdies fanden wichtige Begriffe aus einzelnen technischen
Fachgebieten Aufnahme, vornehmlich aus dem Maschinenbau und der
Elektrotechnik.

ATM - Archiv für technisches Messen

Ein Sammelwerk für die gesamte Meßtechnik. Herausgegeben von Dr.-Ing. Georg Keinath.

Die Aufsätze erscheinen auf in sich abgeschlossenen, 4 fach gelochten Einzel- bzw. Doppelblättern. Sie sind Kurzaufsätze und für den vielbeschäftigten Fachmann bestimmt, der nicht die Zeit hat, lange Abhandlungen zu lesen, sondern ein knapp gefaßtes Hilfsmittel braucht, das ihm in großer Reichhaltigkeit das Wesentliche bringt. Die Lieferungen werden regelmäßig (monatlich) ausgegeben und umfassen mindestens 32 Seiten im Format DIN-A 4 (210:297 mm) auf Kunstdruckpapier. Bei ständigem Bezug kostet jede Lieferung RM. 1.50.

Mit dem Bezug können Sie jederzeit neu beginnen. In den ersten 90 Lieferungen veröffentlichte das ATM bis Dezember 1938: 760 Aufsätze und 169 Firmenmitteilungen auf 2915 Seiten mit 5688 Abbildungen und 7726 Schrifttums-Nachweisen.

Gasmaschinen und Kompressoren mit Wasserkolben

Entwicklungsgedanken und Erfahrungen. Von Prof. Dr.-Ing. Georg Stauber. Mit einem Anhang: Die Flüssigkeitsbewegung in Wasserkolbenmaschinen. Von Dr.-Ing. Friedrich Engel. 137 Seiten, 86 Abbildungen. Gr.-8⁰. 1937. RM. 9.80.

Diesel- und Treibgasmotoren

Taschenbuch für Techniker und Monteure. Von Ing. Franz Weber. 274 Seiten, 161 Abbildungen. 8⁰. 1937. RM. 9.60.

Der Zündvorgang in Gasgemischen

Von Dr.-Ing. Georg Jahn. 76 Seiten, 25 Abbildungen, 11 Zahlentafeln. Gr.-8⁰. 1934. RM. 6.—.

Schäden an lebenswichtigen Bauteilen des Kraftfahrzeugs

Herausgegeben vom Bayer. Revisionsverein München. 64 Seiten, 111 Abbildungen. DIN-A 5. 1933. RM. 2.—.

Experimentelle Untersuchungen an schnellaufenden Kleinmotoren

unter besonderer Berücksichtigung des Ausspülverlustes bei Zweitakt-Gemischmaschinen. Von Dr.-Ing. Albert Geißler. 69 Seiten, 19 Abbildungen, 8 Zahlentafeln. Gr.-8⁰. 1930. RM. 4.50.

Raschlaufende Ölmaschinen

Untersuchungen an Glühkopf-, Diesel- und Vergasermaschinen. Von Dr.-Ing. O. Kehrer. 117 Seiten, 81 Abbildungen, 12 Tafeln. Lex.-8⁰. 1927. RM. 9.—, Lwd. RM. 10.80.

R. OLDENBOURG · MÜNCHEN 1 UND BERLIN

www.ingramcontent.com/pod-product-compliance
Lightning Source LLC
Chambersburg PA
CBHW081557190326
41458CB00015B/5641